环保公益性行业科研专项经费项目系列丛书

农药助剂生态危害识别与环境污染管控技术研究

单正军　卜元卿　主编

科 学 出 版 社

北 京

内 容 简 介

本书较为系统地介绍了农药助剂的品种及使用状况和典型农药助剂的环境行为特性研究进展，阐述了典型表面活性剂助剂 NP_nEO 在环境中的归趋及典型农药助剂对陆生和水生生物的生态毒理效应，详述了农药助剂信息数据库的构建方法，并提出了对农药助剂环境污染控制的管理策略。

本书可为农药助剂的风险评价和环境管理提供必要的技术支撑与参考，也可作为高等学校环境化学及环境管理专业相关人员的参考资料。

图书在版编目（CIP）数据

农药助剂生态危害识别与环境污染管控技术研究/单正军，卜元卿主编. —北京：科学出版社，2022.3

（环保公益性行业科研专项经费项目系列丛书）

ISBN 978-7-03-071734-4

Ⅰ. ①农… Ⅱ. ①单… ②卜… Ⅲ. ①农药污染-污染防治-研究 Ⅳ. ①X592

中国版本图书馆 CIP 数据核字（2022）第 038573 号

责任编辑：王腾飞 沈 旭/责任校对：王萌萌

责任印制：张 伟/封面设计：许 瑞

科学出版社 出版

北京东黄城根北街 16 号

邮政编码：100717

http://www.sciencep.com

北京中石油彩色印刷有限责任公司 印刷

科学出版社发行 各地新华书店经销

*

2022 年 3 月第 一 版 开本：720×1000 1/16

2022 年 3 月第一次印刷 印张：16

字数：323 000

定价：129.00 元

（如有印装质量问题，我社负责调换）

“环保公益性行业科研专项经费项目系列丛书”
编著委员会

编 写 人 员

主　编：单正军　卜元卿

副主编：孔祥吉　李广来　谭丽超

其他主要成员（按姓氏笔画排列）：

王金燕　南京师范大学
孔德洋　生态环境部南京环境科学研究所
田　丰　生态环境部南京环境科学研究所
汤　涛　浙江省农业科学院
许　静　生态环境部南京环境科学研究所
吴文铸　生态环境部南京环境科学研究所
陈列忠　浙江省农业科学院
陈敏东　南京信息工程大学
姜　兵　黑龙江省环境科学研究院
姜锦林　生态环境部南京环境科学研究所
续卫利　生态环境部南京环境科学研究所
智　勇　南京信息工程大学
程　燕　生态环境部南京环境科学研究所
蔡磊明　浙江省农业科学院

“环保公益性行业科研专项经费项目系列丛书”序言

目前，全球性和区域性环境问题不断加剧，已经成为限制各国经济社会发展的主要因素，解决环境问题的需求十分迫切。环境问题也是我国经济社会发展面临的困难之一，特别是在我国快速工业化、城镇化进程中，这个问题变得更加突出。党中央、国务院高度重视环境保护工作，积极推动我国生态文明建设进程。党的十八大以来，按照“五位一体”总体布局、“四个全面”战略布局以及“五大发展”理念，党中央、国务院把生态文明建设和环境保护摆在更加重要的战略地位，先后出台了《环境保护法》《关于加快推进生态文明建设的意见》《生态文明体制改革总体方案》《大气污染防治行动计划》《水污染防治行动计划》《土壤污染防治行动计划》等一批法律法规和政策文件，我国环境治理力度前所未有，环境保护工作和生态文明建设的进程明显加快，环境质量有所改善。

在党中央、国务院的坚强领导下，环境问题全社会共治的局面正在逐步形成，环境管理正在走向系统化、科学化、法治化、精细化和信息化。科技是解决环境问题的利器，科技创新和科技进步是提升环境管理系统化、科学化、法治化、精细化和信息化的基础，必须加快建立持续改善环境质量的科技支撑体系，加快建立科学有效防控人群健康和环境风险的科技基础体系，建立开拓进取、充满活力的环保科技创新体系。

“十一五”以来，中央财政加大对环保科技的投入，先后启动实施水体污染控制与治理科技重大专项、清洁空气研究计划、蓝天科技工程专项等专项，同时设立了环保公益性行业科研专项。根据财政部、科技部的总体部署，环保公益性行业科研专项紧密围绕《国家中长期科学和技术发展规划纲要（2006—2020年）》《国家创新驱动发展战略纲要》《国家科技创新规划》《国家环境保护科技发展规划》，立足环境管理中的科技需求，积极开展应急性、培育性、基础性科学研究。“十一五”以来，环境保护部组织实施了公益性行业科研专项项目479项，涉及大气、水、生态、土壤、固废、化学品、核与辐射等领域，共有包括中央级科研院所、高等院校、地方环保科研单位和企业等几百家单位参与，逐步形成了优势互补、团结协作、良性竞争、共同发展的环保科技“统一战线”。目前，专项取得了重要研究成果，已验收的项目中，共提交各类标准、技术规范997项，各类政策建议与咨询报告535项，授权专利519项，出版专著300余部，专项研究成果在各级环保部门中得到较好的应用，为解决我国环境问题和提升环境管理水平提供了重要的科技支撑。

为广泛共享环保公益性行业科研专项项目研究成果，及时总结项目组织管理经验，环境保护部科技标准司组织出版“环保公益性行业科研专项经费项目系列丛书”。该丛书汇集了一批专项研究的代表性成果，具有较强的学术性和实用性，是环境领域不可多得的资料文献。丛书的组织出版，在科技管理上也是一次很好的尝试，我们希望通过这一尝试，能够进一步活跃环保科技的学术氛围，促进科技成果的转化与应用，不断提高环境治理能力现代化水平，为持续改善我国环境质量提供强有力的科技支撑。

中华人民共和国生态环境部部长

黄润秋

前　言

农药助剂是指农药制剂中除活性成分（即对目标有害生物产生阻碍、抑制、破坏或杀灭作用的原药）外所有的辅助物质。几乎所有的农药活性成分都不可直接使用，必须添加各类辅助物质才能加工成具有实际使用价值的农药制剂。农药助剂在提高农药活性成分药效、改善药剂性能、稳定制剂质量和降低活性成分危害等方面都起着相当重要的作用。

农药助剂对目标生物没有直接毒性作用，因此长期以来都被默认为对环境和人类健康无害的惰性物质。在我国目前现行的农药登记管理中，没有对农药助剂的试验要求，助剂作为农药制剂中的混合成分仅需通过简单急性毒性试验。随着甲苯、二甲苯（具有神经毒性）、八氯二丙醚（具有遗传毒性和免疫毒性）、壬基酚（具有“三致”效应）等引起的环境污染和人体健康问题的出现，人们对农药助剂的环境友好性和生物安全性也开始重新审视。高风险助剂可能具有“三致”效应、环境激素效应、神经毒性、生殖毒性等危害，急性毒性试验是不能检出这些慢性毒性的；另外，在助剂用量高于活性成分的剂型中，助剂环境暴露浓度高致使其环境风险大。农药助剂环境安全管理方面的缺失，导致其对生态环境安全和人类健康的危害具有很高的隐蔽性和潜藏性。鉴于此，“十二五”期间，生态环境部南京环境科学研究所牵头组织了环保公益性行业科研专项经费项目“农药助剂环境风险评估及管理研究”，开展农药助剂的环境安全评价和管理技术研究，为加强农药助剂安全管理提供技术支撑。

本书以提高我国农药助剂使用环境安全管理水平、为农业环境保护监管提供科技支撑为目标，调查了我国农药助剂的主要品种和使用状况，建立典型农药助剂及其降解产物的分析技术，揭示其环境污染特征和生态效应；建立农药助剂生态风险评估技术；构建了农药助剂信息库，提出农药助剂优先控制名录；建立农药助剂环境安全分级管理制度。

本书是项目组对国内外农药助剂登记和使用状况、环境安全评价及环境污染控制管理工作的总结。围绕农药助剂品种调查、环境安全评价和管理技术等主题，综合介绍了农药助剂生产和使用现状及环境生物安全性测试技术、农药助剂信息库构建技术、农药助剂环境安全管理技术等方面研究的新进展。

全书共 7 章，第 1 章“农药助剂品种及使用状况”系统介绍了包括英国禾大、荷兰阿克苏、德国巴斯夫、美国亨斯迈等生产的主要助剂品种，同时对我国农药助剂的主要品种及使用情况进行了调研，分析了我国农药助剂使用变化情况及几种主要助剂类型如有机溶剂类助剂、表面活性剂类助剂在我国的使用状况。

第 2 章“典型农药助剂的环境行为特性研究进展”建立在资料调研的基础上，重点分析了非离子助剂聚氧乙烯醚（AEOs）和烷基胺聚氧乙烯醚（ANEOs）的来源，阐述了其分子结构、理化特性对于其自身及其他化合物环境归趋、生态毒性的影响，为其环境安全管理提供了依据。

第 3 章“典型表面活性剂助剂壬基酚聚氧乙烯醚（NP_nEO）在环境中的归趋研究”综述了国内外壬基酚类物质在环境介质中的检测方法，并建立了水体、土壤、沉积物中壬基酚（NP）的检测分析方法；揭示了 NP 在稻田系统中的迁移性和降解性；介绍了 NP 在不同类型土壤中的吸附、淋溶特性和降解特性及其在太湖流域的分布特征，并对其在太湖流域的生态风险水平进行了初步评价。

第 4～5 章是典型农药助剂对陆生生物和水生生物的生态效应研究。其中揭示了典型助剂 NP_nEO 及其代谢物对日本鹌鹑繁殖能力的影响、对蚯蚓的急慢性毒性和生殖毒性、对土壤微生物的生态毒性及对小麦等农作物生长的影响规律；同时揭示了农药助剂对斑马鱼和大型溞的急慢性毒性、生殖毒性、内分泌干扰效应，以及对小球藻的生长影响，全面分析了典型农药助剂对于环境生物的影响水平。

第 6 章“农药助剂信息数据库的构建”系统介绍了农药助剂基础数据库的结构设计、功能设计方法，演示了农药助剂基础数据库的功能，为国家建立农药助剂环境优先控制品种名录、农药助剂环境安全分级管理制度提供技术支撑。

第 7 章“农药助剂环境污染控制管理策略研究”调查了美国、加拿大、英国等国家农药助剂环境安全管理情况，并对我国农药助剂使用及管理存在的问题进行了分析；通过分析，进一步明确了我国农药助剂环境安全管理与国外发达国家之间的差距，厘清了我国农药助剂使用中存在的问题。为农药助剂环境管理提供参考建议。

本书是环保公益性行业科研专项经费项目团队生态环境部南京环境科学研究所、浙江省农业科学院、南京信息工程大学、黑龙江省环境科学研究院等单位的集体成果，同时得到了生态环境部科技标准司等单位领导的关心和支持，在此致以衷心的感谢！

由于编者水平有限，本书难免存在不足之处，敬请读者批评指正！

《农药助剂生态危害识别与环境污染管控技术研究》项目组

2021 年 12 月

目　录

第1章　农药助剂品种及使用状况

农药助剂是农药剂型加工和应用中使用的除农药有效成分以外的其他辅助物的总称。大部分农药原药难溶于水，无法直接加水喷雾或以其他方式均匀分散并覆盖于被保护的作物或防治对象或其活动场所。因此，人们将助剂与农药混合，加工形成制剂，使农药中的有效成分与有害生物或被保护对象接触、摄取或吸收后，发挥作用（张宗俭，2009）。农药助剂产品的种类和质量对农药剂型的发展和产品改进有重要的促进作用。高毒、残留期长农药的禁用和限制使用，推动农药产品向绿色、安全、高效、高选择性和环境友好的方向迅速发展，农药助剂的安全性问题也受到越来越多的关注（卜元卿等，2014a）。近年来一些发达国家在风险评价基础上，对一些高风险的助剂品种实施了禁限用制度（刘占山等，2009）。

本章较为系统地介绍了农药助剂的主要类别和基本理化特性，调研了国外大型农药助剂生产企业英国禾大、荷兰阿克苏、德国巴斯夫、美国亨斯迈等生产的主要农药助剂产品种类和使用情况；同时分析了我国农药助剂使用变化情况，主要助剂类型如有机溶剂类助剂、表面活性剂类助剂的使用状况。

1.1　农药助剂的主要类型和功能

1.1.1　按照功能划分的助剂类型

农药助剂作为农药制剂的重要组成部分，是农药剂型加工的关键。按照不同的功能作用，农药助剂主要分为以下几种类型。

1. 分散型助剂

该种类型的助剂有利于有效成分的分散，具体包括分散剂、乳化剂、溶剂和填料。

（1）分散剂：包括两种，一种为农药原药的分散剂，由高黏度物质通过机械作用将熔融的原药分散成为胶体颗粒的助剂，如氯化钙；另一种为粉剂用的分散剂，可防止粉剂絮结，常用的有烷基芳基磺酸盐及其甲醛缩合物、木质素磺酸盐、烷基酚聚氧乙基醚甲醛缩合物、硫酸盐等。

（2）乳化剂：原来两种互不相溶的液体加入此种助剂后，一种液体将以极小的液珠均匀分散在另一种液体中，形成稳定的不透明乳状液体。乳化剂有芳基聚氧乙基醚、芳基硫酸盐、烷基硫酸盐、烷基苯基磺硫盐等。

（3）溶剂：能溶解油溶性农药原药的液体。一般是有机溶剂，如苯、甲苯、溶剂油等。

（4）填料：在剂型加工中用于稀释原药的惰性固体填充物称为填料，能吸附或承载有效成分的填料称为载体。填料不仅起稀释作用，而且能改善物理性能，有利于原药的粉碎和分散。填料的理化性质与制剂的稳定性有关，应选择使用。粉剂加工多采用中性无机矿物如陶土、高岭土、硅藻土、滑石粉等。浸渍法颗粒剂采用吸油性强的活性白土、膨润土等。包衣法颗粒剂采用非吸油性的粒状硅砂为载体。

2. 强化吸收助剂

该类助剂有助于处理对象接触和吸收农药，包括润湿剂、黏着剂等。

（1）润湿剂：其功能是降低药液的表面张力，使药粒迅速湿润，并使药液容易在施用目标的表面湿润和展布，帮助药剂渗透。常用的有含皂素的皂角粉、茶子粉饼和含木质素的亚硫酸纸浆废液，以及合成的表面活性剂如聚氧乙烯基、烷基芳基醚、聚氧乙烯基烷基醚、烷基苯磺酸盐、烷基萘磺酸盐等。

（2）黏着剂：其功能为增强药剂在施用目标表面的固着能力，抵抗风吹雨洗，使药效充分发挥，兼有湿展、渗透能力。常用的有非离子或阴离子表面活性剂、木质素磺酸盐、乳酪素等。在某些情况下药液中添加一些矿物油或植物油也可起黏着作用。

3. 增效助剂

该类助剂有助于发挥药效、延长和增强药效，包括稳定剂、增效剂、固着剂和缓释剂等。

（1）稳定剂：是又称防解剂，是在农药贮存过程中，能防止有效成分分解或物理性能变坏的物质。

（2）增效剂：能增加药剂的药效，如增效醚对西维因等具有增效作用。一般增效剂本身并没有毒杀作用。

（3）固着剂：使药剂在固体表面上的附着能力提高，以减少流失，增加药剂残效期的物质，如聚乙烯醇、明胶、淀粉等。

（4）缓释剂：利用物理或化学特性使药剂有控制地缓慢释放出有效成分的物质，包括物理型缓释物，如胶囊、塑料结合体、多层带、纤维片、吸附剂等；化学性缓释物，如纤维素酯、尿素制剂、可溶性金属聚合物等。

4. 其他特殊类型助剂

其他特殊类型助剂包括具有增进安全和方便使用的助剂，如防飘移剂、消泡剂、着色剂等；稀释剂，将原药稀释至对有害物有毒，对其他生物不造成危害的程度，如二甲苯、溶剂油、高岭土、白炭黑等；可吸引害虫的助剂，如芳香剂等。

1.1.2　表面活性剂类农药助剂

广义上的农药助剂包含农药制剂中除农药有效成分以外的所有其他成分和农药制剂在使用过程中所加入的增效成分等，狭义上的农药助剂特指农药加工和应用过程中使用的表面活性剂。农药表面活性剂主要分为表面活性剂单体和混合型乳化剂。

1. 表面活性剂单体

表面活性剂单体按离子类型主要分为以下四类。

（1）阴离子型：烷基苯磺酸钙（500 号）、磷酸酯系列、磺酸盐系列、SOPA（速泊）；

（2）阳离子型：烷基季铵盐；

（3）两性离子型：甜菜碱型、咪唑啉型、氧化胺型；

（4）非离子型：

苯乙基苯酚聚氧乙烯醚（600 号系列）：601、602、603、604；

蓖麻油聚氧乙烯醚（BY 系列）：BY-110、BY-112、BY-125、BY-130、BY-140；

壬基酚聚氧乙烯醚（NP 系列）：NP-8、NP-10、NP-15、NP-20；

脂肪醇聚氧乙烯醚（AEO 系列）：AEO-5、AEO-7、AEO-9、AEO-11；

PO-EO 嵌段聚醚：33#（1601）、34#（1602）；

酚醛树脂聚氧乙烯醚：400#、404#、700#；

油酸聚氧乙烯酯（AO 系列）：AO-6、AO-10、AO-12、AO-20。

2. 混合型乳化剂

混合型乳化剂主要是由阴离子型和非离子型表面活性剂混配并加入适量溶剂组成。其配方应根据不同农药加工的需要筛选而定，具有用量少、乳化稳定性好和适应范围宽等特点。主要分为专用型、泛用型和成对型。

（1）专用型：一种混合型乳化剂，专门用于配某种农药制剂，是目前的主要类型。优点是性能好、用量少。

（2）泛用型：一种混合型乳化剂，适用于配多种农药制剂。优点是对生产多品种农药制剂的厂家而言使用和管理较方便，但对有些制剂来说用量较大。

（3）成对型：两种亲水亲油平衡值（HLB）不同的混合型乳化剂可经调节配比用于多种农药制剂。成对型乳化剂有利于适应农药质量变化而及时调节。

1.2 农药助剂污染的特征与风险

1.2.1 农药助剂污染的隐蔽性和潜藏性

农药助剂曾被误认为是对环境和人类健康无害的惰性物质，因此我国农药相关管理规定中没有关于农药助剂的环境安全要求。只有当高毒、高风险农药助剂产生严重危害后管理部门才会采取被动补救措施，这点从对八氯二丙醚、甲苯、二甲苯的管理中可以看出。

化学品作为活性成分使用时，必须通过完整的毒性测试试验，并要求在农药制剂标签中标注其化学品名称和含量。美国国家环境保护局（USEPA）研究发现，至少有 300 种农药活性成分也可作为助剂使用，而活性成分和助剂成分之间用途不明确的品种数量则超过 500 种。但是当这类化学品作为农药助剂使用时，不需进行毒性测试，甚至在制剂产品标签中都不要求标注助剂名称和含量。

我国《农药产品标签通则》（NY 608—2002）中没有关于助剂名称、含量等的信息标识要求，因此目前我国几乎所有的农药制剂标签中都没有标注完整的助剂成分。2009～2010 年，我们对超过 400 种申请登记的农药品种进行了调查，结果显示只有不足 40%的产品提供了助剂信息，没有一种产品在产品标签中标注了完整的助剂成分名称和含量（卜元卿等，2014b）。

1.2.2 农药助剂的生态环境风险

USEPA（2011）通过对 2000 余种助剂的毒性研究发现，其中 50%以上的助剂具有中等毒性，甚至 26%的助剂具有致癌性、致畸性、致突变性（“三致”效应），以及内分泌干扰作用、繁殖损伤、神经毒性等严重健康风险。

八氯二丙醚是拟除虫菊酯、有机磷及氨基甲酸酯类杀虫剂的增效剂，但由于自身具有遗传毒性和免疫毒性作用，发达国家和地区早已禁止其使用。2005 年内地出口的 11 种品牌的蚊香因含有八氯二丙醚被当地渔农处查封并责成企业收回；2006 年出口欧盟的茶叶中 40.7%的产品又因检测出八氯二丙醚而被退回；直到 2008 年，我国才因贸易屡次受阻问题，禁止含八氯二丙醚的产品作为农药增效剂使用，其间给我国居民带来的健康风险值得重视。

甲苯、二甲苯具有显著的神经毒性，长期暴露会导致接触者易患神经衰弱综合征，孕妇接触可能导致对胎儿的神经毒性等；它们也是农药乳油、可溶液剂、微乳剂等剂型加工中常用的溶剂、增溶剂和乳化剂。甲苯、二甲苯等挥发性有机溶剂在生产、运输、使用、储存等过程中通过大气飘移、沉降进入土壤、水体，对人类生存的环境造成严重污染和危害（曹志方和王银善，1996）。

从 1993 年起，美国、加拿大等发达国家相继颁布条款，不再登记使用甲苯、二甲苯作溶剂的农药剂型；2002 年，菲律宾也取消了使用此类助剂的农药制剂登记。2009 年 2 月 13 日我国工业和信息化部为减少农药乳油制剂中甲苯、二甲苯大量使用对环境和生态造成的污染，发布了《工原〔2009〕第 29 号公告》，《公告》中第四条规定“自 2009 年 8 月 1 日起，不再颁发农药乳油产品批准证书。”随着这一《公告》的发布，未来甲苯、二甲苯在农药制剂中的使用将逐渐减少直至消失。

调查发现，现已获得乳油批准证书的部分产品中甲苯、二甲苯含量从 1%到 93.2%不等，平均含量为 46.9%，预测甲苯、二甲苯在未来 3～5 年内仍是我国农药制剂加工中最重要的有机溶剂，伴随农药制剂生产与使用进入土壤、水、大气的甲苯、二甲苯环境风险需要重点防范。

壬基酚聚氧乙烯醚是最主要的农药表面活性剂之一，在农药剂型加工中应用广泛。但是壬基酚聚氧乙烯醚不仅在环境中降解速度较慢，环境持留期长，而且其降解产物壬基酚具有环境雌激素效应，可通过生物富集对野生动物和人类的内分泌功能产生干扰作用（Arukwe et al.，1998），是 USEPA 列出的 70 种环境激素物质之一。自 1986 年开始，壬基酚聚氧乙烯醚陆续被美国、欧盟国家在农药中限用，然而截至目前壬基酚聚氧乙烯醚类仍是我国最主要的农药助剂产品，而且没有相关的环境安全管理规定。

1.3　国内外农药助剂品种及使用状况

1.3.1　国外农药助剂品种

1. 英国禾大公司生产的助剂

英国禾大公司生产的助剂主要有用于水分散粒剂的产品（表 1-1）、用于水悬浮液的产品（表 1-2）和用于水乳剂的产品（表 1-3）。

表 1-1　用于水分散粒剂（WDG）的产品

序号	产品名称	产品说明	主要应用
1	Cresplus 1209	非离子磷酸酯类	润湿剂
2	Dispersol PSR19	阴离子表面活性剂，磺酸盐类	分散剂
3	Dispersol D425	阴离子表面活性剂	分散剂
4	Atlox Metasperse 550S	阴离子经嫁接的羧酸类共聚物	分散剂

表 1-2 用于水悬浮液（SC）的产品

序号	产品名称	产品说明	主要应用
1	Atlox 4912	非离子嵌段共聚物	HLB 6 乳化、稳定、分散
2	Atlox 4913	液体羧酸类共聚物	HLB 12 乳化、分散
3	Atlas G-5000	非离子共聚物	HLB 16.9 稳定、乳化
4	Atlox Metasperse 100L	阴离子羧酸类	分散剂

表 1-3 用于水乳剂（EW）的产品

序号	产品名称	产品说明	主要应用
1	Atlox 4896	非离子表面活性剂	HLB 15.9 乳化
2	Atlox 4894	非离子表面活性剂	HLB 15.4 乳化
3	Atlox 4912	非离子型嵌段共聚物	HLB 6 乳化、稳定、分散，推荐和 Atlas G-5000 配合
4	Atlox 4913	经修饰的羧酸共聚物	HLB 12 乳化
5	Atlox 4914	非离子型黏稠液体，聚合型	HLB 6 乳化、稳定、分散、增效油包水型，用于以油为媒介的制剂体系
6	Atlas G-5000	非离子共聚物	HLB 16.9，凝固点 30℃，乳化、稳定，用于水包油型制剂

2. 荷兰阿克苏公司生产的助剂

荷兰阿克苏公司生产的助剂主要有烷基萘磺酸缩聚物钠盐、烷基萘磺酸盐和阴离子润湿剂的混合物、非离子型羟基聚环氧乙烷嵌段共聚物三大类（表 1-4）。

表 1-4 阿克苏公司助剂产品

序号	产品名称	产品描述	主要应用及说明
1	Morwet D-425	烷基萘磺酸缩聚物钠盐，活性成分大于 88%，pH 7.5～10.0，适用于 WP、WDG 和 SC。在 WP 中的最低添加量为 2%～3%，在 WDG 中的最低添加量为 3%～5%，在 SC 中的最低添加量为 2%～2.5%	分散剂，偏碱性，对于碱性条件下不稳定的农药需调节制剂的 pH，如在 90%的甲萘威 WDG 中需加入适量柠檬酸以调节制剂的 pH；可以与其他类型的分散剂配合使用，如木质素类分散剂
2	Morwet EFW	烷基萘磺酸盐和阴离子润湿剂的混合物，活性成分大于 95%，是 Morwet 系列中润湿性、渗透性最好的产品，其特点是能快速润湿，有助于颗粒的崩解。适用于 WP、WDG 和 SC，在 WP 中的添加量为 1%～2%，在 WDG 中的添加量为 2%～3%，在 SC 中的添加量为 1%～2%	润湿剂；与分散剂 Morwet D-425 配合使用效果较好，此外，它们还可与其他各种类型的分散剂、润湿剂配合使用

续表

序号	产品名称	产品描述	主要应用及说明
3	Ethylan NS-500LQ	非离子型羟基聚环氧乙烷嵌段共聚物，EO/PO 比例为 1∶1.71，pH 6.5～7.5，是液体的润湿分散剂，它在体系中提供空间位阻效应，能有效保持体系的稳定性，适用于多种剂型，包括 EC、EW、ME、SC、WP 和 WDG。在制剂中的加入量为 0.5%～3%	助乳化剂；因加入量少和能提供更为优良的性能而被广泛应用

注：WP 指可湿性粉剂；EC 指乳油；ME 指微乳剂。

3. 德国巴斯夫公司生产的助剂

德国巴斯夫公司生产的助剂产品较多，主要品种按功能分为乳化剂、增溶剂、分散剂和润湿剂等，具体见表 1-5。

表 1-5　巴斯夫公司助剂产品

农药剂型	助剂	巴斯夫产品	化学成分
EC（乳油）	乳化剂、增溶剂	Pluronic PE6100 Pluronic PE6200	PO-EO 嵌段聚醚
	乳化剂	Lutensol TO	C13 羰基醇乙氧基化合物
		Lutensol XL	C10 脂肪醇乙氧基化合物
EW（水乳剂）	乳化剂、增溶剂	Pluronic PE6100,PE6200	PO-EO 嵌段聚醚
	乳化剂、增溶剂、分散剂	Pluronic PE6400,PE10500	PO-EO 嵌段聚醚
		Lutensol XL	C10 脂肪醇乙氧基化合物
	润湿剂	Pluronic PE10100	PO-EO 嵌段聚醚
	润湿剂、渗透剂	Lutensol FA 15T	牛油脂乙氧基胺盐
	分散剂	Tamol NN8906	萘磺酸缩合物钠盐
SC（浓悬浮液）	乳化剂、增溶剂、分散剂	Pluronic PE6400	PO-EO 嵌段聚醚
		Lutensol XL	C10 脂肪醇乙氧基化合物
	润湿剂	Pluronic PE10100	PO-EO 嵌段聚醚
		Nekal BX Dry	烷基萘磺酸钠
	分散剂	Pluronic PE10500	PO-EO 嵌段聚醚
		Tamol NN8906	萘磺酸缩合物钠盐
		Sokalan CP 9,CP 10	马来酸-丙烯酸共聚物钠盐
		Sokalan PA types	丙烯酸均聚物钠盐
		Sokalan HP 53	聚乙烯吡咯烷酮
		Lutensit A-BO	二辛基磺基琥珀酸钠

续表

农药剂型	助剂	巴斯夫产品	化学成分
SC（浓悬浮液）	增稠分散剂	Pluronic RPE 2520	EO-PO 嵌段聚醚
	润湿剂	Pluronic RPE 3110	
	水质硬度降低剂	Trilon A92	氨三乙酸（NTA）三钠盐
		Trilon BS	乙二胺四乙酸（EDTA）
		Trilon B powder	EDTA 四钠盐
WDG（水分散粒剂或片剂）	分散剂	Tamol DN/PP	苯酚磺酸缩合物钠盐
		Tamol NN8906	萘磺酸缩合物钠盐
		Pluronic PE 6800	PO-EO 嵌段聚醚
		Sokalan CP 9	马来酸-丙烯酸共聚物钠盐
		Sokalan PA types	丙烯酸均聚物钠盐
	润湿剂	Nekal BX Dry	烷基萘磺酸钠
		Lutensit A-BO	二辛基磺基琥珀酸钠
	片剂稳定和增强剂	Sokalan CP 45 颗粒	马来酸-丙烯酸共聚物钠盐
	片剂稳定和快速助溶剂	Pluriol E 4000 粉末	聚乙二醇
WP（可湿性粉剂）	分散剂	Tamol DN/PP	苯酚磺酸缩合物钠盐
		Tamol NN8906	萘磺酸缩合物钠盐
		Sokalan CP 9	马来酸-丙烯酸共聚物钠盐
	润湿剂	Nekal BX Dry	烷基萘磺酸钠

4. 美国亨斯迈公司生产的助剂

美国亨斯迈公司生产的助剂产品很多，分别用于水悬浮剂（表 1-6）、水分散粒剂（表 1-7）、可湿性粉剂（表 1-8）、乳油（表 1-9）、水乳剂（表 1-10）、微乳剂（表 1-11）、聚氧乙烯醚类（表 1-12～表 1-17）、环氧乙烷/环氧丙烷（EO/PO）嵌段共聚物（表 1-18）及植物油乳化剂（表 1-19）。

表 1-6 水悬浮剂（SC）助剂品种

商品名	离子性能	外观	浊点/℃	密度/（g/mL）	pH
Tersperse 4894	非离子	浅棕色微黏液体	7	1.00	6.0～8.0
Tersperse 4896	非离子	发黏液体	9	1.07	5.0～7.0
Tersperse 2500	高分子	半透明液体	<0	1.07	3.5～6.0

表 1-7　水分散粒剂（WDG）助剂品种

商品名	离子性能	外观	密度/（g/cm^3）	pH
Terwet® 1004	阴离子类	可流动性灰白色粉末	0.40	6.0～9.0
Tersperse® 2100	非离子/NSF	浅黄色粉状固体	0.50	7.0～9.0
Tersperse® 2425	阴离子类	浅棕色粉状固体	0.4～0.6	7.5～10.0
Tersperse® 2700	阴离子/盐类	白色粉末状固体	＞0.25	8.0～10.0

注：NSF 为美国亨斯迈公司开发的非离子型表面活性剂的一个系列名称。

表 1-8　可湿性粉剂（WP）助剂品种

商品名	离子性能	外观	密度/（g/cm^3）	pH
Descofix 920	阴离子/NSF	黄色粉末固体	0.5	—
Empicol LXS/95S	阴离子	白色粉末固体	0.4	9.5～10.5
Terwet 1004	阴离子/NSF	灰白色粉末	0.40	6.0～9.0
Termul 157	非离子	流动性粉状固体	0.50	7.0～9.0

表 1-9　乳油（EC）助剂品种

商品名	离子性能	外观	闪点/℃	密度/（g/mL）	pH	HLB
Nasan EVM 70/13	阴离子	—	98	—	—	11.0
Termul N13	非离子	澄清液体	—	1.05	—	14.4
Termul 2507	非离子	液体	＞150	1.05	—	12.5
Termul 3403	阴离子非离子混配物	半透明液体	25	1.01	5.0～8.0	13.9
Termul 3404	阴离子非离子混配物	透明黏稠液体	25	1.03	3.5～7.5	12.2
Termul 3409	阴离子非离子混配物	半透明液体	20	0.999	4.0～7.0	14.7

表 1-10　水乳剂（EW）助剂品种

商品名	离子性能	外观	闪点/℃	密度/（g/cm^3）	HLB
Termul 200	非离子	固体	150	1.03	16.1
Termul 1283	非离子	液体	240	1.06	12.1
Termul 1284	非离子	半固体状	150	1.05	13.1

表 1-11　微乳剂（ME）助剂品种

商品名	离子性能	外观	闪点/℃	密度/（g/cm^3）	pH
Termul 5030	非离子	琥珀膏状	59	1.03	5.0～8.0
Termul 5031	非离子	琥珀膏状	49	1.01	5.0～8.0

表 1-12　低泡沫脂肪醇聚氧乙烯醚助剂品种

商品名	外观	色泽	密度/（g/cm³）	黏度/cP	浊点（1%水溶液）/℃
TERIC 168	清澈液体	无色	0.99（20℃）	70（20℃）	33
TERIC 169	清澈液体	无色	1.00（20℃）	11（20℃）	41
SURFONIC LF-17	清澈液体	无色	1.00（25℃）	96（25℃）	34
SURFONIC LF-18	清澈液体	无色	1.01（25℃）	240（25℃）	17
SURFONIC LF-37	清澈或混浊液体	琥珀色	0.99（40℃）	96（25℃）	17

注：1cP＝10^{-3}Pa·s。

表 1-13　脂肪醇聚氧乙烯醚助剂品种

商品名	化学组成	外观（25℃）	密度/（g/cm³）	黏度/cP	浊点（1%水溶液）/℃
SURFONIC L4-29X 表面活性剂	脂肪醇 EO/PO 共聚物	白色蜡状固体	1.02	—	74

表 1-14　脂肪酸聚氧乙烯醚助剂品种

商品名	化学组成	外观	色泽	密度/（g/cm³）	黏度/cP	HLB	浊点（1%水溶液）/℃
TERIC OF6	油酸+GEO	清澈液体	黄色	0.99（20℃）	82（20℃）	9.7	61
BIONIC LN-P	油酸+8EO	清澈液体	黄色	1.0（20℃）	128（20℃）	11.1	—
SURFONIC E400-MO	油酸+9EO	清澈液体	黄色	1.01（25℃）	278（25℃）	11.8	69

表 1-15　蓖麻油聚氧乙烯醚助剂品种

商品名	化学组成	外观（25℃）	色泽	密度（25℃）/（g/cm³）	黏度（25℃）/cP	HLB	浊点（10%水溶液）/℃
TERMUL 3512	蓖麻油+12EO	清澈液体	琥珀色	1.01	750	7.3	52
SURFONIC CO-15	蓖麻油+15EO	清澈液体	琥珀色	1.04	—	8.3	55
DEHSCOFIX CO95	蓖麻油+18EO	清澈液体	琥珀色	1.00	400	9.0	58
DEHSCOFIX CO105	蓖麻油+24EO	清澈液体	琥珀色	1.02	700	10.5	66
TERMUL 1283	蓖麻油+30EO	清澈液体	琥珀色	1.06	—	12.1	70

表 1-16　脂肪胺聚氧乙烯醚助剂品种

商品名	化学组成	外观	色泽	密度/（g/cm³）	黏度/cP	胺值/（mg KOH/g）	HLB
TERIC 16M10	油脂胺+10EO	清澈液体	棕色	0.94（25℃）	219（20℃）	79	12.1
TERIC 16M15	油脂胺+15EO	清澈液体	琥珀色	1.03（20℃）	—	56	13.8
EMPILAN AMT7	动物油脂胺	清澈液体	琥珀色	0.98（20℃）	200（25℃）	97	10.8
SURFONIC T-10	动物油脂胺	清澈或混浊液体	琥珀色	1.00（25℃）	69（40℃）	81	12.4
EMPILAN AMT11	动物油脂胺	清澈液体	琥珀色	1.03（20℃）	200（25℃）	75	13.0
TERWET 3784	动物油脂胺	清澈液体	琥珀色	1.01（50℃）	55（50℃）	61	13.3

表 1-17　烷基酚聚氧乙烯醚助剂品种

商品名	化学组成	外观（25℃）	色泽	密度（20℃）/（g/cm³）	黏度（20℃）/cP	HLB	浊点（1%水溶液）/℃
TERIC N4	壬基酚+4EO	清澈液体	无色	1.02	370	8.9	—
TERIC N6	壬基酚 + 6EO	清澈液体	无色	1.04	340	10.9	—
TERIC N9	壬基酚+9EO	清澈液体	无色	1.06	330	12.8	53
TERIC N10	壬基酚+10EO	清澈液体	白色	1.06	360	13.3	67
TERIC X8	壬基酚+8EO	清澈液体	白色	1.06	402	12.8	47
TERIC X10	壬基酚+10EO	清澈液体	白色	1.06	393	13.8	65

表 1-18　环氧乙烷/环氧丙烷嵌段共聚物助剂品种

商品名	化学组成	外观（25℃）	色泽	密度/（g/cm³）	黏度/cP	分子量中间值	浊点（水溶液）/℃
TERIC PE61	EO/PO 嵌段共聚物	清澈液体	无色	1.02（20℃）	388（20℃）	2000	17（1%）
TERIC PE62	EO/PO 嵌段共聚物	清澈液体	无色	1.03（20℃）	440（20℃）	2500	23（1%）
SURFONIC POA-17R2	EO/PO 嵌段共聚物	清澈液体	无色	1.03（25℃）	205（38℃）	—	36（10%）
SURFONIC POA-17R2	EO/PO 嵌段共聚物	清澈液体	无色	1.02（25℃）	570（38℃）	—	30（1%）

表 1-19 植物油乳化剂助剂品种

商品名	化学组成	外观（25℃）	色泽	密度（20℃）/（g/cm^3）	黏度/cP	HLB	酸值/（mg KOH/g）	pH（水溶液）
SURFONIC MW-100 ADDITIVE	专有	大致清澈液体	琥珀色	0.98	395（20℃） 120（40℃）	5～7	<14	6～8（1%）
ECOTERIC T80 SURFACTANT	脱水山梨醇酯聚氧乙烯醚	清澈液体	琥珀色	1.02	—	15.0	<2.2	6～8（5%）

1.3.2 我国农药助剂品种及使用状况

我国早期使用的农药助剂（农用表面活性剂）品种单一，质量参差不齐，且应用效果欠佳。近年来，随着化工行业的发展和人们对农药剂型加工的重视，国内涌现出北京广源益农化学有限责任公司、南京捷润科技有限公司、江苏钟山化工有限公司、南京太化化工有限公司、河北邢台蓝天助剂厂、江苏凯元科技有限公司等多家研究和开发、生产农药助剂的公司，推出了多款高效、低毒的高性能农药助剂，部分产品的应用性能甚至优于国外助剂公司的产品，有力推动了我国农药剂型加工行业的发展。

目前，我国农药助剂生产企业近 80 家，生产各类农药助剂单体与复配型助剂 100 多种，年产量超过 3 万 t，满足了国内农药乳油生产的需要，并有少量出口。我国农药助剂的品种，按离子类型划分，主要有非离子、阴离子、阳离子和两性离子表面活性剂四大类，最常用的则是非离子、阴离子或非离子和阴离子混合物。常见品种主要有烷基酚聚氧乙烯醚（辛基酚聚氧乙烯醚－OP、壬基酚聚氧乙烯醚－NP）、苄基酚聚氧乙烯醚（农乳 BP、BC）、苯乙基酚聚氧乙烯醚（农乳 600 号、农乳 BS、农乳 1601 和 1602、宁乳 32 号）、烷基酚聚氧乙烯醚甲醛缩合物（农乳 700 号、宁乳 36 号）、蓖麻油聚氧乙烯醚（BY）、脂肪醇聚氧乙烯醚（农乳 20 号）、脂肪醇聚氧乙烯酯、多元醇脂肪酸酯及其环氧乙烷加成物（Span、Tween 系列）等非离子型表面活性剂及烷基苯磺酸盐（农乳 500 号、DBS－Ca）、脂肪醇聚氧乙烯醚硫酸盐（AES）。主要用于农药乳油、微乳剂、水乳剂、乳粉、悬乳剂等乳液体系的乳化和分散。此外，粉剂（DP）、乳油（EC）、可湿性粉剂（WP）等配制相对比较容易，制剂使用方便，在农药助剂中仍占有较大的比重。

1. 我国农药助剂品种

表 1-20 和表 1-21 分别列举了我国农药乳化剂和分散剂的主要品种。

表 1-20　农药乳化剂主要品种

序号	品种名称	商品种类
1	蓖麻油环氧乙烷加成物	BY 乳化剂，包括宁乳 110、120、130、140，EL 乳化剂，PC 乳化剂
2	烷基酚聚氧乙烯醚	农乳 100 号，磷辛 10 号及 OP 系列乳化剂、壬基酚聚氧乙烯醚（NPEO 系列）
3	脂肪醇聚氧乙烯醚	农乳 200 号、MOA、A-20、SA-20、C-125、OS-15 等
4	脂肪酸聚氧乙烯酯	包括油酸、硬脂酸和松香酸聚氧乙烯酯
5	苯乙基酚聚氧乙烯醚	三苯乙基酚聚氧乙烯醚—农乳 601、602、603；双苯乙基酚聚氧乙烯醚—农乳 604、605、606
6	三丁基酚聚氧乙烯醚	—
7	苯乙基酚聚氧乙烯聚氧丙烯醚	农乳 1600 号，目前主要有两个系列
8	烷基酚聚氧乙烯醚异氰酸酯	乳化剂 EX
9	烷基酚聚氧乙烯醚甲醛缩合物	农乳 700 号
10	苯乙基酚聚氧乙烯醚甲醛缩合物	包括宁乳 36 号、农乳 700-1 和农乳 SPE
11	枯基酚聚氧乙烯醚甲醛缩合物	农乳 700-2 号和宁乳 37 号
12	硫酸化蓖麻油	土耳其红油
13	烷基苯磺酸钙	农乳 500 号
14	烷基酚聚氧乙烯醚磷酸酯（游离酸型）	目前有两个系列：R=C_8H_{17} 和 R=C_9H_{19}，即 $OPEPO_4$，商品名酚醚磷酸酯表面活性剂 MAPP（单酯）及 $NPEPO_4Na$（或 K）

表 1-21　农药分散剂主要品种

序号	主要品种
1	单、双萘磺酸盐（以钠盐为主）
2	双萘磺酸盐甲醛缩合物（钠盐）
3	萘磺酸甲醛缩合物钠盐
4	烷基萘磺酸甲醛缩合物钠盐
5	甲酚磺酸、萘酚磺酸甲醛缩合物钠盐等：分散剂 HN（又称分散剂 S）
6	*N*-甲基脂肪酰基牛磺酸盐（钠盐）
7	烷基酚聚氧乙烯醚甲醛缩合物硫酸盐、农药湿润分散剂 SOPA-V，产品 SOPA570
8	木质素磺酸盐及其衍生物：①分散剂 M-9（脱糖木质素磺酸钠）；②分散剂 M-10（脱糖缩合木质素磺酸钠）；③分散剂 M-11（木质素磺酸盐）；④分散剂 M-13（缩合改性木质素磺酸钠）；⑤分散剂 M-14（木质素磺酸钠）；⑥分散剂 M-15（缩合改性木质素磺酸盐）；⑦分散剂 M-16（脱糖木质素磺酸钠）；⑧分散剂 M-17（脱糖脱色木质素磺酸钠）

2. 我国农药助剂使用变化情况

表 1-22 列出了 1945～2012 年我国农药助剂剂型和制剂品种数量变化情况，可以看出无论是农药制剂品种还是剂型种类都有了很大发展，2008 年时农药剂型已达 118 个，比 20 世纪 50 年代增加了近 11 倍。

表 1-22　1945～2012 年国内农药剂型及制剂品种数量

类别	1945～1949 年	1983 年	1993 年	1996 年	2008 年	2012 年
剂型	10	20	35	50	118	—
制剂	—	120	650	1680	10894	29737

表 1-23 为我国 2003～2012 年已登记农药制剂的剂型情况，显示我国农药制剂剂型发展呈现出两个显著特征。

（1）乳油和可湿性粉剂仍是农药制剂的主要剂型，在 2012 年登记的农药制剂中分别占 30.3%、23.2%。乳油生产需要大量有机溶剂，因此在其使用过程中存在毒性较高、药害较大的环境和健康风险；粉剂加工中粉剂飞扬、飘散严重，危害生产操作工人的健康，喷洒时劳动强度大、成本高，不符合环保型制剂要求，逐步成为淘汰剂型。与国外相比，我国乳油、可湿性粉剂农药剂型比例仍然较高，2012 年时分别比国际平均水平高 4.3 个百分点、13.2 个百分点（表 1-24）。

（2）农药制剂剂型种类增加，剂型开发逐渐向水乳剂、悬浮剂、水分散粒剂等有机溶剂用量较少的剂型转移。其中，水分散粒剂由于具有在水中易崩解、稍加搅拌即可成为用于喷雾的药液、在使用时不产生粉尘飘散等优点而快速发展，从 2004 年的 2 个发展到 2012 年的 580 个。尽管这些剂型有机溶剂含量降低，但助剂复合程度增加，以水分散粒剂为例，实际配方中往往需要加入 3 种以上的助剂和 2 种以上的填料，如崩解剂、分散剂、润湿剂等，常用的填料有陶土、高岭土、白炭黑、糖类、膨润土、无机盐等，助剂种类更为复杂。

表 1-23　2003～2012 年已登记农药品种主要剂型情况

剂型	2003 年	2004 年	2005 年	2006 年	2007 年	2008 年	2012 年
乳油	36	462	278	215	2877	5062	4118
可湿性粉剂	12	292	172	163	1706	3012	3160
水剂	7	63	77	37	559	859	—
悬浮剂	2	14	32	32	323	624	1279
微乳剂	0	13	3	0	194	369	474
水乳剂	2	5	1	3	111	243	456

续表

剂型	2003 年	2004 年	2005 年	2006 年	2007 年	2008 年	2012 年
水分散粒剂	0	2	4	7	116	224	580
可溶粉剂	2	5	8	4	53	92	78
悬乳剂	0	0	0	0	49	72	110
微胶囊剂	0	1	0	0	13	15	36
种衣剂	0	0	0	0	6	3	143
可溶颗粒剂	0	0	0	0	3	4	78

表 1-24 2012 年国内外主要剂型分布特征 （单位：%）

剂型	国外	国内	剂型	国外	国内
乳油	26	30.3	悬浮剂	16	9.42
可湿性粉剂	10	23.2	水分散粒剂	12	4.27
水乳剂、微乳剂	5	5	其他	12	16
水剂	19	8			

图 1-1 为 2010 年、2011 年登记的 368 种农药制剂产品（包括杀虫剂、杀菌剂、除草剂、植物生长调节剂等农药产品）的剂型、助剂类型、含量等基本信息。根据《农药剂型名称及代码》（GB/T 19378－2003），共有 120 种农药剂型，其中登记较多的有乳油、可湿性粉剂、悬浮剂、水剂等 20 余种。调查结果显示，近期农药剂型仍以可湿性粉剂、悬浮剂、乳油为主，2010 年、2011 年以上三种剂型分别占所有调查农药的 64%和 60%。

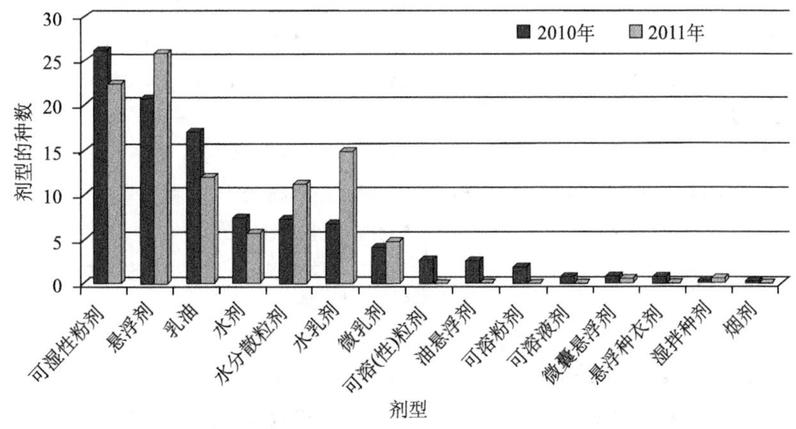

图 1-1 368 种农药制剂产品剂型分布特征及发展趋势

在统计的 368 种农药制剂信息中，有 190 种提供了助剂信息，统计结果如表 1-25 所示。190 种农药制剂产品中使用的助剂品种数量为 104 种，农药助剂类型以乳化剂、溶剂、分散剂等为主，平均每种农药制剂中含有 3～4 种助剂成分。从统计结果看，乳化剂十二烷基苯磺酸钙（农乳 500 号）在 42 个制剂中被使用，乳化剂壬基酚聚氧乙烯醚（$NP_{10}EO$）在 18 个制剂中被使用；溶剂二甲苯在 57 个制剂中被使用；分散剂木质素磺酸钠在 46 个制剂中被使用；分散剂高岭土在 42 个制剂中被使用；防冻剂乙二醇在 72 个制剂中被使用。

表 1-25　190 种农药制剂助剂成分统计表

类别：名称	出现次数	类别：名称	出现次数
防冻剂：丙二醇	1	乳化剂：丙烯酸共聚物胺盐	1
防冻剂：丙三醇	1	乳化剂：丁基萘磺酸钠	2
防冻剂：乙二醇	72	乳化剂：对甲氧基脂肪酰胺基苯磺酸钠	2
防腐剂：苯甲酸钠	1	乳化剂：聚氧乙烯聚丙烯嵌段共聚物	2
防腐剂：焦亚硫酸钠	1	乳化剂：聚氧乙烯醚	2
防腐剂：（A）2-甲基-4-异噻唑啉-3-酮和（B）5-氯-2-甲基-4-异噻唑啉-3-酮	1	乳化剂：聚氧乙烯氢化蓖麻油醚	1
分散剂：三苯乙基苯酚聚氧丙烯聚氧乙烯嵌段聚合物	4	乳化剂：聚氧乙烯山梨酸酐三油酸酯	1
分散剂：*B*-萘磺酸甲醛缩合物	1	乳化剂：聚氧乙烯烷芳基磷酸盐	1
分散剂：苯基酚聚氧乙烯醚	2	乳化剂：聚氧乙烯烷基醚	1
分散剂：高岭土	42	乳化剂：聚乙烯醇	1
分散剂：硅酸镁铝	1	乳化剂：苯乙基酚聚氧乙烯醚（农乳 600 号）	2
分散剂：聚氧乙烯醚	1	乳化剂：壬基酚聚氧乙烯醚（NP-10）	18
分散剂：聚乙二醇	1	乳化剂：十二烷基苯磺酸钙（农乳 500 号）	42
分散剂：聚乙烯醇	2	乳化剂：十二烷基磺酸钙	8
分散剂：木质素	6	乳化剂：十二烷基硫酸钙	9
分散剂：木质素磺酸钠	46	乳化剂：烷基苯磺酸盐缩合物	1
分散剂：萘磺酸甲醛缩合物（钠盐）	4	乳化剂：烷基酚聚氧乙烯醚	2
分散剂：萘磺酸硫酸盐	1	乳化剂：异构烷基磺酸钠、烷基酚聚氧乙烯、聚氧丙烯醚的混合物	1
分散剂：轻钙	5	乳化剂：油酰基牛磺酸盐	1
分散剂：三苯乙烯苯酚聚氧乙烯醚磷酸酯	2	乳化剂：蓖麻油酸聚氧乙基二硫代磷酸酯	1
分散剂：三苯乙烯基酚聚氧乙烯醚（罗帝亚）	3	润湿剂：三苯乙烯苯酚聚氧乙烯醚磷酸酯	1
分散剂：烷基萘甲醛缩合物磺酸盐（NNO）	5	润湿剂：十二烷基苯磺酸钙	1
分散剂：亚甲基双萘磺酸钠（N）	3	润湿剂：烷基萘磺酸钠（拉开粉）	7
分散剂：甲基丙烯酸的共聚物（ME）	1	润湿剂：月桂醇硫酸钠	4

续表

类别：名称	出现次数	类别：名称	出现次数
分散剂：甲基萘磺酸钠的甲醛缩合物（MF）	1	渗透剂：氮酮	1
净洗剂：二丁基萘磺酸钠（LS）	4	湿润剂：脂肪醇聚氧乙烯醚	1
溶剂：正丁醇	1	填料：高岭土	7
溶剂：二甲苯	57	消泡剂：有机硅	5
溶剂：二甲基甲酰胺（DMF）	5	载体：二氧化硅（白炭黑）	9
溶剂：环己酮	1	载体：硅藻土	5
溶剂：环氧丙烷		载体：木炭	1
溶剂：甲苯	2	载体：陶土	1
溶剂：甲醇	2	载体：有机膨润土	1
溶剂：甲基化大豆油	1	增稠剂：黄原胶	8
溶剂：水	23	增稠剂：甲基羟乙基纤维素	1
溶剂：乙醇	1	增稠剂：甲基纤维素	2
溶剂：油酸甲酯	2	增稠剂：羧甲基纤维素	6
溶剂：玉米油	2	吡啶碱（2-甲基吡啶、3-甲基吡啶、4-甲基吡啶、2,3-二甲基吡啶）	2
乳化剂：失水山梨醇脂肪酸酯聚氧乙烯醚	1	醋酸钠	1
乳化剂：脂肪醇聚氧乙烯醚	6	硫酸铵	2
乳化剂：JP-0730	1	六亚甲基四胺（乌洛托品）	1
乳化剂：苯酚聚氧乙烯醚	1	氯化钠	1
乳化剂：苯乙基苯酚基聚氧乙烯醚	6	玫瑰精	1
乳化剂：苯乙烯丙烯酸共聚物	1	尿素	1
乳化剂：苯乙烯基苯酚聚氧乙烯醚	1	柠檬酸	1
乳化剂：蓖麻油环氧乙烷加成物	1	三氮唑嘧啶酮	1
乳化剂：蓖麻油聚氧乙烯醚	1	酸性蓝	1
乳化剂：烷基聚氧乙烯醚	2	碳酸钠	1
乳化剂：烷基聚氧乙烯醚甲醛聚合物	1	碳酸氢钠	1
乳化剂：烷基萘甲醛缩合物磺酸钠	1	硝酸铵	1
乳化剂：烷基糖苷	2	亚甲脲	1
乳化剂：辛基酚聚氧乙烯醚	1	液氨	2
乳化剂：乙烯基苯酚聚氧乙烯醚	2	硬脂酸钙	1

3. 有机溶剂助剂的使用状况

在乳油、可溶液剂、微乳剂等农药剂型的加工过程中需要加入溶剂、增溶剂、乳化剂和极性溶剂等，如甲苯、二甲苯、丙酮等有机有毒物质。甲苯、二甲苯等挥发性有机溶剂在生产包装和喷洒使用过程中通过大气飘移、沉降进入土壤、水体，对人类生存的环境造成严重危害和污染。

乳油是我国农药的最主要剂型之一，占农药总产量的60%以上，2008 年年底国内登记产品 3.4 万个，其中乳油占了近 50%。我国每年生产农药制剂量约为 150 万 t，其中乳油剂型约占 50%，即 75 万 t 左右。每年用于配制乳油需配套甲苯、二甲苯等有机溶剂约 40 万 t。由于国内资源匮乏，大部分靠进口。早在 20 世纪 80 年代，仅中央财政就动用外汇 8 亿美元左右，通过化工部进口甲苯、二甲苯等溶剂近 20 万 t。

农药助剂调查结果显示，乳油、水乳剂、悬浮剂等农药剂型中含有甲苯、二甲苯等挥发性芳香烃类有机溶剂，甲苯、二甲苯的含量从 1%到 93.2%不等，平均含量为 46.9%，具体见表 1-26。

表 1-26 含有甲苯、二甲苯的农药制剂及其含量

制剂名称	甲苯、二甲苯含量/%	制剂名称	甲苯、二甲苯含量/%
1%+40%阿维菌素·毒死蜱乳油	1	10%+35%噁草酮·丁草胺乳油	45
18%松·喹·氟磺胺乳油	5	1%+30%氟啶脲·三唑磷乳油	51.4
50%炔螨特水乳剂	6	14%+28%噻嗪·毒死蜱乳油	55
88%异丙甲草胺乳油	8	25%+15%矿物油·辛硫磷乳油	55
10%啶虫脒微乳剂	10	5%+25%丁硫克百威·矿物油乳油	57
73%炔螨特乳油	10.8	25%三唑醇乳油	58
2%+20%氯氟·毒死蜱水乳剂	15	0.2%+24.3%阿维·矿物油乳油	62.5
5%高效氯氟氰菊酯水乳剂	15	0.5%+4.5%阿维菌素·吡虫啉乳油	64
0.2%+19.8%阿维·毒死蜱水乳剂	20	1%+25%阿维·毒死蜱乳油	69
3%阿维菌素水乳剂	20	12.5%+8.3%氟磺胺草醚·烯禾啶乳油	71.2
30%毒死蜱水乳剂	20	10%氰氟草酯乳油	80
15%氟硅唑水乳剂	20	10%乙羧氟草醚乳油	80
73%炔螨特乳油	22	5%阿维菌素乳油	83
20%氟磺胺草醚乳油	34	0.3%+10.2%阿维·哒螨灵乳油	84.5
40%异噁·氟磺胺乳油	34	0.3%+1.5%阿维·高氯乳油	93.2

甲苯和二甲苯对人体的危害主要是影响中枢神经系统、对呼吸道和皮肤产生刺激作用，二者化学性质相似，在助剂中常相互取代使用，对人体的危害呈相加作用。

4. 表面活性剂助剂的使用状况

表面活性剂是最主要的农药助剂类型。我国是世界第二大表面活性剂生产国，2005 年我国有近 20 万 t 表面活性剂用于农业，约占其生产总量的 4%，占农药制剂用量的 90%。表面活性剂在天然水体中累积浓度过高时，会产生大量持久性泡沫，在水面形成隔离层，减弱水体与大气之间的气体交换，使水中溶氧量急剧下降、水体发臭，危害水生环境及水生生物安全。袁平夫等（2004）研究发现，水体中残留的表面活性剂在水体表面张力降至 5.0×10^{-4}mN/m 以下时，将影响鱼鳃呼吸，导致鱼类大量死亡，对整个水生态系统产生灾难性影响。壬基酚聚氧乙烯醚是烷基酚类农药助剂中所占比例最高的，其平均生物降解能力和最初生物降解能力都较低，最初生物降解力仅为 4%～40%，降解性较差，环境持留期较长。根据欧盟管理规定，环保型表面活性剂必须具有 90%的平均生物降解能力和 80%的最初生物降解能力。

在国家“十五”至“十二五”计划中都列入了农药助剂的科研项目。近年来又开发了新的磷酸酯型表面活性剂（如 1102、1103、1104 等）、新的 EO 和 PO 嵌段非离子型乳化剂单体及改性的阴离子型单体（如 1105、1106）。其他一些新的表面活性剂如有机硅表面活性剂、聚羧酸盐类表面活性剂、双子类表面活性剂、高分子表面活性剂和含氟表面活性剂等的开发研究均有较大进展。

1）表面活性剂农药助剂近年来的发展和变化

（1）剂型的发展和变化。乳油用乳化剂减少，水基型助剂显著增加。农药乳油用乳化剂及水基型农药助剂占农药表面活性剂总销量的变化见表 1-27。

表 1-27　农药乳油用乳化剂及水基型农药助剂占农药表面活性剂总销量的变化（单位：%）

年份	乳油用乳化剂占比	水基型农药助剂占比
2008	61.30	13.90
2009	41.04	43.00
2010	45.20	40.70
2011	42.50	42.50
2012	37.10	49.00
2013	30.10	53.60
2014	28.50	56.50

（2）除草剂专用表面活性剂量超过杀虫剂专用表面活性剂量。我国杀虫剂产量占农药总量的百分比从 2000 年 61.3%降低到 2012 年的 23%，而除草剂同期从 17.9%上升到 46%，由此影响到助剂应用对象的变化。

（3）复配型农药制剂专用助剂明显增多。

（4）草甘膦制剂专用助剂发展势头看好。

①草甘膦是全世界使用量最大的一种农药，截至 2019 年，我国草甘膦生产能力为 70 万 t。

②我国禁止生产 10%草甘膦水剂，制剂有效成分含量必须达到 30%以上。

③草甘膦助剂销量增加，南京太化化工有限公司草甘膦助剂在 2013 年的销量比上年增加 30%以上。

④草甘膦制剂和助剂的出口量都有增加。

2）表面活性剂在农药制剂中应用的新进展

（1）农药乳油中有毒易挥发物溶剂限量的助剂配方研究。

为贯彻行业管理部门的政策，选用安全的溶剂替代乳油中二甲苯（或甲苯）等溶剂，选择一些溶剂和部分农药品种进行实验，在满足制剂质量的要求下选择合适的表面活性剂，调制成相对安全环保的农药制剂，并满足以下一些条件：

①对所配制农药的溶解能力要好，要对其有足够的溶解度，低温不析出结晶；

②和制剂的其他成分的相容性要好，配成的制剂稳定不分层，不与其成分发生反应；

③不易挥发，对动植物无药害，对环境友好；

④配成的制剂用水稀释后能形成稳定的乳状液；

⑤质量稳定、货源充足、价格适中等。

同时按照市场的现状还选择了一些有代表性的溶剂来代替，如油酸甲酯、矿物油（也称白油、白矿油）、植物油等和一些较高档的溶剂如环己酮、苯甲醇等相组合来调制乳油，以取代原先的二甲苯和二甲基甲酰胺（DMF）、甲醇等组成的溶剂体系，进行了乳化剂的筛选工作。

通过实验，对使用蓖麻油、油酸甲酯、机油和矿物油在配方中取代二甲苯等溶剂得出一定的结果，如通过对非离子型 EO 的链长数调整，并加入适量助溶剂等，能获得合格又环保的制剂。

（2）高浓度乳油及其专用乳化剂的配方研究。

高浓度乳油的特征是不用或少用溶剂，降低了农药制剂中溶剂造成的安全和环保等方面的不利影响。尤其是当前石油价格的因素，导致溶剂价格飞涨，其原药有效浓度的提高，显著降低了制剂成本，同时也降低了包装与贮运的成本。因此，高浓度乳油的研制成为农药制剂加工发展的方向之一，特别是在解决环保和成本问题方面更受到广泛的重视。在研制高浓度乳油时也必须同时研究其专用乳化剂的选择，使乳油的相关性能符合规定标准。

（3）表面活性剂在水基型农药制剂中应用的新进展。

农药剂型正朝着水基化、粒状、缓释、多功能和省力化方向发展。水基化剂型将成为农药剂型发展的主导方向，如微乳剂（ME）、水乳剂（EW）、悬浮剂（SC）、悬乳剂（SE）、微胶囊剂（CS）等。

烷基酚聚氧乙烯醚（APEO）通式为（R）$_k$ArO（EO）$_n$H，式中 R 为以 C_4～C_{13} 为主的直链或支链烷基或混合烷基，k 为 1，2，3，n 为 EO 加成摩尔数，一般为 3～100。烷基酚聚氧乙烯醚是继脂肪醇聚氧乙烯醚之后广泛使用的非离子型表面活性剂，可作为农药乳化剂、润湿剂、扩散剂、稳定剂等，是全球第二大类商用非离子表面活性剂。全世界每年用量超过 40 万 t，其中美国用量最多，为 25 万 t，我国产量为 2.1 万 t，消费量 2 万 t。在非离子型乳化剂中，烷基酚聚氧乙烯醚中壬基酚聚氧乙烯醚所占比例最高，占 80%～85%，辛基酚聚氧乙烯醚（OPEO）占 15%以上，十二烷基酚聚氧乙烯醚（DPEO）和二壬基酚聚氧乙烯醚（DNPEO）各占 1%。

对 368 个农药制剂中的烷基酚聚氧乙烯醚助剂含量情况的调查研究结果如表 1-28 所示，涉及杀虫剂、除草剂、杀菌剂等农药种类，剂型包括乳油、悬浮剂、水乳剂、微乳剂等多种。

表 1-28　含有烷基酚聚氧乙烯醚农药制剂及其含量

样品名称	通用名	类别	助剂成分	含量/%
0.2%+24.3%阿维·矿物油乳油	Abamectin+petroleum oil	杀虫剂	烷基酚聚氧乙烯醚	5
12.5%+8.3%氟磺胺草醚·烯禾啶乳油	fomesafen+sethoxydim	除草剂	壬基酚聚氧乙烯醚	<8
10%硝磺草酮悬浮剂	musotrione	除草剂	壬基酚聚氧乙烯醚	<10
10%氰氟草酯乳油	cyhalofop-buthyl	除草剂	壬基酚聚氧乙烯醚	<10
10%乙羧氟草醚乳油	fluoroglycofen-ethyl	除草剂	壬基酚聚氧乙烯醚	<10
5%+20%硝磺·莠去津油悬浮剂	mesotrione+atrazine	除草剂	壬基酚聚氧乙烯醚	<10
25%嘧菌酯悬浮剂	azoxystrobin	杀菌剂	壬基酚聚氧乙烯醚	3
35%吡虫啉悬浮剂	imidacloprid	杀虫剂	壬基酚聚氧乙烯醚	3.2
40%噻嗪酮悬浮剂	buprofezin	杀虫剂	壬基酚聚氧乙烯醚	2
30%毒死蜱水乳剂	chlorpyrifos	杀虫剂	聚氧乙烯醚	10
0.2%+19.8%阿维·毒死蜱水乳剂	abamectin+chlorpyrifos	杀虫剂	聚氧乙烯醚	7
3%阿维菌素微乳剂	abamectin	杀虫剂	辛基酚聚氧乙烯醚	10
			聚氧乙烯醚	1
1%+30%氟啶脲·三唑磷乳油	chlorfluazuron+triazophos	杀虫剂	烷基聚氧乙烯醚甲醛聚合物	6.1
10.8%高效氟吡甲禾灵乳油	haloxyfop-R-methyl	除草剂	烷基酚聚氧乙烯醚	8
20%三唑锡悬浮剂	azocyclotin	杀虫剂	NP-10（壬基酚聚氧乙烯醚 10 EO）	2

续表

样品名称	通用名	类别	助剂成分	含量/%
7%+2%草甘膦·甲嘧磺隆悬浮剂	glyphosate+sulfometuron-methyl	除草剂	壬（辛）基酚聚氧乙烯醚	3
1%+40%阿维菌素·毒死蜱乳油	abamectin+chlorpyrifos	杀虫剂	苯乙基苯酚聚氧乙烯醚	5
40%烯酰吗啉悬浮剂	dimethomorph	杀菌剂	脂肪醇聚氧乙烯醚	1.5
			苯乙基苯酚聚氧乙烯醚	3.5
40%粉唑醇悬浮剂	flutriafol	杀菌剂	脂肪醇聚氧乙烯醚	1.5
			苯乙基苯酚聚氧乙烯醚	3.5
10%啶虫脒微乳剂	acetamiprid	杀虫剂	脂肪酸聚氧乙烯醚	2
30%烯唑醇悬浮剂	diniconazole	杀菌剂	芳烷基酚聚氧乙烯醚甲醛缩合物	0.5
40%丙环唑水乳剂	propiconazol	杀菌剂	脂肪酸聚氧乙烯醚	4
50%炔螨特水乳剂	propargite	杀虫剂	脂肪酸聚氧乙烯醚	4
1%+4%阿维菌素·高效氯氟氰菊酯水乳剂	abamectin+lambda-cyhalothrin	杀虫剂	脂肪醇聚氧乙烯醚	2
20%仲丁威水乳剂	fenobucarb	杀虫剂	脂肪醇聚氧乙烯醚	2
			脂肪酸聚氧乙烯醚	2
30%异丙威悬浮剂	isoprocarb	杀虫剂	脂肪醇聚氧乙烯醚磷酸酯	1
3%甲氨基阿维菌素苯甲酸盐悬浮剂	emamectin benzoate	杀虫剂	壬基酚聚氧乙烯醚	2.6
			苯乙基苯酚聚氧乙烯醚	1.8
6%+33%吡蚜酮·异丙威可湿性粉剂	pymetrozine+isoprocarb	杀虫剂	脂肪酸聚氧乙烯醚	4
5%+25%吡虫啉·异丙威悬浮剂	imidacloprid+isoprocarb	杀虫剂	脂肪醇聚氧乙烯醚磷酸酯	1
50%+250g/L 吡虫啉·噻嗪酮悬浮剂	imidacloprid+buprofezin	杀虫剂	TX-10（壬基酚聚氧乙烯醚）	10
10%多杀霉素悬浮剂	spinosad	杀虫剂	TX-10（壬基酚聚氧乙烯醚）	2
5%高效氯氟氰菊酯水乳剂	lambda-cyhalothrin	杀虫剂	壬基酚聚氧乙烯醚	3
0.3%+29.7%阿维菌素·炔螨特水乳剂	abamectin+propargite	杀虫剂	壬基酚聚氧乙烯醚	3
30%毒死蜱水乳剂	chlorpyrifos	杀虫剂	壬基酚聚氧乙烯醚	3
25%氟硅唑水乳剂	flusilazole	杀菌剂	壬基酚聚氧乙烯醚	3
5%己唑醇悬浮剂	hexaconazole	杀菌剂	苯乙基苯酚聚氧乙烯醚	3
10.8%精喹禾灵水乳剂	quizalofop-p-ethyl	除草剂	壬基酚聚氧乙烯醚	3
480g/L灭草松水剂	bentazone	除草剂	脂肪醇聚氧乙烯醚	10
0.5%+19.5%甲氨基阿维菌素·毒死蜱微乳剂	emamectin benzoate+chlorpyrifos	杀虫剂	苯乙苯基酚聚氧乙烯醚	10
15%氟硅唑水乳剂	flusilazole	杀菌剂	脂肪醇聚氧乙烯醚	4
			烷基酚聚氧乙烯醚	1

续表

样品名称	通用名	类别	助剂成分	含量/%
20%苯醚甲环唑微乳剂	difenoconazole	杀菌剂	脂肪酸聚氧乙烯醚	5
			苯乙基苯酚聚氧乙烯醚	5
5%己唑醇微乳剂	hexaconazole	杀菌剂	脂肪酸聚氧乙烯醚	5
			苯乙基苯酚聚氧乙烯醚	5
15%+15%毒死蜱·噻嗪酮乳油	chlorpyrifos+buprofezin	杀虫剂	脂肪酸聚氧乙烯醚	5
			苯乙基苯酚聚氧乙烯醚	5
40%乙烯利水剂	ethephon	植物生长调节剂	脂肪醇聚氧乙烯醚	5
10%氟硅唑水乳剂	flusilazole	杀菌剂	壬基酚聚氧乙烯醚	3
0.5%+19.5%阿维菌素·三唑磷水乳剂	abamectin+triazophos	杀虫剂	壬基酚聚氧乙烯醚	3
			聚氧乙烯醚蓖麻油系列	3
25%烯肟菌酯悬浮剂	enostroburin	杀菌剂	TX-10（壬基酚聚氧乙烯醚 10 EO）	1
0.5%+4.5%阿维菌素·吡虫啉乳油	abamectin+imidacloprid	杀虫剂	失水山梨醇脂肪酸酯聚氧乙烯醚（TW-80）	3

结果显示，368 个农药制剂中有 51 个产品中含有烷基酚聚氧乙烯醚，占统计总数的 13.8%，其中壬基酚聚氧乙烯醚占 26%，是最主要的农药助剂品种。

21 世纪农药工业飞速发展的形势促使表面活性剂类助剂的科研力度加大，特别是高毒农药的限产、禁用，人们对环保与安全的高度关注，大量新农药、新剂型的出现使农药助剂必须适应这一变化，向环保型方向发展（马立利等，2008）。

第 2 章　典型农药助剂的环境行为特性研究进展

除溶剂外，数量最大的助剂种类是表面活性剂，尤其是非离子表面活性剂。当前关于助剂的研究多侧重于农药制剂的发展趋势、助剂的作用模式及使用范围，很少有研究关注助剂的环境归趋及生态风险。径流、淋溶、吸附和生物降解是助剂主要的暴露途径及环境行为。助剂随雨水输移的潜在途径包括立体和水平方向，最终扩散进入地表水，或垂直渗入地下水中。助剂的另一种归趋是吸附到土壤或生物质中，如植物茎叶、植物根部、植物碎屑或土壤微生物。此外，助剂也会发生好氧或厌氧的生物降解。本章概述了表面活性剂农药助剂的种类及历史用量，选择典型农药助剂聚氧乙烯醚（AEOs）和烷基胺聚氧乙烯醚（ANEOs），对它们的暴露、归趋及环境影响的研究进展进行综述。

2.1　表面活性剂类农药助剂概述

农药制剂中使用的非离子表面活性剂主要包括烷基酚聚氧乙烯醚（APEOs）、AEOs 及 ANEOs。其中，APEOs 是农药配方中最常用的表面活性剂之一。

表 2-1 列出了助剂（包括表面活性剂助剂）使用量信息（数据为不完全统计）。Foy（1996）的研究中已列出这些喷雾助剂的化学成分。数据表明，表面活性剂在一些国家如丹麦农业区使用负荷在 0.3～0.4kg/（$hm^2 \cdot a$）（Hewin International，2000；Løkke，2000）。该负荷同时取决于作物类型、喷药次数及所用配方（Madsen et al.，2001）。

表 2-1　农药制剂中表面活性剂助剂的用量

地区（年度）	助剂总用量		表面活性剂助剂		参考文献
	成本/美元	用量/t	成本/美元	用量/t	
美国（1992）	179×10^6	0.5×10^6	75×10^6	—	Hochberg（1996）
世界（1994）	—	—	—	0.11×10^6（非离子）	Schulze（1996）
世界（1998）	—	—	—	0.18×10^6	Hewin International（2000）
丹麦（1998）	—	10×10^3	—	750～1000	Løkke（2000）

在丹麦，用作家庭洗涤剂的表面活性剂年消耗量约为 16360t（1998 年），工业和机构洗涤剂用的表面活性剂消耗量约为 2780t（1997 年）（Madsen et al.，2001）。非离子表面活性剂占总消耗量的 37%～40%。这些表面活性剂通过未经处理的污水、污水厂排水及污泥进入环境中。与家庭及工业暴露源不同，随农药喷洒在土壤中的表面活性剂在其中降解，其吸附性和毒性不容小觑。

2.2　表面活性助剂 AEOs 和 ANEOs 的理化及环境特性

AEOs 和 ANEOs（作为农药制剂中的助剂混合物）的一些理化特性（溶解度、pK_a、熔点和沸点、蒸汽压等参数）列于表 2-2 中。这类化合物在水/辛醇（/土壤/沉积物/植物）中的分配系数（实验值和定量结构活性关系计算值）（Thiele et al.，2004）如表 2-3 所示。表 2-3 中还列出了其临界胶束浓度（CMC）值。这类化合物烷基链越长、醚键越短，CMC 值越小。乙氧基链越长、烷基链越短，化合物的 K_{OW} 值越小。相反，乙氧基链越长其 K_{SW} 值越大。烷基链链长比乙氧基链链长对 K_{OW} 值影响更大（Muller et al.，1999）。

AEOs 物质结构：

$$CH_3(CH_2)_{m-1}O(CH_2CH_2O)_nH \quad (C_mEO_n)$$

ANEOs 物质结构：

$$CH_3(CH_2)_{m-1}N\begin{cases}(CH_2CH_2O)_nH \\ (CH_2CH_2O)_nH\end{cases} \quad (C_mNEO_n)$$

图 2-1 中 A 和 B 阐释了 AEOs 和 ANEOs 各种可能的键合形式。这些表面活性剂分子中的亲水基团和疏水基团与土壤中的成分有不同的结合形式，如和土壤中的各种成分以氢键或疏水键结合。对于 AEOs 而言，疏水的烷基链可通过疏水键吸附到有机物上（图 2-1A），而亲水的乙氧基链中含有结合氧，可通过氢键结合到土壤中极性更强的黏土矿物质上。和 AEOs 一样，ANEOs 也可以以相同的形式和土壤中的成分键合（图 2-1A 和 B）。由于 ANEOs 由两条乙氧基链构成（图 2-1B），和 AEOs 相比，ANEOs 和土壤中的黏土矿物或者其他极性成分的结合能力更强。此外，对于 ANEOs 而言，亲水基团和疏水基团通过一个氮原子连接，AEOs 则通过氧原子连接。在分子的 pK_a 值和土壤环境中 pH 适宜的情况下，AENOs 中的氮原子可能会发生质子化，并且这种可能性取决于 pK_a 值和环境中的 pH。质子化的 AENOs 可能形成离子键，同时也可以去质子化与土壤中的矿物质络合（图 2-1B）。下面将结合表面活性剂分子特定的键合特性作阐述。

表 2-2　AEOs 和 ANEOs 的理化性质

化合物（商品名）		溶解性	黏度/（mPa·s）	稀释液 pH	pK_a[a]	沸点/℃	蒸汽压/Pa	密度/（kg/m^3）	熔点/℃	参考文献
AEOs	$C_{10}EO_{7.5}$（Empilan KTA 7.5）	水中、醇中溶解度较低	<50（30℃）	6～7	—	>100	—	1000（20℃）	20～30	Albright 和 Wilson（1996）
	$C_{12}EO_3$	—	—	—	—	—	—	929（20℃）	—	Sigma-Aldrich（1999a）
	$C_{12}EO_5$	—	—	—	—	—	—	963（20℃）	—	Sigma-Aldrich（1999b）
ANEOs	$C_{12\sim14}NEO_2$	溶于乙醇（难溶于水）	150（20℃）	9～11	6.3～7.4	268	<10	870（25℃）	0	Akzo Nobel（1999a）
	$C_{16\sim18}NEO_{16}$	可溶于异丙醇、辛醇、水	300	9～10.5	5.8～6.2	>100	—	1055（20℃）	<10	Akzo Nobel（1999b）
	$C_{16\sim18}NEO_{16}$（Atlas G-3780A）	乙醇中较低，可溶于丙酮、乙酸乙酯、水	约 250（25℃）	约 9.5	6.1～6.2	>100	<133	1050（25℃）	—	ICI Surfactants（1987）

a. Krogh 等（2001）。

表 2-3　AEOs 和 ANEOs 的分配系数及 CMC 值

化合物		分配系数	log CMC	吸附介质	方法	浓度	参考文献
AEOs	C_8EO_5	log K_{OW}=2.67	–2.11mol/L	辛醇/水	碎片计算法	<CMC	Muller 等（1999）
	$C_{10}EO_3$	log K_{SW}=1.61	—	沉积物/水	两相分析法	<CMC	Kiewiet 等（1996）
	$C_{10}EO_5$	log K_{OW}=3.75	–3.11mol/L	辛醇/水	碎片计算法	—	Muller 等（1999）
	$C_{10}EO_5$	log K_{SW}=1.68	—	沉积物/水	两相分析法	<CMC	Kiewiet 等（1996）
	$C_{10}EO_8$	log K_{OW}=3.45	–2.98mol/L	辛醇/水	碎片计算法	—	Muller 等（1999）
	$C_{10}EO_8$	log K_{SW}=2.10	—	沉积物/水	两相分析法	<CMC	Kiewiet 等（1996）
	$C_{10}EO_9$	log K_{OM}=3.18	0.094mol/m^3	有机碳归一化沉积物/水	—	—	Kiewiet 等（1997）
	$C_{10\sim12}EO_6$	log K_{OW}=4.19	—	辛醇/水	碎片计算法	—	Roberts（1991）
	$C_{12}EO_3$	log K_{SW}=1.86	—	沉积物/水	对沉积物、器壁、水分析（弗罗因德利希吸附）	<CMC	Brownawell 等（1997）
	$C_{12}EO_3$	log K_{SW}=2.41	—	沉积物/水	两相分析法	<CMC	Kiewiet 等（1996）
	$C_{12}EO_4$	log K_{SW}=7.79	–4.64mol/L	土壤/水	水中表面张力分析法（弗罗因德利希吸附）	<CMC	Liu 等（1992）
	$C_{12}EO_5$	log K_{OW}=4.83	–4.11mol/L	辛醇/水	碎片计算法	—	Muller 等（1999）
	$C_{12}EO_5$	log K_{SW}=2.86	—	沉积物/水	两相分析法	<CMC	Kiewiet 等（1996）
	$C_{12}EO_6$	log K_{SW}=1.60~1.79	—	不同沉积物/水	对沉积物、器壁、水分析（等温吸附）	0.55~1000 ×10^{-9}mol/L	—
	$C_{12}EO_8$	log K_{OW}=4.53	–3.95mol/L	辛醇/水	碎片计算法	—	Muller 等（1999）
	$C_{12}EO_8$	log K_{SW}=3.09	—	沉积物/水	两相分析法	<CMC	Kiewiet 等（1996）
	$C_{12}EO_{8.5}$	log K_d=1.9~2.21	—	各类矿物和砂子/水脱附	^{14}C 两相分析法	—	Knaebel 等（1996）

续表

化合物		分配系数	log CMC	吸附介质	方法	浓度	参考文献
AEOs	$C_{12}EO_{8.5}$	log K_d=2.13	—	腐殖酸/水脱附	^{14}C 两相分析法	—	Knaebel 等（1996）
	$C_{12}EO_9$	log K_{OM}=3.83	–0.892mol/m^3	有机碳归一化沉积物/水	—	—	Kiewiet 等（1997）
	$C_{12}EO_{23}$	log K_{SW}=1.70~1.81	—	各类 EPA 土壤/水	水相分析法	<CMC	Yuan 和 Jafvert（1997）
	$C_{12\sim14}EO_{11}$	log K_{OW}=4.77	—	辛醇/水	碎片计算法	—	Roberts（1991）
	$C_{12\sim15}EO_3$	log K_{OW}=5.73	—	辛醇/水	碎片计算法	—	Roberts（1991）
	$C_{12\sim15}EO_9$	log K_{OW}=5.13	—	辛醇/水	碎片计算法	—	Roberts（1991）
	$C_{13}EO_2$	log K_{OM}=3.75	–1.707mol/m^3	有机碳归一化沉积物/水	—	—	Kiewiet 等（1997）
	$C_{13}EO_3$	log K_{SW}=2.04~2.70	—	不同沉积物/水	^{14}C 两相分析法	—	Cano 和 Dorn（1996b）
	$C_{13}EO_4$	log K_{OM}=3.84	–1.615mol/m^3	有机碳归一化沉积物/水	—	—	Kiewiet 等（1997）
	$C_{13}EO_6$	log K_{OM}=3.96	–1.523mol/m^3	有机碳归一化沉积物/水	—	—	Kiewiet 等（1997）
	$C_{13}EO_8$	log K_{OM}=4.09	–1.431mol/m^3	有机碳归一化沉积物/水	—	—	Kiewiet 等（1997）
	$C_{13.5}EO_9$	log K_{OM}=4.30	–1.6315mol/m^3	有机碳归一化沉积物/水	—	—	Kiewiet 等（1997）
	$C_{13\sim15}EO_9$	log K_{OW}=5.13	—	辛醇/水	碎片计算法	—	Roberts（1991）
	$C_{13}EO_9$	log K_{SW}=2.04~2.77	—	各类沉积物/水	^{14}C 两相分析法（弗罗因德利希吸附）	—	Cano 和 Dorn（1996b）
	$C_{14}EO_3$	log K_{SW}=3.47	—	沉积物/水	两相分析法	<CMC	Kiewiet 等（1996）
	$C_{14}EO_5$	log K_{OW}=5.91	–5.11mol/L	辛醇/水	碎片计算法	—	Muller 等（1999）
	$C_{14}EO_5$	log K_{SW}=3.54	—	沉积物/水	两相分析法	<CMC	Kiewiet 等（1996）
	$C_{14}EO_8$	log K_{OW}=5.61	–4.93mol/L	辛醇/水	碎片计算法	—	Muller 等（1999）
	$C_{14}EO_8$	log K_{OW}=5.61	—	辛醇/水	碎片计算法	—	Roberts（1991）
	$C_{14}EO_8$	log K_{SW}=3.55	—	沉积物/水	两相分析法	<CMC	Kiewiet 等（1996）
	$C_{14}EO_9$	log K_{OM}=4.48	–1.878mol/m^3	有机碳归一化沉积物/水	—	—	Kiewiet 等（1997）

续表

化合物		分配系数	log CMC	吸附介质	方法	浓度	参考文献
AEOs	$C_{14}EO_{11}$	log K_{OW}=5.31	–4.74mol/L	辛醇/水	碎片计算法	—	Muller 等（1999）
	$C_{14}EO_{14}$	log K_{OW}=5.01	–4.56mol/L	辛醇/水	碎片计算法	—	Muller 等（1999）
	$C_{15}EO_9$	log K_{SW}=2.54~3.23/2.67~3.32	—	不同沉积物/水	两相分析法（弗罗因德利希吸附）	10mg/L	Cano 和 Dorn（1996a）
	$C_{16}EO_5$	log K_{SW}=3.68	—	沉积物/水	两相分析法	<CMC	Kiewiet 等（1996）
	$C_{16}EO_8$	log K_{OW}=6.69	–5.90mol/L	辛醇/水	碎片计算法	—	Muller 等（1999）
	$C_{16}EO_8$	log K_{SW}=3.79	—	沉积物/水	两相分析法	<CMC	Kiewiet 等（1996）
	$C_{16}EO_9$	log K_{OM}=5.14	–2.864mol/m^3	有机碳归一化沉积物/水	—	—	Kiewiet 等（1997）
	$C_{16\sim18}EO_{14}$	log K_{OW}=6.63	—	辛醇/水	碎片计算法	—	Roberts（1991）
	$C_{18}EO_{20}$	log K_{CW}=1.70, 1.66（番茄、辣椒）	0.0038g/L	表皮/水	水放射性活性吸附分析法	>CMC	Chamel 和 Gambonnet（1997）
ANEOs	$C_{18}NEO_{20}$	log K_{CW}=1.70, 1.66（番茄、辣椒）	0.002g/L	表皮/水	水放射性活性吸附分析法	>CMC	Chamel 和 Gambonnet（1997）

注：CMC 为临界胶束浓度；K_{OW} 为辛醇/水；K_{SW} 为土壤或沉积物/水；K_{OM} 为有机碳归一化沉积物/水；K_{CW} 为表皮/水；K_d 为土壤吸附系数。

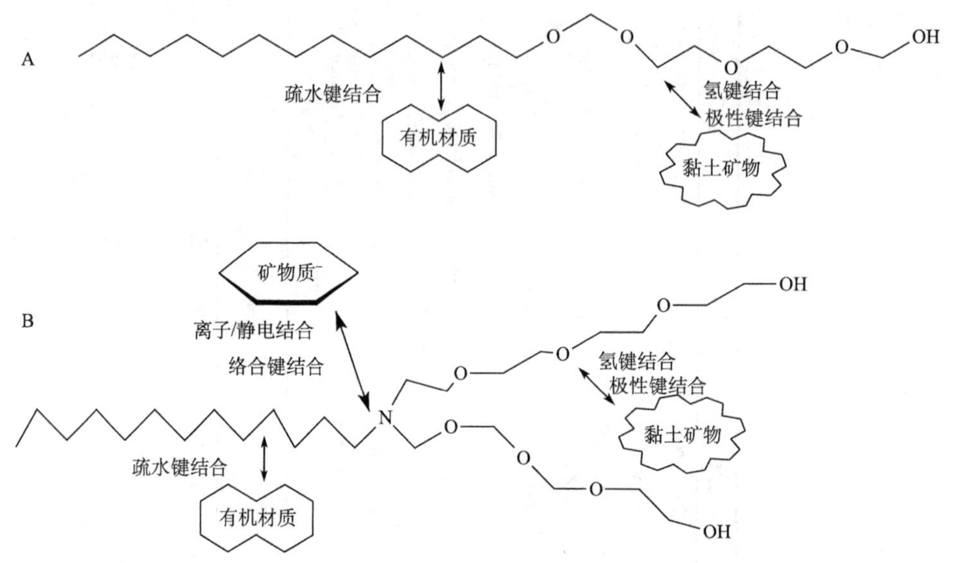

图 2-1　AEO 和 ANEO 与土壤中不同成分结合的示意图

2.2.1　土壤、沉积物及蓄水材料吸附性

AEOs 可吸附于黏土，尤其可吸附于吸水膨胀类黏土矿物及其他含氧矿物表面，如蛭石和蒙脱石就更易吸收土壤（Platikanov et al.，1977；Yuan and Jafvert，1997）及沉积层（Cano and Dorn，1996a，1996b；Brownawell et al.，1997）中的 AEOs。正如图 2-1A 和 B 所示，吸附的可能原因是化合物的乙氧基链和硅酸盐矿物间形成了氢键。总之，和砂质土壤相比，黏土质土壤更容易吸附这类物质。按 Valoras 等（1969）的结论，这是因为黏土比砂土的表面积更大。然而，砂土中硅酸盐矿物的含量较低会导致结合力降低。

具有较长乙氧基链的 AEOs 同系物与土壤组分间的亲和力也更强。乙氧基官能团和极性土壤取代基间的极性结合力，如氢键可能是这类化合物土壤吸附的主要机制（Law et al.，1966；Yuan and Jafvert，1997）。AEOs 分子中的乙氧基和聚乙二醇（PEG）中的完全相同，因此这两种物质的理化特性是可比的。和 AEOs 一样，乙氧基链越长的聚乙二醇对沉积物的吸附能力也越强。此外，遇水膨胀类黏土（蛭石和蒙脱石）的成分也会增强聚乙二醇的吸附性。聚乙二醇能够和带负电的沉积物形成氢键结合（Podoll et al.，1987）。乙氧基链长度越短的 AEOs 对沉积物的吸附性及吸附等温线的线性关系也越弱（Brownawell et al.，1997）。这些结果和图 2-1A 和 B 中所示的键合方式具有一致性，因为乙氧基链增长会增加氢键形成的概率。Cano 和 Dorn（1996a, 1996b）研究发现，和更长乙氧基链的分子相比，乙氧基链短的醇乙氧基化物在同样量的沉积物上吸附性能更强，但吸附总量差别不大。

除了乙氧基链的长度之外，AEOs 中烷基链长度的增加也会导致吸附性增加（Kiewiet et al.，1996）。这主要是由于疏水性的烷基链长度增加导致疏水键的结合力增加，并削弱了化学物质分子中亲水部分产生的斥力（图 2-1A 和 B）。Urano 等（1984）研究发现，AEOs 的吸附性和沉积物中有机碳的含量成正比，但该研究并未说明所用黏土的含量，因此不能就此对遇水膨胀类黏土的矿物含量和吸附性的相关性进行讨论。与上述结论不同的是，大多研究结果（Cano and Dorn，1996a，1996b；Brownawell et al.，1997；Yuan and Jafvert，1997）表明，沉积物或土壤中有机物含量与 AEOs 的吸附量并无相关性。同理，沉积物中的有机物含量也不会对 PEG 的吸附量产生任何影响（Podoll et al.，1987）。研究结论相悖的原因可能是所用沉积物中有机碳含量存在差异。Urano 等（1984）研究所用的沉积物有机碳含量在 1%～6%，其他研究中使用的沉积物有机碳的含量低得多（0.2%～3%）。采用三己基硅烷蓄水材料有机包覆层对多相分散的 AEOs 混合物吸附性能的影响进行研究，结果表明，和未被包覆的硅相比，包覆的硅的吸附性大大增加（Kibbey and Hayes，1997）。

有报道提出吸附性和有机物含量是相关的，并推测土壤中的有机物与表面活性剂的疏水部分是以疏水键结合的，但其他键形成的可能性更大。有研究结果表明，AEOs 的吸附性和土壤的阳离子交换力之间不具有相关性（Yuan and Jafvert，1997）。另外，低 pH 会增加其在沉积物上的吸附性。这在具有较长乙氧基链的 AEOs 上体现最为明显（Brownawell et al.，1997），但有几种土壤，pH 不会对吸附性产生影响（Yuan and Jafvert，1997）。关于 ANEOs 的吸附性，pH 可能就是一个非常重要的影响因素，因为这些化合物能够在氮原子处发生质子化（图 2-1B）。ANEOs 典型的 pK_a 在 5～7 之间（表 2-2），因此在 5 左右的常规 pH 条件下，氮会部分质子化（Petersen，1994）。除前文所述的键合能力外，ANEOs 分子中的氮原子还会促进其与土壤中的矿物形成离子/静电键合及络合键。

此外，表面活性剂浓度是高于还是低于 CMC 值也会影响 AEOs 的吸附性（Miller et al.，1975；Valoras et al.，1976b；Liu et al.，1992）。在浓度高于 CMC 值的情况下，表面活性剂会聚合形成胶束。之后分子中只有一部分，可能是亲水部分会暴露出来，并和底质如土壤颗粒键合。

对 AEOs 吸附的动力学研究结果表明，该化合物的吸附和脱附过程迅速且可逆。Cano 和 Dorn（1996a）发现，在 24h 之后，吸附和脱附就基本达到了平衡。尽管水可能会吸附饱和，但非离子表面活性剂的主体在喷洒之后就会吸附在表土层中上方 2cm 的区域内，这些研究结果表明喷洒后不久，AEOs 就吸附在表土层中。

也有研究对不同表面吸附对降解的影响进行了研究。结果表明，和未发生吸附及吸附在砂子及高岭土上的 AEOs 情况相比，吸附土壤矿物（如蒙脱石、伊利石或者腐殖质）后 AEOs 的矿化过程相对较慢，矿化度也较低。

2.2.2 表面活性剂对其他化合物环境归趋的影响

表面活性剂吸附到土壤颗粒上后，会对土壤的理化特性及生物学特性产生影响（Bayer and Foy，1982；Kuhnt，1993）。影响土壤中化学物质（农药或其他污染物）迁移性的关键因素是表面活性剂的浓度及化学物质的疏水性（Huggenberger et al.，1973；Aronstein et al.，1991； Laha and Luthy，1992；Di Cesare and Smith，1994；Sánchez-Camazano et al.，1995；Iglesias-Jiménez et al.，1996）。在非离子表面活性剂以低于或高于临界胶束浓度（CMC）存在的情况下，土壤中农药二嗪农、阿特拉津和乙酰甲胺磷的迁移性能降低（Sánchez-Camozano et al.，1995；Iglesias-Jimenez et al.，1996）。在土壤中表面活性剂浓度为 0.04g/kg（等于临界胶束浓度）时，施用甲草胺时也可观察到类似现象，但在表面活性剂浓度较高（5～50g/kg）的情况下，农药的移动性有所增强（Sánchez-Camozano et al.，1995）。另外，渗出水中较高的表面活性剂浓度（50g/L）也会增强农药的移动性。一方面，向土壤中添加非离子表面活性剂会降低农药的移动性，这些农药先被表面活性剂吸附，之后才能被土壤吸附；另一方面，向渗出水中加入表面活性剂会导致农药的移动性增强，这可能是由于胶束吸附（Petrovic et al.，2002a）。

除移动性外，农药的降解性也会受到表面活性剂的影响。非离子表面活性剂存在的情况下，农药阿特拉津和蝇毒磷的降解速度变慢，同时降解率下降（Mata-Sandoval et al.，2001）。

2.3 表面活性助剂 AEOs 和 ANEOs 的降解性

化合物的降解过程是一个非常复杂的过程，会受到固有性质及受试土壤性质的影响。表面活性剂的降解可分为化学降解和生物降解。在化学降解过程中，最常见的是光解作用，另外水解、热分解、化学氧化、化学络合等其他降解作用也非常重要（Schwarzenbach et al.，1993；Van Leeuwen and Hermens，1995）。有报道发现，三价铁可诱发 AEOs 的光降解（Sherrard et al.，1995；Brand et al.，2000）。降解从乙氧基链开始，在波长 365nm 的光照射 7 天后，95%的 AEOs 被矿化了。

2.3.1 生物降解机制

对于 AEOs，已有研究提出了多种好氧生物降解途径（图 2-2）（Steber and Wierich，1985，1987；Swisher，1987；Kravetz，1990；White，1993；Talmage and Association，1994；Balson and Felix，1995；Di Corcia et al.，1998）。生物降解实

验表明，疏水的烷基链将最先被降解，而聚乙烯部分的降解速度较慢。降解开始后，烷基链末端的甲基官能团最先氧化（ω-氧化）成酸，后 C_2 官能团发生 β-氧化，链进一步缩短。

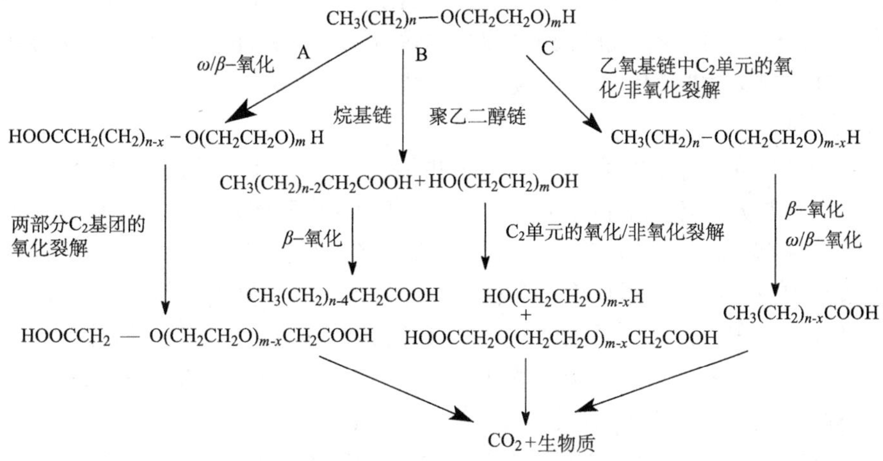

图 2-2　文献中报道的 AEOs 的三种降解途径

Patterson 等（1970）通过研究发现了另一降解途径：AEOs 首先裂解为疏水和亲水两部分官能团，之后疏水官能团会迅速发生氧化（图 2-2 中的途径 B）。在后续的多项研究（Kravetz，1990；White，1993；Tidswell et al.，1996）中，这种降解途径得到了确认，同时被认为是主要的降解途径，尤其是对于以单链为主的 AEOs 而言（Swisher, 1987）。在 Steber 和 Wierich（1983）进行的一项研究中，对 ^{14}C 示踪的十八烷醇乙氧基化物的降解过程进行了观察，结果发现，同时发生了烷基链末端甲基官能团的降解和水解断裂反应。在其研究中，烷基链的降解速度比乙氧基链降解速度快得多。该研究结果和之前报道的烷基官能团的降解是在中央、而不在末端的甲基官能团处的观点不一致（Kravetz，1990）。

对于带有支链的 AEOs 而言，水解会受到邻近醚键的影响，进而导致烷基链的裂解和氧化反应速度变慢（Patterson et al.，1970；Tobin et al.，1976；Kravetz，1990）。Di Corcia 等（1998）的研究结果确认了醚键的存在导致带有支链的醇乙氧基化物的中央裂解反应速度变慢这个结果，同时还发现生物降解是从分子的亲水端开始的。聚氧乙烯可通过两种途径中的任一种发生降解。最常见的一种是 C_2-乙氧基官能团的非氧化裂解（形成 C_mEO_{n-1}），另一种是末端醇官能团氧化形成 C_mEO_nC（乙氧基链的羧酸化）。在乙氧基链缩短的同时，烷基链也会缩短。疏水链的降解主要通过 β 及 ω/β-氧化完成，在两端形成羧酸化的中间产物（即 $CC_{m-3}EO_{n-2}$ 或者 $CC_{m-3}EO_nC$）。

使用 ^{14}C 示踪的 AEOs 降解试验研究结果表明，对于直链 AEOs 而言，这两种不同的生物降解过程同时发生（Steber and Wierich，1985）。这些过程包括表面活性剂分子内部的断裂及烷基链的氧化（ω/β-氧化）。事实表明，在每个裂解代谢阶段，不同的机理同时起作用，其也表明 AEOs 的完全降解需要多种不同的菌群（Ichikawa et al.，1978；Schöberl, 1982；Steber and Wierich, 1985）。这些结果同时表明，在多种微生物和单一微生物作用的情况下，AEOs 的生物降解过程也会存在很大区别。

对 AEOs 的厌氧生物降解途径研究报道较少。AEOs 的厌氧生物降解从乙氧基链的自由端开始，逐渐释放 C_2 官能团，直到疏水基团形成为止（Wagener and Schink，1987，1988）（图 2-2 中的途径 C）。在厌氧条件下，观察到乙氧基链在解聚过程中发生中央裂解反应，这种反应的具体过程和好氧条件下的反应基本相同。在反应过程中，首先通过中央裂解或者乙氧基链缩链形成烷基基团，之后通过 β-氧化进行生物降解。在厌氧条件下，并不会从烷基链末端甲基官能团上开始生物降解，这主要是由于 ω-氧化需要氧的参与。

和 AEOs 不同，关注 ANEOs 降解过程的研究非常少。两种不同的 ANEOs 的生物降解途径构成了一个“两阶段”途径（图 2-3）。首先是一个快速的中央裂解，紧接着发生两种中间产物的降解（van Ginkel and Kroon，1993）。第二阶段降解速度相对较慢，在这个阶段内乙氧基仲胺发生降解，同时醛类也发生降解，ω/β-氧化反应不会对生物降解的速率产生影响。后来，Hoey 和 Gadberry（1998）确认了这种生物降解途径的存在。在醛类和胺类物质的降解过程中，分别需要不同的细菌群（van Ginkel and Kroon，1992）。

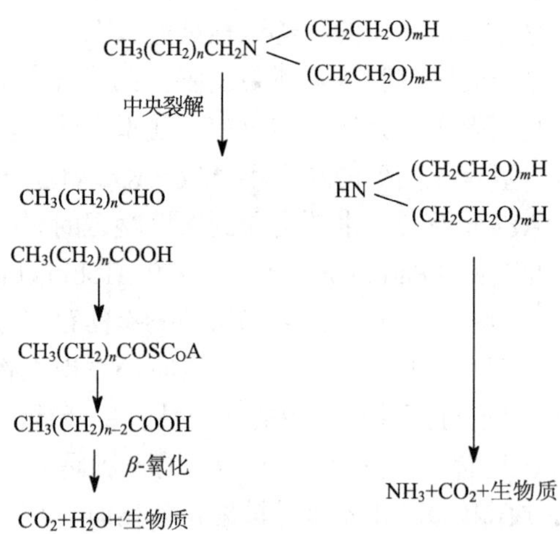

图 2-3　烷基胺乙氧基化物的生物降解途径

White（1993）的论文对农药助剂中乙氧基表面活性剂（AEOs 和 APEOs）的生物降解数据进行了总结，详见表 2-4。其降解的速率通常取决于多种因素，其中下列因素最为重要：微生物的测试条件、微生物对测试物的适应性、将测试物引入接种体及测试容器中的方法、接种物的来源及数量、微生物群落的多样性、培养介质中是否存在营养素等。在生物降解研究中，研究人员也采用了多种分析方法。方法的选取与生物降解的程度、反应终点及所用技术直接相关。首先，可以将降解分为初级降解和最终降解（矿化）。在初级生物降解试验中，受试物的理化特性将发生变化。因此，在这类试验中，主要检测母体分子是否消失及其主要特性(如发泡性和表面张力)是否发生变化/消失。Wickbold 法、异硫氰酸钴(CTAS)法（Wickbold，1972；Cook，1979）及各种不同的光谱和色谱分析法都被用于研究 AEOs 的初级生物降解过程。其中包括薄层色谱法（TLC）、气相色谱法（GC）、带有折射系数检测（RID）功能的高效液相色谱法（HPLC）及电喷雾离子化（ESI）的液相色谱-质谱联用法（LC-MS）。

在最终生物降解完成之后，受试物将分解为甲烷、二氧化碳及水，对于 ANEOs 还会形成氨气。在最终生物降解研究中，使用的指标包括总有机碳含量（TOC）、溶解有机碳含量（DOC）、生物需氧量（BOD）、化学需氧量（COD）、理论需氧量（ThOD）及二氧化碳排放量。这些指标的局限性主要在于不能将测试化合物和接种物或者底质中的其他化合物分开。为了克服上述方法的局限性，应使用 ^{14}C 示踪的测试化合物进行测试。

关于 AEOs 和 ANEOs 的生物降解（初级降解和最终降解）的大部分数据（表 2-4）都摘自这两类物质在污水处理厂归趋及生物降解的相关研究。因此，绝大多数学者都只使用培养的污水微生物群对淤泥和地表水中的生物降解过程进行研究。有机肥会扩增土壤中的微生物群，因此在农田中的条件可能差别较大。关于含有微生物群的土壤、地表水和地下水中自然生物降解过程的研究数据则相对有限。

2.3.2　生物降解和化学结构

早在 1955 年，人们就已经发现了表面活性剂中疏水性的烷基链及亲水性的乙氧基链对于生化氧化反应极为重要（Bogan and Sawyer，1955）。他们在研究中发现烷基官能团支链会大大降低非离子表面活性剂生物降解的速度。这些研究结果也被后续的研究证实。在多项试验中，都发现支链会对生物降解的速度产生影响，和直链分子相比，带有支链的 AEOs 的生物降解速度较慢，生物降解的程度也相对较低。Sturm（1973）研究表明，与直链 AEOs 相比，带有支链的 AEOs 的生物降解速度略有降低，同时直链分子中含有的少量甲基支链并未对降解速度产生显著影响。将直链和带有支链的 $C_{14\sim15}$ 醇乙氧基化物在需氧条件下的最终降解速度进行比较，发现两者之间的降解速度基本类似（Salanitro and Diaz，1995）。

表 2-4　AEOs 和 ANEOs 的生物降解数据

化合物（商业名称）	降解率/%	t_{1}^{a}/d^{-1}	方法和测试条件	测试时间/d	测试介质	分析方法	参考文献
			AEOs				
C_4EO_3，直链	95	—	生物测定瓶中的生物降解（标准方法 5310-B）	4	活性污泥（接种体）	TOC	Adams 等（1996）
$C_{9\sim11}EO_8$	>75	—	厌氧条件下的生物降解测试（修订版 ISO 1994）	56	厌氧污水污泥或者淡水沼泽	CH_4	Madsen 等（1995）
$C_{9\sim11}EO_8$	30~75	—	厌氧生物降解测试（修订版 ISO 1994）	56	海洋沉积物	CH_4	Madsen 等（1995）
$C_{9\sim11}EO_8$	96~97	—	厌氧条件下的最终生物降解测试	40~50	“消化”污泥	CH_4	Salanitro 和 Diaz（1995）
$C_{10}EO_8$（Neodol 91-8）	84、87、88	—	反应物连续流入的序批式反应器中的生物降解（质量百分比浓度分别为 0.01%、0.025%、0.05%）	18、24、240	废水污泥（接种体）	异硫氰酸钴法	Salanitro 和 Diaz（1995）
$C_{10}EO_8$	>95、71	—	使用经过修改的经济合作与发展组织（OECD）晒网测试法进行的快速生物降解测试	28、7	二次废水（接种体）	DOC	Madsen 等（1994）
$C_{10}EO_8$	80、32	—	使用密闭瓶进行的快速生物降解测试	28、7	二次废水（接种体）	BOD（ThOD）	Madsen 等（1994）
$C_{10}EO_8$	47~82	—	使用矿物介质及预培养的接种体，在不同接种体浓度的条件下进行的厌氧生物降解测试	55	二次废水（接种体）	CH_4	Madsen 等（1994）
$C_{10\sim12}EO_5$	—	0.08、0.20、0.06	在加入营养素的地下水连续流入的条件下进行的生物降解测试	—	砂壤及地下水	HPLC（with DID）	Ang 和 Abdul（1992）
$C_{12}EO_7$，带有支链	40	—	生物需氧量测试	30	未经过环境适应的细菌（接种体）	BOD	Kravetz 等（1991）
$C_{12}EO_n$（Witconol SN-90）	79、12	—	需氧条件下的摇瓶培养测试（500mg/L；2500mg/L）	16	经过环境适应的活性污泥	TOC 去除率	Zhang 等（1998）

续表

化合物（商业名称）	降解率/%	t_1^a/d^{-1}	方法和测试条件	测试时间/d	测试介质	分析方法	参考文献
$C_{12}EO_9$/ $C_{12}EO_8$（70/30）	13、24、40	—	厌氧的生物降解，废水池中央和边缘的污泥沉积层	87	厌氧废水池沉积物	CH_4 和 CO_2	Federle 和 Schwab（1992）
$C_{12}EO_9$/ $C_{12}EO_8$（70/30）	56、60	—	收集氧化塘中碎屑发酵的二氧化碳排放量测试	56	从污水池中收集的污物	CH_4 和 CO_2	Federle 和 Schwab（1992）
$C_{12}EO_9$/ $C_{12}EO_8$（70/30）	35、22、44	—	使用测试土壤进行的早期二氧化碳排放量测试，在 1.89m、8.2m 及 19.1m 米的深度上采集样品	32	土壤	$^{14}CO_2$	Federle 和 Ventullo（1990）
$C_{12}EO_9$/ $C_{12}EO_8$（70/30）	27、15	—	早期二氧化碳排放量测试，从过滤场的上斜井和下斜井中采集样品	42	地下水上斜井	$^{14}CO_2$	Federle 和 Ventullo（1990）
$C_{12}EO_9$/ $C_{12}EO_8$（70/30）	69	—	早期二氧化碳排放量测试	38	高山土壤（砂质）	$^{14}CO_2$	Knaebel 等（1990）
$C_{12}EO_9$/ $C_{12}EO_8$（70/30）	44、43	—	早期二氧化碳排放量测试，在不设置和设置四个周期的润湿/干燥循环的条件下进行测试	38	Bonnel 土壤（砂壤）	$^{14}CO_2$	Knaebel 等（1990）
$C_{12}EO_9$/ $C_{12}EO_8$（70/30）	42、69	—	早期二氧化碳排放量测试，在不设置和设置四个周期的润湿/干燥循环的条件下进行测试	38	Brashear 土壤（粉砂壤）	$^{14}CO_2$	Knaebel 等（1990）
$C_{12}EO_9$/ $C_{12}EO_8$（70/30）	48、46	—	早期二氧化碳排放量测试，在不设置和设置四个周期的润湿/干燥循环的条件下进行测试	38	Compost 土壤（壤砂土）	$^{14}CO_2$	Knaebel 等（1990）
$C_{12}EO_9$/ $C_{12}EO_8$（70/30）	51、64	—	早期二氧化碳排放量测试，在不设置和设置四个周期的润湿/干燥循环的条件下进行测试	38	Eden 土壤(粉砂壤）	$^{14}CO_2$	Knaebel 等（1990）

续表

化合物（商业名称）	降解率/%	t_1^a/d^{-1}	方法和测试条件	测试时间/d	测试介质	分析方法	参考文献
$C_{12}EO_9$/ $C_{12}EO_8$（70/30）	37、54	—	早期二氧化碳排放量测试，在不设置和设置四个周期的润湿/干燥循环的条件下进行测试	38	Eden、GL 土壤（壤砂土）	$^{14}CO_2$	Knaebel 等（1990）
$C_{12}EO_9$/ $C_{12}EO_8$（70/30）	61	—	早期二氧化碳排放量测试，在设置四个周期的润湿/干燥循环的条件下进行测试	38	FL 土壤（砂质）	$^{14}CO_2$	Knaebel 等（1990）
$C_{12}EO_9$/ $C_{12}EO_8$（70/30）	54	—	早期二氧化碳排放量测试，在设置四个周期的润湿/干燥循环的条件下进行测试	38	Huntington 土壤（壤土）	$^{14}CO_2$	Knaebel 等（1990）
$C_{12}EO_9$/ $C_{12}EO_8$（70/30）	25、60	—	早期二氧化碳排放量测试，在不设置和设置四个周期的润湿/干燥循环的条件下进行测试	38	Lakin 土壤（壤土）	$^{14}CO_2$	Knaebel 等（1990）
$C_{12}EO_9$/ $C_{12}EO_8$（70/30）	30	—	早期二氧化碳排放量测试	38	Pate 土壤（粉砂壤）	$^{14}CO_2$	Knaebel 等（1990）
$C_{12\sim15}EO_7$	82	—	二氧化碳排放量测试（OECD 测试规范 301B）	28	活性污泥	$^{14}CO_2$	Madsen 等（1996）
$C_{12\sim15}EO_7$	30、62	—	密闭瓶测试（OECD 测试规范 301D）	5、28	二次废水	ThOD	Madsen 等（1996）
$C_{12\sim15}EO_7$	38	—	厌氧条件下的生物降解测试（修订版 ISO/DIS 11734）	35	厌氧消化污泥	CH_4	Madsen 等（1996）
$C_{12\sim15}EO_7$（Neodol 25）	92	—	生物需氧量测试	30	未经过环境适应的细菌（接种体）	BOD	Kravetz 等（1991）
$C_{12\sim15}EO_7$（Neodol 25）	92	—	二氧化碳排放量批次测试（根据 Strum 测试法修订的 OECD 测试）	30	经过环境适应的活性污泥培养介质	CO_2	Kravetz 等（1991）
$C_{12\sim15}EO_7$（Neodol 25）	88	—	生物需氧量测试	30	未经过环境适应的细菌（接种体）	BOD	Kravetz 等（1991）

续表

化合物（商业名称）	降解率/%	t_1^a/d^{-1}	方法和测试条件	测试时间/d	测试介质	分析方法	参考文献
$C_{12\sim15}EO_7$（Neodol 25）	64、67、79	—	二氧化碳排放量批次测试（根据 Strum 测试法修订的 OECD 测试）（10mg/L、20mg/L、30mg/L）	30	驯化的活性污泥培养介质	$^{14}CO_2$	Kravetz 等（1991）
$C_{13}EO_7$，带有支链	44	—	生物需氧量测试	30	未经过环境适应的细菌（接种体）	BOD	Kravetz 等（1991）
$C_{13}EO_7$，带有支链	48、37、50	—	二氧化碳排放量批次测试（根据 Strum 测试法修订的 OECD 测试）（10mg/L、20mg/L、30mg/L）	28	经过环境适应的活性污泥培养介质	$^{14}CO_2$	Kravetz 等（1991）
$C_{14}EO_3$，直链	19	—	生物测定烧瓶中的生物降解（标准方法 5310-B）	4	活性污泥（接种体）	TOC	Adams 等（1996）
$C_{14\sim15}EO_7$（直链，从 Neodol $C_{14\sim15}$ 提取）	97	—	根据 Gledhill 测试要求进行的需氧生物降解测试	28	活性污水污泥	O_2	Salanitro 等（1995）
$C_{14\sim15}EO_7$（直链，从 Neodol $C_{14\sim15}$ 提取）	69	—	根据 Gledhill 测试要求进行的需氧生物降解测试	28	活性污水污泥	$^{14}CO_2$	Salanitro 等（1995）
$C_{14\sim15}EO_7$（两条烷基支链，从 Neodol $C_{14\sim15}$ 提取）	71	—	根据 Gledhill 测试要求进行的需氧生物降解测试	28	活性污水污泥	O_2	Salanitro 等（1995）
$C_{14\sim15}EO_7$（两条烷基支链，从 Neodol $C_{14\sim15}$ 提取）	69	—	根据 Gledhill 测试要求进行的需氧生物降解测试	28	活性污水污泥	$^{14}CO_2$	Salanitro 等（1995）
$C_{14\sim15}EO_7$（从 Neodol $C_{14\sim15}$ 提取）	69	—	根据 Gledhill 测试要求进行的需氧生物降解测试	28	活性污水污泥	$^{14}CO_2$	Salanitro 等（1995）
$C_{14\sim15}EO_7$（Neodol 45）	83	—	生物需氧量测试	30	未经过环境适应的细菌（接种体）	BOD	Kravetz 等（1991）

续表

化合物（商业名称）	降解率/%	t_1^a/d^{-1}	方法和测试条件	测试时间/d	测试介质	分析方法	参考文献
$C_{15}EO_{12}$（Tergitol 15-S-12）	39	—	需氧条件下的摇瓶培养测试（500mg/L）	16	经过环境适应的活性污泥（接种体）	TOC	Zhang 等（1998）
$C_{16}EO_7$，直链	96	—	生物测定烧瓶中的生物降解（标准方法 5310-B）	4	活性污泥（接种体）	$^{14}CO_2$	Adams 等（1996）
ANEOs							
牛脂双（2-羟基乙烯）胺（氢化烷基链）	60	—	密闭瓶测试（OECD 测试规范 301D）	28	污泥及污水（向其中加入二氧化硅）	ThOD	van Ginkel 等（1993）
牛脂双（2-羟基乙烯）胺（氢化烷基链）	52、64	—	密闭瓶测试（OECD 测试规范 301D）	28、42	污泥及污水（向其中加入二氧化硅）	ThOD	van Ginkel 等（1993）
油烯基双（2-羟基乙烯）胺	63、74	—	密闭瓶测试（OECD 测试规范 301D）	28、42	污泥及污水（向其中加入二氧化硅）	ThOD	van Ginkel 等（1993）
油烯基双（2-羟基乙烯）胺	60	—	密闭瓶测试（OECD 测试规范 301D）	28	污泥及污水（向其中加入二氧化硅）	ThOD	van Ginkel 和 Kroon（1993）
聚氧化乙烯（15） 牛脂胺	42、61	—	密闭瓶测试（OECD 测试规范 301D）	28、214	污泥及污水（向其中加入二氧化硅）	ThOD	van Ginkel 等（1993）
聚氧化乙烯（15） 牛脂胺（氢化烷基链）	28、67	—	密闭瓶测试（OECD 测试规范 301D）	28、214	污泥及污水（向其中加入二氧化硅）	ThOD	van Ginkel 等（1993）
聚氧化乙烯（15）油烯基胺	23、64	—	密闭瓶测试（OECD 测试规范 301D）	28、126	污泥及污水（向其中加入二氧化硅）	ThOD	van Ginkel 等（1993）

注：a. 一级速率常数；DID 指氦放电离子化检测器。

对于直链 AEOs 而言，其初级和最终生物降解速度都不会受到烷基链长度的影响（Patterson et al.，1967；Sturm，1973）。和上述结果不同，Tobin 等（1976）研究发现，AEOs 的降解速度随烷基链长度的增加而略有增加，$C_{15}EO$ 的降解速度比 $C_{14}EO$、$C_{13}EO$ 及 $C_{12}EO$ 的降解速度更快。

乙氧基链的长度会对 AEOs 的生物降解速度产生影响（Patterson et al.，1970；Sturm，1973）。使用薄层色谱法检测降解中间产物，发现随着乙氧基链的长度从 $C_{18}EO_6$ 增加到 $C_{18}EO_{30}$，初级生物降解速度有所降低（Patterson et al.，1967）。Nooi 等（1970）、Steber 和 Wierich（1983）的研究也证实：随着乙氧基链长度的增加，AEOs 的降解速度会逐渐降低。

2.3.3　污水污泥、土壤及沉积物中的最终生物降解

通过直链 AEOs（$C_{12}EO_n$）的好氧摇瓶法降解试验发现，在高于和低于临界胶束浓度的条件下，其生物降解速度和浓度之间具有显著的相关性（Zhang et al., 1998）。同样对 $C_{10}EO_8$ 也观察到了类似的浓度相关性，在浓度增加到高于临界胶束浓度之后，降解速度有所降低（Figueroa et al.，1997）。和处于单体状态的表面活性剂分子相比，处于胶束状态的表面活性剂的生物降解相对更低。这主要是由于胶束结构会妨碍表面活性剂分子和微生物接触，或者会使微生物失去活性。表面活性剂可以破坏微生物的细胞膜（Brown et al.，2009）。

Knaebel 等（1990）对 11 种不同土壤的 AEOs 进行生物降解测试发现，AEOs 物质能够迅速矿化。测试中使用的土壤涵盖了多种土壤类型（包括砂质土壤、壤砂土、壤土及淤泥）。在研究气候条件对降解速度的影响时，对绝大多数土壤而言，如果在矿化试验之前进行润湿和干燥循环处理，其生物降解速度会大大增加（表 2-4）。Federle 和 Ventullo（1990）针对土壤深度对 AEOs 矿化的影响进行了研究，结果表明，在表土层（上方 2.5cm）中，AEOs 会迅速降解，而在深层土壤中，其降解速度大幅度降低。

吸附性对生物降解性的影响研究表明，对于非离子表面活性剂，降解程度最高的土壤就是吸附性最低的土壤（Valoras et al.，1976a）。表面活性剂可能吸附在微生物上（Neufahrt et al.，1982）。以 73%、23%及 15%的比例分别混入乙氧基链长度为 5、10 及 17 的十八烷醇乙氧基化物 10min 后，可观察到乙氧基化物被吸附到微生物表面。这种吸附过程发生在任何生物降解过程之前。水体介质中含有的活性污泥或者阴离子表面活性剂会分别抑制 $C_{12}EO_{10}$ 和十八烷醇乙氧基化物的生物降解过程（Neufahrt et al.，1982；Kiewiet et al.，1993）。实际上，阴离子表面活性剂会增加醇乙氧基化物的降解程度（Rice et al.，2003）。

Knaebel 等（1996）的研究表明，在土壤-水的混合物中加入不同类型的土壤，AEOs 的降解速率及降解程度均受到影响：在加入矿物（蒙脱石、高岭土、伊利

石及沙子）的情况下，AEOs 的初始矿化速度为 k_1=（0.33±0.5）d^{-1}，而在加入腐殖酸和富里酸的情况下 k_1 分别为 $0.15d^{-1}$ 和 $0.09d^{-1}$。

2.3.4 水体中的最终生物降解

Ang 和 Abdul（1992）研究了 AEOs（$C_{10\sim12}EO_5$）的生物降解行为：在土壤/地下水系统中加入土著微生物，结果表明，在加入营养素，尤其是氮和磷之后，生物降解速度得到了显著改善。

Vashon 和 Schwab（1982）对 AEOs 在江口水体中的降解进行了研究：对于 $C_{16}EO_3$（烷基链使用 ^{14}C 示踪），其平均半衰期为 2.3d，且在 0.85～68μg/L 的范围内，其降解速度基本和浓度无关。而 $C_{12}EO_9$（乙氧基链使用 ^{14}C 示踪）的降解机理相对更为复杂。在 0.42μg/L 的浓度下，其最终生物降解半衰期为 5.8d，在 3.9μg/L 的浓度下，当使用酶活化时，其平均半衰期相对更长。这种降解速度上的差异可以用降解途径进行解释。在醚官能团裂解之后，烷基链和乙氧基链将发生分裂，从而导致降解速度和酶饱和方面存在差异。

采用密闭摇瓶法，检测河水中四种不同 $^{14}CO_2$ 示踪 AEOs 的生物降解情况（Larson and Games，1981），结果表明，乙氧基链长度对于降解过程几乎没有影响。在浓度变化系数为 10 或 2 时（1～10μg/L 或者 50～100μg/L），速率常数主要取决于浓度。对河水中 AEOs（$C_{11.5}EO_{0.5}$）的降解过程的研究表明，在 ppb 级别的低浓度范围内，降解速度也会相应地增加（Larson and Perry，1981）。在 3～34℃的温度范围内，降解速率会随温度的升高而增加。但也有一些不一致的观点（Lee et al.，1997，2004），认为在溪流生态系统 2～26℃范围内，AEOs 矿化不明显或进程缓慢。

2.3.5 厌氧条件下的最终生物降解

Madsen 等（1994）采用 BOD（密闭瓶测试）及 DOC（修订版 OECD 筛网测试）作为测试指标，结果表明 AEOs（$C_{10}EO_8$）都会快速发生生物降解。研究表明了在生物降解测试过程中，优化测试条件的重要性。优化测试条件，可以降低吸附在基质或者微生物上的目标化合物的量，进而避免化合物对细菌产生毒性。在 AEOs 的厌氧生物降解测试中，首次观察到生物降解存在 1～2 周的延迟，在 56d 之后，观察到理论生物降解程度达到了 47%～82%。在另一项厌氧降解研究中，使用缺氧污水淤泥接种的培养介质，对三种不同的 AEOs（$C_{12}EO_3$、$C_{12}EO_{23}$、$C_{18}EO_{20}$）的降解行为进行了研究，结果表明，乙氧基官能团发生了降解，但相应的脂肪酸并未进一步降解（Wagener and Schink, 1988）。另一项 AEOs 厌氧降解研究中，在 4 周时间内，超过 80%的 ^{14}C 十八烷醇乙氧基化物降解成甲烷和二氧化碳，而有 10%～15%的 ^{14}C 示踪的十八烷醇乙氧基化物被吸附以及/或者合并到了厌氧污泥之中（Steber and Wierich, 1987）。

2.4 小　　结

本章总结了非离子助剂 AEOs 和 ANEOs 的来源、环境归趋及对环境的影响研究现状。这两种助剂都在杀虫剂助剂中得到广泛使用，但对其使用后的环境危害评估依然是空白。

AEOs 和 ANEOs 都是以混合物的形式投入使用的，它不是一种单质，而是多种化合物按照不同比例混合之后得到的物质。混合物中的每种物质都有独特的物理化学性能，使得对这类混合物进行环境评估非常困难。对于 ANEOs（pK_a 值为 6～7）而言，pH 会对其环境归趋产生严重影响。因此，这类助剂的环境归趋和环境条件密切相关。

和持久性有机物相比，AEOs 和 ANEOs 相对容易降解，对于水生和陆生生物的毒性都相对较低。对于 AEOs 和 ANEOs 而言，其半致死浓度在 mg/L 水平范围内。考虑到这些物质的吸附性能，应该认为其在土壤中的浓度会对其最终的环境归趋产生重要影响。需要进行更多的研究来考察 ANEOs 对土壤和沉积物的吸附性能及解吸附性能。随着含有 ANEOs 的农药消耗量的增加，这些研究的需求更为迫切，因此需要对这些物质进行综合性的环境风险评估。

第3章 典型表面活性剂助剂壬基酚聚氧乙烯醚（NP_nEO）在环境中的归趋研究

壬基酚聚氧乙烯醚（nonylphenol ethoxylates，NP_nEO）是全球第二大商用非离子表面活性剂——烷基酚聚氧乙烯醚（alkylphenol ethoxylates，AP_nEO）中的一个主要品种，广泛应用于纺织、染料、橡胶、日用洗涤用品等领域。主要用作洗涤剂、食品添加剂及家庭用品和工业聚合材料，以及纺织助剂、乳化剂、润湿剂、稳定剂等。由于 NP_nEO 的应用比较广泛，消耗量很大，会以很多途径进入环境，所以在水和土壤中存在大量的 NP_nEO。在自然环境中，NP_nEO 会分解成具有较母体更强的内分泌干扰活性的壬基酚（NP）、壬基酚一乙氧基醚（NP_1EO）和壬基酚二乙氧基醚（NP_2EO）等小分子降解产物，对人类健康和生态安全构成威胁，其中 NP 的毒性很大，具有较强的毒性和生物累积性，而且它在环境中很难降解，会长期存在于环境中。NP 作为内分泌干扰物，对人体癌细胞增长及生殖能力均会产生比较严重的影响，会造成生殖障碍、发育不正常，严重的会导致癌症等，少量的 NP 就能促使早期性发育，还会导致免疫系统的功能下降。

NP_nEO 的污染控制及在环境中的暴露分析已引起国内外研究者的关注。国内外对环境样品（如污水、饮用水、地表水、土壤等）、生物样品（如鱼组织、羊毛、纺织品等）和水果蔬菜（香蕉等）中 NP_nEO 的检测方法开展了大量研究，而对农田土壤样品 NP 的前处理与检测方法的研究较少。我国是一个 NP_nEO 消耗大国，每年消耗都达几万吨，一半以上都用于合成洗涤用品，同时它也作为农药中的乳化剂和润湿剂，使农药能有效地和水充分融合。

因此，建立水体、土壤、沉积物中 NP 的检测分析方法，开展 NP 的环境行为特性研究，调查典型区域 NP 环境污染现状，实施 NP_nEO 及其降解产物 NP 的环境风险评估和污染控制等研究均具有重要的现实意义。

3.1 NP_nEO 及其代谢物 NP 分析方法建立研究

3.1.1 国内外检测方法研究现状

1. 样品前处理方法

NP_nEO 和 NP 在环境中基本同时存在，所以目前的研究多对两类物质同时测定。就样品类型而言，主要集中于环境样品（如污水、饮用水、地表水、土壤等）、生物样品（如鱼组织、羊毛、纺织品等）和水果蔬菜（香蕉）等。采用的提取方法主要有超声提取、液液萃取、索氏提取、固相萃取、固相微萃取、加速溶剂萃取、高速匀浆以及两种或两种以上方法的结合等。

1）超声提取

超声提取是利用超声波辐射压强产生的强烈空化效应、机械振动、扰动效应、高的加速度、乳化、扩散、击碎和搅拌作用等多级效应，增大物质分子运动频率和速度，增加溶剂穿透力，从而加速目标成分进入溶剂，促进提取的进行。超声提取液一般采用甲醇、乙酸乙酯、二氯甲烷、正己烷等。利用不同的溶剂或混合溶剂如甲醇、二氯甲烷、乙酸乙酯等可以将 NP 和 NP_nEO 从样品中提取出来。

吕岱竹等（2011）以甲醇/二氯甲烷（1∶4，体积分数）为提取液，以 480W 功率的超声波提取热带水果中的 NP_nEO 及 NP，回收率分别为 92%～102%和 75%～92%。乔玉霜（2010）研究了超声萃取中不同提取液对短链 NP_nEO 和 NP 的提取效果，结果表明，用 5mL 甲醇/乙酸乙酯（3∶7，体积分数）提取两次再用 5mL 二氯甲烷提取一次的条件下 NP、NP_1EO、NP_2EO 的回收率分别为 89.0%、102.0%、95.0%。

2）液液萃取

在液体样品的处理过程中，比较常用的方法就是液液萃取。液液萃取是利用系统中组分在溶剂中有不同的溶解度来分离混合物的单元操作。由于液液萃取具有处理能力大、分离效果好、回收率高、可连续操作等优点，所以应用范围比较广。针对 NP_nEO 的提取，萃取前首先将样品酸化，二氯甲烷或氯仿是比较常用的萃取剂。孙培艳等（2007）采用液液萃取的方法研究了黄河入海口 NP 污染分布特征，将水样过滤后用 60mL 二氯甲烷萃取 10min，提取两次，然后浓缩定容。王世玉等（2014）也选择二氯甲烷为萃取剂，检测了地下水中 12 种 NP 同分异构体的含量。液液萃取的缺点是有机溶剂消耗较大，易造成二次污染，同时在萃取过程中容易形成乳状液，并需进行相分离。

3）固相萃取

固相萃取（solid phase extraction，SPE）是近年发展起来的一种样品预处理技术，由液固萃取和柱液相色谱技术相结合发展而来，主要用于样品的分离、纯化和浓缩，与传统的液液萃取法相比较可以提高分析物的回收率，更有效地将分析物与干扰组分分离，减少样品预处理过程，且操作简单、省时、省力。目前，固相萃取已在环境样品的预处理过程中获得了广泛的应用。在 NP 及其相应醚类化合物的富集分离中，常用的吸附剂有 C_{18}、石墨化炭黑（GCB）、聚苯乙烯-二乙烯等（ISO，2009）。刘文萍和石晓勇（2009）利用 C_{18} 固相萃取柱对 1 月份辽宁近岸 19 个站位水体中 NP 污染状况进行了调查，文献报道采用石墨化炭黑作为吸附剂，利用其表面的活性位点对下水道污水及处理后的水体进行萃取，得到了 NP 和 NPEO、NPEC，该方法不需对样品做进一步处理即可进入检测系统，分析时间较短。邵兵等（2005）和马强等（2010）分别用 OASIS NH_2 和 Sep-Pak Carbon/NH_2 固相萃取柱提取了动物组织和纺织品中 NP 等内分泌干扰物。

4）加速溶剂萃取（ASE）

加速溶剂萃取是近年才发展起来的新技术。该方法通常用纯甲醇作萃取剂，方法快速，完成一次萃取全过程一般仅需 15min；基体影响小，对不同基体可用相同的萃取条件；具有萃取效率高、选择性好、使用方便、安全性好及自动化程度高等突出的优点。邵兵等（2005）和马强等（2010）利用加速溶剂萃取法研究了纺织物、土壤和动物组织中 NP_nEO 等内分泌干扰物的含量。此种方法操作较简单，能够同时萃取环境样品中的阳离子和非离子表面活性剂，但所需溶剂量很大，萃取装置的成本也高。

5）索氏提取

索氏提取是利用溶剂回流及虹吸原理，使固体物质连续不断地被纯溶剂萃取，萃取效率高，常用来处理固体样品以实现分析物与基体物质的预分离。多种物质同时测定时，可用索氏提取法将不同分析物逐步萃取出来。常用的萃取剂有甲醇、正己烷、异丙醇、二氯甲烷等。吕爱丽等（2013）以 150mL 甲醇为提取剂，流速 1～2 滴/s，抽提 3h 检测了纺织品中 NP_nEO 的含量。Marcomini 和 Giger（1987）选择甲醇作萃取剂，对洗涤剂、淤渣、土壤及河底沉积物中的直链烷基苯磺酸盐、壬基酚和短链 NP_nEO 进行了萃取实验，回收率为 85%～100%。索氏提取方法的不足之处是所需时间长（一般在 16h 以上），有机溶剂消耗量大。

6）其他前处理方法

除以上比较常见的前处理方法外，其他学者也运用了其他方法。如固相微萃取、超临界流体萃取（SFE）和蒸汽蒸馏等。固相微萃取在涂有有机层的纤维上进行。该方法克服了固相萃取容量低的问题，方法简单，不使用有机溶剂，富集后可直接将纤维插入色谱流动相中进行解吸，可实现自动化操作。不足之处是萃取涂层易磨损，使用寿命有限。固相微萃取常与气相色谱联用。文献报道了分别应用涂有 CWAXPTR 和 CWAXPDVB 的纤维对 Triton X-100 及其他表面活性剂中的 AP、APEOs 进行萃取（时间为 1h），并与涂有其他类型涂层的纤维进行比较的情况。超临界流体方法受萃取压力等因素的影响较大，萃取装置昂贵，在萃取过程中也易形成乳状液，萃取后样品需进一步净化。SFE 常用来处理固体样品而不适合分析水样，萃取效率随萃取压力的增大而提高，文献报道了用 CO_2 超临界流体萃取将 4-壬基酚（4-NP）在线乙酰基衍生化，经硅胶柱净化后进行污水处理厂排放水及处理后残渣中 4-NP 的测定方法。蒸汽蒸馏可处理固相和液相样品，适合分离疏水性、半挥发性的物质。Giger 等（1981）用蒸汽蒸馏和溶剂萃取方法从废水及水底淤泥中萃取了 NP 及短链 NP_nEO，该方法首先将水样的 pH 调至中性，加入 NaCl 后回流，然后以环己烷作为萃取剂进行萃取。对于固体样品，可将样品悬浮于水中，按同样的方法萃取。该方法富集系数较高且操作较索氏提取简单，引入的杂质较少，但分析时间仍然较长。

2. 样品测定方法

目前，NP 及 NP_nEO 的测定方法主要有液相色谱法、气相色谱法、气相色谱-质谱联用法和液相色谱-质谱联用法。

1）气相色谱法

NP 的分子量比较大，是一种溶于水的极性高分子有机物，因此对于 $n>4$ 的 NP_nEO 气相色谱法不能直接分析，应该对其裂解或化学衍生化，或进行其他预处理。赵铖铖等（2009）用固相萃取法对生活污水中的 NP 进行预处理，并且根据气相色谱的 NP 的峰面积采用内标法进行定性与定量，又通过 NP 的峰面积达到最大值时对固相萃取的萃取时间、萃取温度、解析时间与温度、盐度、搅拌速度及 pH 进行选择。陈玲等（2007）取珠江表层水样和某造纸厂处理前废水中的 NP，通过气相色谱法对 NP 进行定量，并对自动固相微萃取条件进行优化，测试结果令人满意，相对标准偏差为 3.3%。

2）气相色谱-质谱联用法

环境样品中 NP_nEO 及其代谢物的种类较多，因此采用分辨率较高、选择性好的分析方法便成为这类化合物分析测定的关键。气相色谱-质谱联用技术（GC/MS）常用来进行 NP 和辛基酚及其不同结构乙氧基醚化合物的识别与测定。郝瑞霞等（2007）选用“去活”的氧烷聚合物为色谱柱的固定相，考察了 5 种脉冲进样压力下 NP 给定浓度标样的响应值，结果表明，随着脉冲压力的升高，仪器信号响应值升高，相对标准偏差（RSD）降低，说明增加进样脉冲压力，可以提高仪器检测信号的灵敏度和精密度，并且运用此方法检测了污水中 NP 的含量。王世玉等（2013）优化了气相色谱-质谱条件，从 4-NP 同分异构体混合物中分离出 17 种同分异构体；用气相色谱-火焰离子化检测器（GC/FID）及面积归一化法确定了各同分异构体的质量比；采用内标法对含量较高的 12 种同分异构体进行了定量分析。通过对质子分子离子峰的分析，巢静波等（2002）得到了多种 NP 异构体，这是 GC/MS 的一大优势，为目前 GC/FID 和 HPLC 方法所不及。NP 各异构体的峰形都非常相似，而且从不同样品中获得的 NP 各异构体峰形也很相似，表明 NP 各异构体之间具有很好的整体一致性。

3）高效液相色谱法（HPLC）

NP 及短链 NP_nEO 的挥发性较差，因此比较适合用 HPLC 进行测定。反相高效液相色谱法（RP-HPLC）根据物质的疏水性差异实现混合组分的分离。环境

样品中的 NP_nEO 是由不同聚合度、不同壬基结构组成的混合组分，各组分的疏水性差异表现在聚合度和壬基分支的不同，主要是由壬基疏水基的结构差异决定，尽管不同聚合度的 NP_nEO 因 EO 链的长短不同而具有不同的极性，但在反相色谱条件下，由于它们具有相同的壬基疏水基而保留行为相同，因此彼此间以同一个保留时间出峰（邓琴和翟丽芬，2010）。基于这一点，可以将不同聚合度的 NP_nEO 看作一个整体，在反相液相色谱条件下建立对其整体定量的检测方法。RP-HPLC 测定多采用 C_{18} 或 C_8 柱，流动相多用甲醇/水或乙腈/水（或磷酸缓冲溶液）。陈曦等（2007）以 10% 纯水和 90% 甲醇为流动相，在流速 1mL/min、柱温 23℃、荧光检测器（FLD）激发波长 230nm、发射波长 308nm 的条件下，测定了污水中 NP_nEO 的总量。杨丽峰和张利萍（2013）用 ODS C_{18} 色谱柱分离，以甲醇-水为流动相进行梯度洗脱，流速为 1.0mL/min，以二极管阵列检测器（DAD）进行检测，利用检测波长为 280nm 测定空气清新剂中的 NP_nEO，结果表明，该方法精密度好，回收率高。马强等（2010）结合上述两种方法建立了高效液相色谱-二极管阵列检测器（DAD）/荧光检测器（FLD）串联技术同时测定纺织品和食品包装材料中 NP、辛基酚的方法，结果表明，相关化合物在纺织品样品和食品包装材料样品的平均回收率均为 93%～98%，相对标准偏差分别为 2.8%～7.0% 和 2.9%～6.9%。正相 HPLC（NP-HPLC）可按乙氧基链长度将 NP 及其乙氧基醚化合物分开，多采用氨基硅烷（aminosilica、lichrosorb-NH_2 或 hypersil APS）柱，通常以正己烷/异丙醇为流动相，在正相色谱中需要进行梯度洗脱。侯绍刚等（2005）用 HPLC 同时测定污水中 NP_nEO 及其小分子代谢产物，使用 1L 水样，方法的检测限对壬基酚（NP）、NP_1EO 为 0.01μg/L；NP_2EO、NP_3EO 为 0.02μg/L；NP_4EO～$NP_{12}EO$ 为 0.05μg/L。刘欣等（2005）以乙酸乙酯-乙醇为流动相进行 281nm UV 检测，在 10min 内可分离检测 *p*-壬基酚及短链壬基酚聚氧乙烯醚混合物的 3 种主要组分。在 NP 的液相色谱测定中，常采用紫外（波长 277nm）或荧光检测器（激发和发射波长分别在 230nm、295nm 左右）。

4）液相色谱-质谱联用法

气相色谱法（GC）及气相色谱-质谱联用技术（GC/MS）只能测定聚合度低于 4 的短链 NP_nEO，而且均需进行酰化、烷基化、硅烷化等衍生处理，因此操作较烦琐。超高效液相色谱-质谱联用法（UPLC-MS/MS）具有灵敏度高、易排除杂质干扰、分析时间短、溶剂用量少等特点，常用于农药多残留及环境污染物的检测。罗金辉等（2011）运用液相色谱-质谱联用法测定香蕉中 NP_nEO（n=5～12）及其降解产物的含量。分别采用正离子化模式（ESI^+）和大气压化学电离（APCI）两种方式对 NP_nEO 进行了分析，结果表明：在 ESI^+ 方式下，由于 NP_nEO 具有较强的表面活性及对碱金属离子的亲和性，在电喷雾质谱分析过程中，其往往以与碱金属离子结合的离子峰的形式存在，可有效进行离子化，灵敏度高；而 NP 在负离子化模式（ESI^-）下响应情况最好。邵兵等（2005）比较了甲醇-水和乙腈-水这两种流动相对目标化合物离子化程度的影响，发现当流动相为甲醇-水时，双酚 A（BPA）、4-NP、辛基酚（OP）和内标物的响应值都明显高于以乙腈-水为流动相时的响应值（约为 2～4 倍），最终实验选用甲醇-水为流动相。该研究同时比较了流动相为甲醇-水和分别在此流动相中加入一定量的醋酸铵和氨水等添加剂对目标化合物离子化效率的影响。当加入一定量的醋酸铵后，目标化合物的响应值均有所降低，这是由于加入的醋酸铵抑制了目标化合物的离子化效率；而在流动相中加入一定量的氨水时，目标化合物的响应值有了明显的增加，约为仅以甲醇-水为流动相时的 2～3 倍，这主要是由于 NP、辛基酚和双酚 A 等都带有羟基，在溶液中能够电离出一个氢离子而显现出一定的弱酸性，当流动相中加入一定的碱性物质（如氨水）时，促进了目标化合物的进一步电离，起到了提高目标化合物离子化效率的作用。因此，实验中采用甲醇-水（含有 0.05% 氨水）混合液作为流动相。

3.1.2　环境样品中 NP 检测方法的建立研究

1. 样品检测方法

1）试验材料的选取

选择 NP 作为测试目标物，供试土壤为太湖水稻土，土壤经风干、磨碎、过 0.850mm 筛后备用。

2）测试方法

（1）测试仪器：选用 Waters 公司的 ACQUITY 超高效液相色谱仪、Quattro Premier XE 质谱仪测试。

（2）样品前处理方法：水样以 HLB 固相萃取柱萃取，即分别以甲醇、二氯甲烷、纯水活化小柱，以恒定流速滤过水样后，以 1∶1 体积比的甲醇+超纯水混合溶剂进行淋洗，以等比例的甲醇+二氯甲烷混合溶剂进行洗脱，洗脱液经氮吹浓缩后，以乙腈定容测试。土壤和沉积物样品以甲醇+乙酸乙酯混合溶剂进行超声提取，提取液以二氯甲烷液液萃取置换溶剂，萃取液经旋转蒸发浓缩后，以乙腈定容测试。

2. 结果与分析

1）仪器参数

经过对比优化后，UPLC-MS/MS 测定条件为色谱柱：ACQUITY UPLC BEH C_{18}（1.7μm，2.1mm × 50mm，Waters）；电喷雾离子源（ESI），柱温 25℃；流动相：甲醇（A）和 0.2‰氨水（B），流速 0.1mL/min，进样 5μL，测定时采用的流

动相梯度见表 3-1，选择负离子模式测定，所选离子为 218.8/133.0。

表 3-1　液相色谱流动相的洗脱梯度

时间/min	流速/（μL/min）	流动相/%	
		A	B
0.10	400	50	50
0.50	400	50	50
1.00	400	30	70
2.00	400	20	80
3.00	400	10	90
3.50	400	10	90
4.50	400	50	50
5.00	400	50	50

2）标准工作曲线

在优化的液相、质谱条件下进行测定 NP 标准系列溶液，在 0.01～1mg/L 的浓度范围内，NP 呈现良好的线性关系。相关系数为 0.999。其线性方程为 $y=1.226\times10^7x+9.671\times10^4$，$r$ 为 0.999，以 3 倍性噪比（S/N）计算，其检出限在 2.90～24.3ng/L。其 0.1～1ppm 色谱图如图 3-1 所示。

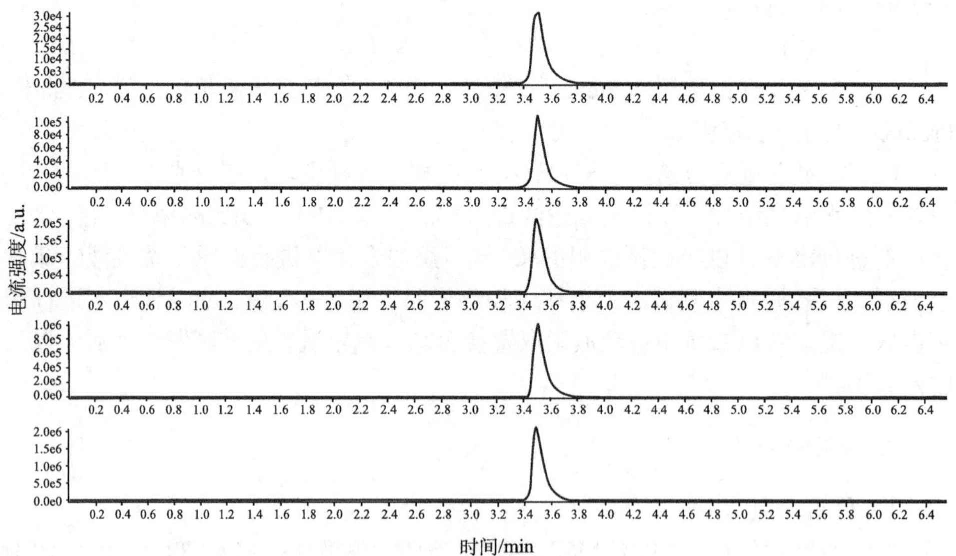

图 3-1　壬基酚标准色谱图

3）NP 分析方法的优化结果

（1）水中 NP 提取效果。

①不同固相萃取小柱的提取效果：研究中比较了 Supelclean™ LC-18 SPE Tube、Oasis HLB SPE Tube、Welchrom® Florisil Supelclean™ 、ENVI SPE Tube、Supelclean™ LC-NH_2 SPE Tube 和 Waters Sep-Pak® Vac 六种固相萃取小柱的净化吸附和浓缩效果，不同小柱下的测试效果如表 3-2 所示：Welchrom® Florisil Supelclean™和 Waters Sep-Pak® Vac 柱对 NP 的保留率较差，Supelclean™ LC-18 和 ENVI ™对 NP 的保留效果一般，Oasis HLB 和 Supelclean™ LC-NH_2对 NP 的保留效果较好，可达到 80%以上。LC-NH_2柱虽然保留效果较好，但谱图杂峰多，对样品定量分析产生一定的干扰。因此，Oasis HLB 是水样中 NP 提取的最佳固相萃取柱。

表 3-2　不同 SPE 柱对 NP 回收率的影响

固相萃取柱	添加浓度/（mg/L）	保留率/%	精密度 RSD/%	杂峰
HLB	1.0	76.4～86.3	3.4	少
LC-NH_2	1.0	72.0～81.3	3.7	多
LC-18	1.0	41.6～52.2	9.4	多
ENVI	1.0	48.4～59.3	8.7	少
Sep-Pak	1.0	12.3～15.0	9.2	少
Welchrom	1.0	8.5～3.7	9.1	少

②不同洗脱溶剂的提取效果：不同配比的洗脱溶液对 NP 回收率的影响见表 3-3。研究结果表明，以 1∶1（体积分数）进行配比的甲醇和二氯甲烷混合溶剂的洗脱效果最好，回收率在 81.4%～97.6%，可满足质量控制要求。

表 3-3　不同洗脱溶液对 NP 回收率的影响

甲醇∶二氯甲烷（体积分数）	添加浓度/（mg/L）	回收率/%	精密度 RSD/%	杂峰
1∶1	1.0	81.4～97.6	4.4	少
1∶4	1.0	61.2～76.1	8.3	少
4∶1	1.0	70.1～75.8	3.7	少
1∶2	1.0	74.9～83.1	7.3	少

③方法的精密度和准确度：试验以高、中、低三种不同浓度五个平行样品进行方法精密度和准确度测试，得到 NP 在水体中不同添加浓度条件下的回收率，结果见表 3-4。结果显示：NP 在 3 个不同浓度下的平均回收率在 84.6%～92.8%，

相对标准偏差（RSD）在 5.9%～7.3%，符合质量控制要求。

表 3-4　水中 NP 的回收率和精密度试验结果

浓度/（mg/L）	回收率/%					精密度 RSD/%
	平行 1	平行 2	平行 3	平行 4	平行 5	
0.05	78	88	94	81	87	5.9
0.10	76	87	89	90	81	7.0
1.00	86	96	91	98	93	7.3

（2）土壤中 NP 提取效果。

土壤性质复杂，NP 分子可能与土壤中的有机质、黏粒或者其他成分产生化学螯合作用，不易从土壤中提取出来。研究综合考虑 NP 的有机溶剂溶解度和溶剂极性影响，比较甲醇、丙酮、乙酸乙酯、甲醇∶乙酸乙酯（4∶1，体积分数）作为提取剂的提取效果，以 0.05mg/L、0.1mg/L、1mg/L 三个浓度进样，结果见表 3-5。

表 3-5　不同提取剂对土壤中 NP 提取效果的影响

提取剂	添加浓度/（mg/kg）	回收率/%	精密度 RSD/%
甲醇	0.1	55.2～62.1	7.7～11.2
丙酮	0.1	34.2～53.5	11.7～14.5
乙酸乙酯	0.1	58.2～63.4	1.9～9.4
甲醇∶乙酸乙酯	0.1	73.6～88.5	3.7～5.9

从表 3-5 中可知，4 种提取剂的回收率分别为 55.2%～62.1%、34.2%～53.5%、58.2%～63.4%和 73.6%～88.5%，甲醇和乙酸乙酯的混合提取剂回收率最高，且变异系数<10%；单一溶剂对 NP 的提取效果低于混合溶剂。通过二氯甲烷的二次萃取，屏蔽了杂质的干扰。

3.1.3　小结

本节对环境中表面活性剂 NP_nEO 及其主要代谢物 NP 的分析技术进行了综述，并建立了沉积物、土壤和水中 NP 的分析技术：通过采用高效液相色谱-质谱联用技术，Oasis HLB 小柱的 SPE 萃取+ 1∶1（体积分数）甲醇∶二氯甲烷洗脱技术，可测得水中 NP 的回收率在 84.6%～92.8%，相对标准偏差（RSD）在 5.9%～7.3%；选用体积分数为 4∶1 的甲醇∶乙酸乙酯混合溶剂进行超声提取，并以二氯甲烷反萃取净化，可测得土壤中 NP 的回收率在 73.6%～88.5%，该方法建立了良好的质量控制和质量保证过程。

3.2　NP_nEO 在稻田环境中迁移转化研究

本节首先对市场上含 NP_nEO 助剂的农药品种进行调研，通过测试确定了 NP_nEO 含量最高的农药剂型为 45%氟环唑·嘧菌酯悬浮剂，并以此农药制剂开展了稻田施用的模拟实验，系统研究了 NP_nEO 在模拟系统中的迁移转化规律。

3.2.1　研究方法

1. 实验剂型的选取方法

通过查询农药登记试验信息，挑选出含有 NP_nEO 的 13 种农药品种，采用液相色谱-质谱法检测其中 NP_nEO/NP 的含量。结果表明，13 种农药中 NP_nEO 含量较高的是 45%氟环唑·嘧菌酯悬浮剂（表 3-6）。

表 3-6　13 种农药制剂中 NP_nEO 的含量　　（单位：%）

序号	公司名称	农药名	NP_4EO
1	湖南某某生物科技有限公司	18g/L 阿维菌素乳油	2.1
2	湖南某某生物科技有限公司	40%丙溴磷乳油	2.9
3	湖南某某生物科技有限公司	20%氟铃·辛硫磷乳油	2.6
4	湖南某某作物科学有限公司	3%阿维·高氯乳油	3.3
5	湖南某某农化有限公司	720g/L 百菌清悬浮剂	1.3
6	湖南某某作物科学有限公司	25%酰胺·咪鲜胺悬浮剂	0.9
7	湖南某某生物科技有限公司	37%噻嗪酮悬浮剂	0.8
8	湖南某某生物科技有限公司	30%己唑醇悬浮剂	0.8
9	郑州某某化工产品有限公司	敌草快	3.5
10	江苏某某化工有限公司	300g/L 氯氟·吡虫啉悬浮剂	1.9
11	江苏某某化工有限公司	150g/L 茚虫威悬浮剂	2.1
12	江苏某某化工有限公司	25%嘧菌酯悬浮剂	2.2
13	陕西某某作物保护科学有限公司	45%氟环唑·嘧菌酯悬浮剂	6.9

以 45%氟环唑·嘧菌酯悬浮剂为受试农药，通过稻田-鱼塘模拟生态系统研究 NP_nEO 在稻田环境中的暴露及迁移转化规律。

2. 样品测试方法

1）水样前处理条件

水样过 0.45μm 纤维滤膜，以 Waters Oasis™ HLB 固相萃取柱萃取；固相萃取的条件是：2mL 甲醇/二氯甲烷（1∶1，体积分数）润洗，1mL 甲醇活化，1mL 超纯水平衡，水样流过速率约为 10mL/min，用 2mL 甲醇/超纯水（1∶20，体积分数）净化，抽干水分后，2mL 甲醇/二氯甲烷（1∶1，体积分数）洗脱。洗脱液用旋转蒸发仪水浴旋转蒸发至干，用乙腈定容至 2.0mL，待测。

2）土样前处理条件

土壤样品中加入乙酸乙酯 30mL，振荡提取 30min，抽滤，重复 2 次，合并滤液于 40℃水浴蒸干，用 2mL 乙腈溶解残渣，过 0.22μm 滤膜，待测。

3）仪器分析条件

色谱柱 ACQUITY UPLC C_{18} 色谱柱；柱温 25℃，进样体积 5μL。NP 采用负离子模式：流动相甲醇/氨水（0.2%）；NP_2EO 和 NP_4EO 采用正离子模式：流动相甲醇/甲酸（0.1%），梯度洗脱条件见表 3-7。离子的选择：NP 为 218.8/133.0，NP_2EO 为 326.3/183.2，NP_4EO 为 414.3/271.3。

表 3-7　液相色谱线性梯度洗脱条件

序号	时间/min	流速/（μL/min）	A/%	B/%
0	0.10	400	50.0	50.0
1	0.50	400	50.0	50.0
2	1.00	400	30.0	70.0
3	2.00	400	20.0	80.0
4	3.00	400	10.0	90.0
5	3.50	400	10.0	90.0
6	4.50	400	50.0	50.0
7	5.00	400	50.0	50.0

注：A 为甲醇；B 为氨水（负离子模式）/甲酸（正离子模式）。

4）模拟生态系统布设方法

模拟生态系统由稻田、沟渠、鱼塘组成，其中稻田和鱼塘面积按比例由水泥建成，平面布局见图 3-2。其中，稻田面积 $10m^2$，深 25cm，内装水稻土 15cm，稻田水深 5cm。稻田内每隔 50cm 交错埋设玻璃隔板，排水时水流在玻璃板间迂回流动，以尽量接近稻田水排放的实际状况。稻田一侧建有两个水塘（2.0m×1.5m×1.2m），其一为处理鱼塘，另一为对照鱼塘。试验前在稻田内按常规方式种植水稻。

5）模拟生态系统样品采集方案

于 2014 年 8 月中旬，在模拟生态系统中的稻田内施用 45%氟环唑·嘧菌酯悬浮剂。定期采集田水、田土、鱼塘水，测定各环境介质中 NP_nEO 的含量。施药当天，多点采集 6 穴水稻地上部分植株，称重，根据水稻株、行距，计算施药时水稻地上部分的生物量。

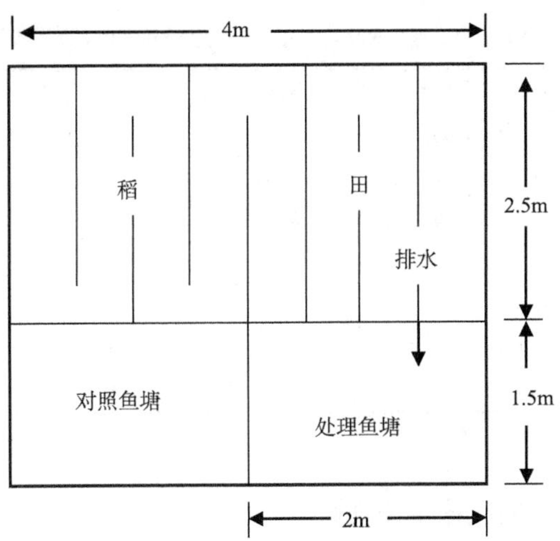

图 3-2　稻田-鱼塘模拟生态系统示意图

（1）稻田土壤样品：将 20g 研磨、过 20 目筛的水稻土平铺于直径 9cm 的培养皿中，在喷药前将 30 个装好土的培养皿慢慢沉放在稻田水下的土表上，施药后按规定时间采集样品，每次采集 3 个平行样，测定其中壬基酚聚氧乙烯醚的含量。

（2）稻田水样品：试验稻田中施药后定时在均匀分布的 6 个采样点取 100mL 稻田水样，测定其残留量。

（3）鱼塘水样品：施药 24h 后将稻田水排入鱼塘，并开始计时，定期在水表 20cm 下 6 个采样点采集水样 100mL，供测定。

3.2.2　结果与分析

1）标准工作曲线

用乙腈将 NP_2EO、NP_4EO 及 NP 的标准溶液逐级稀释成 1.0mg/L、0.5mg/L、0.1mg/L、0.05mg/L、0.01mg/L、0.005mg/L、0.001mg/L 的工作溶液，在设定的液质条件下测定。结果表明，在 0.001～1.0mg/L 范围内，三种物质浓度与峰面积呈现良好的线性关系。标准曲线方程分别为 NP：$y=2\times10^7x+12067$；NP_2EO：$y=3\times10^7x+32592$；NP_4EO：$y=2\times10^7x+10038$。相关系数 r 均≥0.999。

2）方法的回收率和精密度

稻田水和稻田土壤中 NP、NP_2EO、NP_4EO 的添加回收率和方法精密度结果见表 3-8。结果表明，当添加浓度为 0.001～0.01mg/L 时稻田水中 NP、NP_2EO、NP_4EO 的回收率为 87.4%～97.1%，精密度为 1.7%～3.7%；当添加浓度为 0.01～0.1mg/L 时土壤中 NP、NP_2EO、NP_4EO 的回收率为 80.2%～88.6%，精密度为 1.3%～2.8%。

表 3-8　NP、NP_2EO、NP_4EO 在稻田水和土壤中的添加回收率和精密度

样品基质	化合物	不同添加水平条件下的回收率/%			不同添加水平条件下的相对标准偏差/%		
		0.001（0.01）	0.005（0.05）	0.01（0.1）	0.001（0.01）	0.005（0.05）	0.01（0.1）
稻田水	NP	89.1±2.1	92.0±1.9	95.8±1.9	2.6	3.2	1.9
	NP_2EO	87.4±3.2	91.7±1.1	97.1±1.7	3.1	2.9	1.7
	NP_4EO	91.2±2.7	93.6±3.2	93.3±2.4	3.7	2.8	2.1
土壤	NP	81.6±1.6	83.1±2.2	80.2±2.8	1.3	2.4	2.5
	NP_2EO	85.8±2.1	83.5±1.9	87.1±2.1	2.0	1.7	1.9
	NP_4EO	84.2±1.3	85.4±2.8	88.6±2.7	2.5	2.8	1.9

3.2.3　4-NP 在稻田中的迁移转化规律

1. 稻田系统中 4-NP 的迁移转化

4-壬基酚（4-NP）在稻田生态系统中的动态变化结果如图 3-3 所示。结果表明：施药后田水中 4-NP 浓度迅速上升，2h 后田水中 4-NP 的浓度达到最大值 14.72μg/L，1d 后降低到 7.5μg/L，浓度下降 49.1%。4-NP 在田水中消解的动态曲线为 $y=10.255e^{-0.348x}$，消解半衰期 $t_{1/2}$ 为 1.99d；田土中 4-NP 的含量逐渐升高，5d 后浓度达到最高，而后逐渐趋于平衡，降解缓慢。

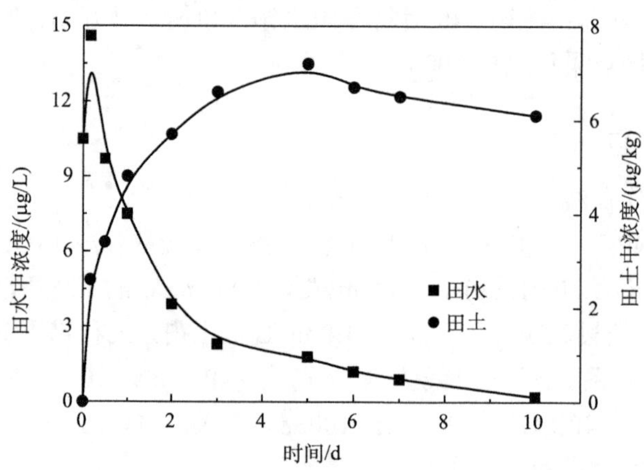

图 3-3　4-NP 在稻田生态系统中的消解动态

2. 鱼塘系统中 4-NP 的迁移转化规律

施药 24h 后将稻田中一半的水排入试验鱼塘中，塘水和底泥中 4-NP 浓度变化趋势见图 3-4。排水后塘水中很快就有 4-NP 检出，塘水中的 4-NP 初始浓度为

0.8μg/L，而后逐渐升高，0.4h 后塘水中 4-NP 浓度达到最高值 1.58μg/L；此后 4-NP 在塘水中的浓度缓慢下降，消解动态曲线为 $y=1.478e^{-0.291x}$，消解半衰期 $t_{1/2}$ 为 2.39d；4-NP 在池塘底泥中的含量逐渐升高并趋于平衡，同时降解缓慢。

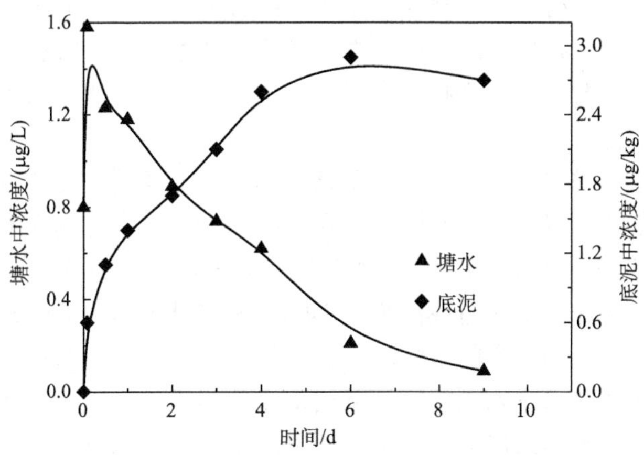

图 3-4　4-NP 在鱼塘模拟系统中消解动态

3.2.4　小结

本节研究表明，NP_nEO 伴随农药在稻田施用后，除少量飘移损失外，主要残留于水稻土壤和田水中。代谢物 4-NP 在田水和塘水中的消解半衰期分别为 1.99d 和 2.39d，消解的主要途径是稻田土和池塘底泥的吸附作用，4-NP 在田土和底泥中降解缓慢，滞留期长。

3.3　NP 在土壤中的迁移与降解性研究

NP_nEO 作为农药助剂，在使用的过程中不可避免地会进入土壤，在土壤中大量分解成为 NP。土壤是污染物在环境中迁移转化和聚集的主要介质，此外也向大气、水、植物等扩散转移。同时污染物本身的特性和土壤的理化性质也是影响污染物在土壤中移动性和降解性的重要因素。

污染物在土壤中的移动性和降解性是其环境影响评价中的重要内容，也是评价地下水污染风险的主要因素。本节通过平衡法、柱淋溶法和恒温培养法，系统地对 NP 在土壤中的移动性和降解性进行试验研究，为深入评价 NP 的环境风险提供科学依据。

3.3.1　NP 的吸附和淋溶特性研究

一般来讲，土壤对污染物的吸附能力主要与污染物自身和土壤的基本理化性质有关，其中土壤的有机质含量是一个重要的影响因子，因为土壤有机质中含有大量的如羧基、羰基、甲基等吸附活性官能团，能够在污染物和有机质之间产生氢键。同时研究还发现，污染物与有机质之间存在着其他的作用机理，包括共价键、离子键、配位键、范德瓦耳斯力、电荷偶极。

污染物随渗透的水在土壤中沿着垂直剖面向下的运动称为淋溶，污染物的淋溶作用是其在水和土壤颗粒之间的吸附和分配的一种复合行为。淋溶的发生主要是由于溶解在土壤间隙水中的污染物随着土壤间隙中水的垂直运动不断向下渗透，使污染物侵入地下水而造成污染。影响污染物淋溶作用的因素有很多，其中土壤理化性质和污染物本身的属性占主导地位。通常来讲，水溶性较强的污染物淋溶性较强，比较容易进入深层土壤从而造成地下水的污染；水溶性不强的污染物易被土壤吸附而不容易渗透和淋洗，所以对于地下水的危害性相对较小。从土壤理化性质来看，一般情况下土壤中有机质含量越高则土壤的吸附能力越强，土壤溶液中的污染物向固相富集的趋势就越强，淋溶能力则越小。

1. *材料与方法*

试验所用的 NP 标准品来自德国某公司。供试土壤包括太湖水稻土、江西红壤、南京黄棕壤、常熟乌栅土、东北黑土这五类我国典型地区土壤，土壤样品均采自未受污染的洁净耕作层，并经过风干，研磨，过 20 目筛。其基本理化性质见表 3-9。

表 3-9　供试土壤的基本理化性质

土壤类型	pH	有机质/（g/kg）	阳离子代换量/（cmol/kg）	<0.02mm 黏粒含量/%	质地
江西红壤	5.15	11.3	9.7	16.5	黏壤土
太湖水稻土	5.76	27.9	18.0	17.4	壤土
东北黑土	7.34	37.5	31.2	15.8	松砂土
南京黄棕壤	8.01	6.7	9.83	20.67	砂壤土
常熟乌栅土	7.2	25.70	19.4	31.7	壤土

1）溶液配制方法

准确称取 NP 标准品 0.1g，用乙腈稀释至 100mL，得到 1000.0mg/L 的标准储备液，备用。NP 的标准溶液由标准储备液用乙腈稀释制得。

2）土壤吸附试验方法

吸附试验采用振荡平衡法，选择水土比为 10∶1，称取 5.0g 过 60 目筛的供试土壤于 250mL 具塞三角瓶中，加入 50mL 浓度为 0.04～4.00mg/L 的 NP 溶液（0.01mol/L $CaCl_2$ 介质），塞紧瓶塞，置于恒温振荡器中，于（25±2）℃下振荡 24h 后，将土壤悬浮液移置于离心管中，以 6000r/min 的速率离心，静止 30min 后取上层清液和土壤，过滤后测定其中 NP 含量。

3）吸附量试验方法

准确称取 5.00g 太湖水稻土于 250mL 三角瓶中，加入 50mL 浓度为 1.00mg/L 的 NP 标准液，塞紧瓶塞，至于恒温振荡器中，以上述吸附方法测定上清液与土壤中 NP 的含量，每个浓度设 2 个重复，结果见表 3-10。

表 3-10　NP 土壤平衡吸附量实测值与计算值的比较

试药	溶液中的浓度/（mg/L）		平衡时土壤中的吸附量/（mg/kg）	
	初始浓度 C_0	平衡浓度 C_e	实测 C_s	计算 C_{si}
NP	1.00	0.171	8.22	8.29
		0.174	8.24	8.30
		0.167	8.26	8.33

注：n=2（n 为样品重复数）。

经配对 t 检验，NP 的 C_s 和 C_{si}（C_{si} 为根据质量平衡，由吸附平衡前后溶液中浓度的变化计算而得的土壤吸附量）前后之间基本无差异，因此用吸附平衡前后溶液中浓度变化来计算平衡时土壤中的吸附量。

4）土柱淋溶试验方法

分别称取南京黄棕壤、江西红壤、常熟乌栅土、太湖水稻土、东北黑土 500g，均匀填柱 5cm（半径）×30cm（长）。淋洗管下端浸入 0.01mol/L 的 $CaCl_2$ 溶液中，使水分渗入土壤至接近饱和，以除去土柱的内含空气。吸取一定量 NP 标准储备液于 10g 土壤中混匀，待其中溶剂挥发后均匀撒施于土柱上层后，在表面覆盖约 1cm 石英砂，以防土层扰动。用 0.01mol/L 的 $CaCl_2$ 溶液以 0.5mL/min 的速度淋洗 10h，相当于 24h、180mm 的降雨量，收集淋出液。收集过程结束后，将土柱均匀切成 8 段，分别测定各段土壤及淋出液中的 NP 含量。

5）样品中 NP 测试方法

土样及水样中 NP 的测试方法参见 3.1 节和 3.2 节。

6）统计分析方法

采用方差分析中的新复极差测验和成对数据 t 检验。

2. 结果与分析

1）NP 在土壤中的吸附性

平衡吸附的模式主要有 Langmuir 型、Freundlich 型、BET 型、Heny 型、Polanyi 型等，其中描述污染物在水环境中的吸附主要采用 Freundlich 或 Langmuir 的吸附等温方程。5 种土壤对 NP 的吸附量均随初始质量浓度的增加而增大。本实验研究采用 Freundlich 方程：

$$C_s=K_d\times C_e^{1/n}$$

式中，C_s 为土壤对 NP 的吸附浓度，mg/kg；C_e 为溶液中 NP 的平衡浓度；K_d 为土壤吸附系数；n 为常数。通常 $1/n$ 是小于 1 的，即 C_s 与 C_e 是非线性关系。只有当水相中有机物的浓度很低时，$1/n$ 接近于 1，两相浓度呈线性关系。

拟合所得等温吸附曲线见图 3-5，Freundlich 方程参数见表 3-11。由表 3-11 可知，南京黄棕壤、江西红壤、常熟乌栅土、太湖水稻土、东北黑土对 NP 的吸附浓度与平衡溶液浓度呈较好的相关性，r 值分别为 0.997、0.996、0.998、0.998、0.992，$1/n$ 值分别为 0.994、1.008、1.114、1.076、1.070，表明 NP 在 5 种供试土壤中的吸附性较好地符合 Freundlich 方程。

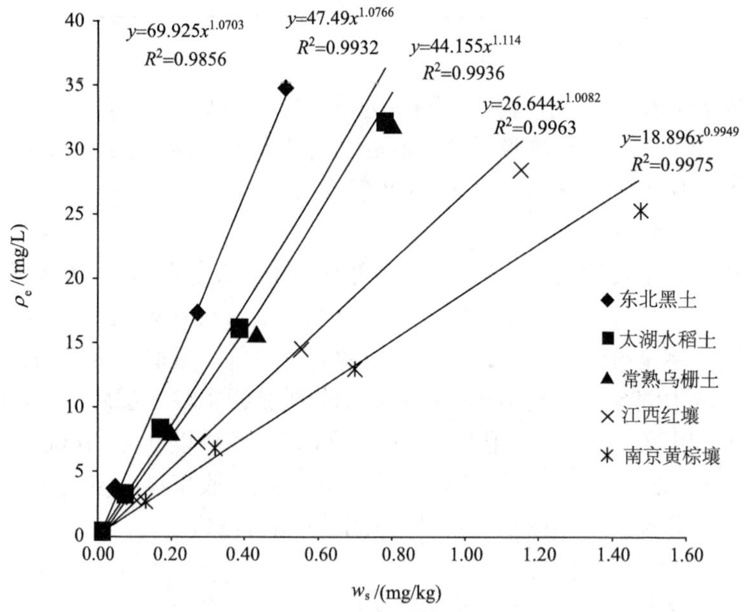

图 3-5　NP 在不同土壤中的吸附曲线

中性有机物在水-土系统中的吸附性质可用土壤有机碳吸附常数 K_{OC} 来表征。有机碳吸附常数 K_{OC} 作为评价土壤对有机物吸附能力的一个指标，是评价中性有机物在土壤中移动性的一个关键因子。K_{OC} 一般可通过土壤吸附常数得到。

表 3-11　NP 在 5 种土壤中吸附性的 Freundlich 方程参数

土壤类型	K_d	$1/n$	r
南京黄棕壤	18.89	0.994	0.997
江西红壤	26.64	1.008	0.996
常熟乌栅土	44.15	1.114	0.998
太湖水稻土	47.49	1.076	0.998
东北黑土	69.92	1.070	0.992

根据公式：

$$K_{OC} = 100K_d \ /（OM\% / 1.724）$$

式中，K_{OC} 为以有机碳含量表示的土壤吸附常数，mL/g；1.724 是土壤有机质和有机碳含量之间的换算系数；OM%为有机质含量，通常以%表示。

相对 K_d 来说，K_{OC} 比较稳定，基本上不随土壤性质变化，因而可用来表征化学物质的疏水性。K_{OC} 可以估计某一化合物在水-土系统中的迁移趋势，也是预测有机污染物在环境中归属的重要参数。参照 McCall 等（1980）的方法，采用土壤有机碳吸附常数 K_{OC} 值对化合物在土壤中的移动性能进行分类，见表 3-12。

表 3-12　化合物 K_{OC} 值与其在土壤中移动性的关系

分类级别	K_{OC}	移动性
1	0～50	很强
2	50～150	强
3	150～500	中等
4	500～2000	弱
5	2000～5000	很弱
6	>5000	难移动

计算可得，NP 在 5 种土壤中的 K_{OC} 为 2534.50～4860.65。结合表 3-12 可知，NP 在土壤中的移动性很弱。本书成果与 Yao 等（2006）及王艳平等（2011，2012）通过研究 NP 在土壤和沉积物中的吸附行为取得的结论相对一致。

5 种土壤中计算值存在差异，表明有机质含量并非影响 NP 吸附性的唯一因素，其他土壤性质对吸附性也有一定的影响。因此，将 NP 在土壤中的吸附系数 K_d 与上述各类土壤理化性质进行回归分析，结果见表 3-13。

表 3-13 土壤性质与吸附常数之间的相关性

项目	NP	
	回归方程	r
OM%	K_d=15.54OM%+7.497	0.99
pH	K_d=0.293pH+39.46	0.00
Clay	K_d=–2.207Clay+2.513	0.13
CEC	K_d=–0.386CEC+49.30	0.97

注：Clay 指土壤黏粒；CEC 指土壤性质参数。

比较吸附能力和有机质含量的关系，可以看出土壤有机质含量与 NP 在 5 种土壤中的 K_d 值呈良好的正相关性，表明有机质含量是影响 NP 在 5 种土壤中吸附性的主要因子。

土壤中黏粒含量是评价土壤吸附性能的一个指标。黏粒含量增加可以增大吸附污染物的比表面积。实验结果表明，吸附常数值与 5 种土壤黏粒含量的相关性不大，通过对自由吸附能的分析，可知土壤黏粒含量对 NP 的吸附行为影响较小。

土壤 pH 和阳离子代换量对土壤吸附性有一定的影响。pH 的大小对离子型污染物的影响相对更高，且供试土壤 pH 的差异性较小，因而土壤 pH 对 NP 的吸附行为影响较小。从表 3-13 分析可知，土壤阳离子代换量大小符合分析所得 5 种土壤对 NP 吸附能力的总体趋势，其与 K_d 值也具有良好线性关系，但 NP 作为分子型化学品，其分子结构不易在溶液中形成阳离子，因此认为土壤有机质含量在较低水平时，阳离子代换量能够在一定程度上影响 NP 吸附行为，而在土壤有机质含量较高时，其并非主要影响因素。此研究结论与廖小平（2013）采用序批式室内实验研究 NP 在污灌土壤中的吸附行为取得的结论较一致。

2）土壤对 NP 的吸附自由能计算

土壤自由能的变化是反映土壤吸附性的重要参数，根据其变化的大小可以推断土壤的吸附机制：当自由能变化值小于 40kJ/mol 时，为物理吸附，反之则为化学吸附。计算公式为

$$\Delta G=-RT\ln K_{OC}$$

式中，ΔG 为吸附的自由能变化，kJ/mol；R 为摩尔气体常数，通常为 8.31J/mol；T 是绝对温度，K；K_{OC} 为以有机碳含量表示的土壤吸附常数，mL/g。

5 种土壤对 NP 吸附自由能变化的计算结果分别为：南京黄棕壤–21.02kJ/mol、江西红壤–20.58kJ/mol、常熟乌栅土–19.79kJ/mol、太湖水稻土–19.77kJ/mol、东北黑土–20.00kJ/mol，值都为负数，说明该吸附为自发过程。同时，ΔG 的绝对值小于 40kJ/mol，说明该吸附为物理吸附。

3）NP 的土柱淋溶性

NP 在 5 种土壤土柱的模拟实验结果（图 3-6）表明，当淋溶液体积为 300mL 时，不同土柱中的 NP 驻留量最大值分布趋同。5 种土壤中的 NP 基本都集中在 1～

3cm 段，其余各段 NP 的含量相对较少。其中，在 13～15cm 段，太湖水稻土、常熟乌栅土、江西红壤和南京黄棕壤中能够检测到少量 NP；16～18cm 段，常熟乌栅土、江西红壤和南京黄棕壤中检测到了少量 NP，19～21cm 段，除江西红壤外，其余土中没有检出 NP；20～24cm 段，所有土壤中都没有检出 NP。各土壤土柱淋出液中基本没有检测到 NP。

NP 在 5 种土壤土层中所占质量分数见表 3-14。由表 3-14 可知，NP 在 1～3cm 段的南京黄棕壤中残留量占总量 52.0%，在江西红壤总量中占 58.0%，在常熟乌栅土总量中占 60.4%，在太湖水稻土中占 61.2%，在东北黑土总量中占 70.3%。NP 在南京黄棕壤、江西红壤、常熟乌栅土、太湖水稻土和东北黑土中的回收率依次为 85%、79%、80%、78%、80%，符合环境试验要求。

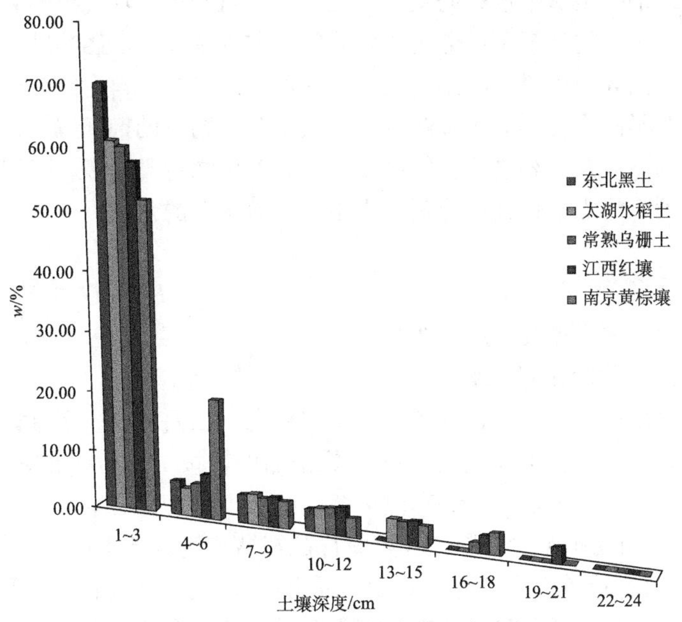

图 3-6　NP 在不同土壤中的垂直分布

表 3-14　NP 在 5 种土壤不同土层中的质量百分比　　（单位：%）

土壤分段	东北黑土	太湖水稻土	常熟乌栅土	江西红壤	南京黄棕壤
1～3cm	70.3	61.2	60.4	58.0	52.0
4～6cm	5.9	4.6	5.5	7.2	20.2
7～9cm	4.9	5.2	4.5	4.8	4.3
10～12cm	3.9	4.2	4.4	4.7	3.1
13～15cm	ND	3.6	3.4	3.6	3.2
16～18cm	ND	ND	1.6	1.8	2.0
19～21cm	ND	ND	ND	1.7	ND
22～24cm	ND	ND	ND	ND	ND
淋出液	ND	ND	ND	ND	ND

注：ND 表示未检出。

结合表 3-14 和吸附结果，NP 在 5 种土壤中的淋溶状况总体趋势与其在这 5 种土壤中的吸附性结果相对应：吸附能力越强，淋溶性越弱。土壤的吸附能力是影响 NP 在不同土壤中淋溶强弱的重要因素，而土壤吸附能力强弱又与有机质含量、黏粒含量和阳离子交换量等土壤性质相关。根据上述实验可得知，NP 在 5 种土壤中具有难淋溶性。移动性弱、吸附性强的特性使其易于积聚在土壤介质中，存在较高的土壤环境污染风险，应该引起足够的重视。

3.3.2 NP 在土壤中的降解性试验研究

助剂在使用过程中，由于各方面因素的相互作用，会发生多种多样的变化。降解作用是助剂在土壤中消失的重要途径之一，对减小其环境影响具有重要的作用。助剂在土壤中的降解可以分为生物降解和非生物降解。影响助剂降解过程的因素有很多，如环境中温度、湿度及土壤性质，还包括其自身的分子结构和理化性质都能够在不同程度上影响降解进程。其中微生物对助剂降解存在至关重要的作用。微生物降解是污染物降解的主要方式。微生物种类繁多、代谢方式多样且具有降解活性等特点，使其在降解过程中扮演着重要的角色。

1. *材料与方法*

试验所用土壤类型及性质同 3.3.1 节。

1）土壤性质对 NP 的降解影响

分别取 20.0g 过 0.85mm 筛子的太湖水稻土、江西红壤、南京黄棕壤、常熟乌栅土、东北黑土 5 种土壤放入 150mL 锥形瓶中，按 1.0mg/kg 的浓度加入 NP，待溶剂充分挥发、混匀后加入经高温灭菌的纯水，将 5 种土壤含水量调节到饱和水量的 60%，用锡箔纸封住瓶口（好氧样品在瓶口锡箔纸上打孔透气），放置于（25±1）℃的避光培养箱中培养。定期取样至少 7 次，每次取两个平行样，分别测定土壤中供试物的残留量。培养过程中及时调节锥形瓶内水分含量，以保持原有持水状态。

2）土壤含水率对 NP 的降解影响

分别取 20.0g 过 0.85mm 筛子的太湖水稻土、江西红壤、南京黄棕壤、常熟乌栅土、东北黑土 5 种土壤放入 150mL 锥形瓶中，按 1.0mg/kg 的浓度加入 NP，待溶剂充分挥发后，混匀、加入经高温高压灭菌的蒸馏水，加水至土壤表面有 1cm 厚水层，用锡箔纸封住瓶口，置于（25±1）℃黑暗的恒温恒湿箱中培养，定期取样至少 7 次，每次取两个平行样，分别测定土壤中供试物的残留量。培养过程中及时调节锥形瓶内水分含量，以保持原有持水状态。试验持续时间同好氧条件下的土壤降解试验。

3）样品中 NP 测试方法

土样中 NP 测试方法参见 3.2.1 节及 3.2.2 节。

4）结果计算

降解规律遵循一级动力学方程的药物，可按下列公式计算降解半衰期（$t_{1/2}$）。

$$C_t = C_0 e^{-kt}$$

$$t_{1/2} = \frac{\ln 2}{k}$$

式中，C_t 是农药质量浓度，mg/L 或 mg/kg；C_0 为农药的起始浓度，mg/L 或 mg/kg；t 是反应时间；k 为降解速率常数；$t_{1/2}$ 是降解半衰期。

5）质量控制

质量控制条件包括：

（1）土壤中农药残留量分析方法回收率为 70%～110%，最低检测浓度限应低于初始添加浓度的 1%。添加回收浓度应至少为初始添加浓度的 10%，每个浓度 5 次重复。

（2）土壤中供试物初始（实测）含量为 1～10mg/kg。

（3）降解动态曲线至少为 7 个点，其中 5 个点浓度为初始含量的 20%～80%。

2. 结果与分析

1）土壤性质对 NP 在土壤中降解的影响

通过研究可知，NP 作为农药助剂，在土壤中具有易吸附、难淋溶的特点，而降解行为是其环境行为的重要组成部分。土壤性质不同，对于 NP 的降解存在不同的影响。25℃恒温好氧状态下 NP 在 5 种土壤中的降解结果见图 3-7。

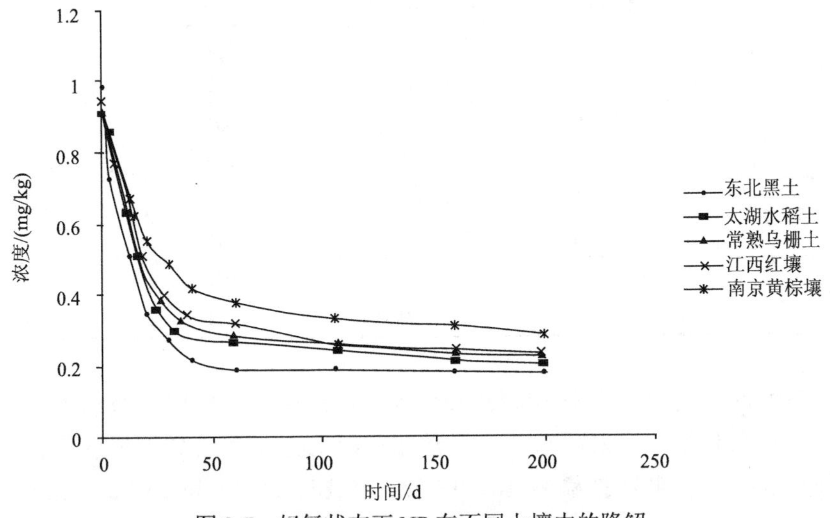

图 3-7　好氧状态下 NP 在不同土壤中的降解

从图 3-7 可以看出：NP 在 5 种土壤中整体呈现逐渐降解的趋势。具体分析可知，5 种土壤中的 NP 浓度在前期快速下降，然后降解速度开始变慢，最后稳定在一个水平。5 种不同土壤中 NP 降解在前期具有一定的差异性但最后都趋于 0.2mg/kg 左右的残留水平。不同性质土壤中的营养物质和微生物活性存在差异，可能是 5 种土壤中 NP 在降解前期呈现不同趋势的原因。当土壤中营养物质被逐渐消耗，微生物活性逐渐降低，降解速度开始放缓。最后趋于稳定而难以降解，推测是由于土壤中营养物质消耗殆尽，而 NP 又具有性质稳定、易于吸附在土壤微粒之上的特性，当化学降解结束后普通的物理条件难以满足其降解需求，且土壤是高度不均一介质，NP 在土壤中也有不同结合状态，一部分结合在能量较低的点位，相对易解吸、易被微生物利用；一部分结合在能量较高的点位，不易解吸、不易被微生物利用，形成持久残留。另外，已有大量研究表明，NP 的不同异构体，其生物降解性与壬基取代基的链长、支链大小和数目具有相关性。说明 NP 在好气环境土壤中难以完全降解，具有一定的环境滞留能力，因此有一定环境风险。

参考翟洪艳等（2007）对沉积物中 NP 的降解研究和王艳平等（2011）对土壤中 NP 的降解研究，本书将 NP 在 5 种土壤中的降解动态分为快速阶段、慢速阶段和稳定阶段。用一级动力学方程对快速阶段和慢速阶段进行拟合。以 20d 为界，分为 0～20d 和 20～60d。结果见表 3-15。

表 3-15　好氧状态下 NP 在不同土壤中降解的一级动力学方程

土壤类型	阶段	$C_t=C_0e^{-kt}$	r	$t_{1/2}$/d
东北黑土	快速阶段	$C_t=0.919e^{-0.049t}$	0.989	14.1
	慢速阶段	$C_t=0.437e^{-0.015t}$	0.950	46.2
太湖水稻土	快速阶段	$C_t=0.927e^{-0.038t}$	0.997	18.2
	慢速阶段	$C_t=0.467e^{-0.011t}$	0.868	63.0
常熟乌栅土	快速阶段	$C_t=0.929e^{-0.036t}$	0.996	19.2
	慢速阶段	$C_t=0.507e^{-0.01t}$	0.887	69.3
江西红壤	快速阶段	$C_t=0.956e^{-0.034t}$	0.992	20.4
	慢速阶段	$C_t=0.442e^{-0.009t}$	0.918	77.0
南京黄棕壤	快速阶段	$C_t=0.931e^{-0.027t}$	0.992	25.7
	慢速阶段	$C_t=0.647e^{-0.009t}$	0.971	77.0

从表 3-15 可知，NP 在快速阶段和慢速阶段均能较好地用一级动力学方程进行描述。在东北黑土、太湖水稻土、常熟乌栅土、江西红壤和南京黄棕壤中的快速降解阶段半衰期分别为 14.1d、18.2d、19.2d、20.4d 和 25.7d，慢速降解阶

段半衰期分别为 46.2d、63.0d、69.3d、77.0d、77.0d。相关系数 r 在 0.868～0.997 之间。

结合图 3-7，可以看出 NP 在 5 种不同土壤中的降解快速阶段，其降解速率呈现东北黑土＞太湖水稻土＞常熟乌栅土＞江西红壤＞南京黄棕壤的态势。在降解慢速阶段的降解速率仍是此趋势。

将其降解快速阶段的半衰期与 5 种土壤的不同理化性质进行线性回归分析，结果见表 3-16。

表 3-16　土壤性质与降解半衰期之间的相关性

项目	NP	
	回归方程	r
OM%	$t_{1/2}=-2.8061x+76.594$	0.93
pH	$t_{1/2}=0.0619x+5.4839$	0.22
Clay	$t_{1/2}=0.335x+13.875$	0.21
CEC	$t_{1/2}=-1.8491x+53.721$	0.87

从表 3-16 中可以看出，NP 在 5 种土壤中降解快速阶段的半衰期与土壤的有机质含量成线性相关，其线性方程为 $t_{1/2}=-2.8061x+76.594$，相关系数 r 为 0.93。半衰期与土壤的酸碱度（pH）、阳离子代换量和黏粒含量关联不大。说明土壤有机质含量是影响 NP 在土壤中降解动态的一个因素，即土壤有机质含量越高，NP 在其中降解的速率越快。将 NP 在 5 种土壤中降解慢速阶段的半衰期与 5 种土壤的有机质含量进行线性拟合，未发现此规律。

2）土壤含水率对 NP 在土壤中降解的影响

土壤含水量对于化学物质的降解存在多方面影响。土壤中的水分会随时间推移而蒸发，从而使部分药物在降解过程中随水分一起挥发到空气中；合适的土壤湿度有利于微生物的生长与繁殖，能够促进药物的降解；当降解药物的微生物主要属于厌气和兼性型时，积水厌氧条件有利于此类微生物的生长，从而促进药物的降解，而当微生物主要属于好氧型时，积水厌氧条件则不利于此类微生物的繁殖，从而会抑制药物的降解。厌氧条件下，NP 在 5 种土壤中的降解结果见图 3-8。

从图 3-8 可以看出，在积水厌氧状态下，NP 在 5 种土壤中降解状况呈现一定的差异性。其中，东北黑土、太湖水稻土和南京黄棕壤中的 NP 在降解 200d 之后，其浓度维持在一个较高水平，分别为 0.78mg/kg、0.59mg/kg 和 0.53mg/kg，且后续降解缓慢。常熟乌栅土和江西红壤中的 NP 降解速度比以上 3 种土壤中的快，且降解趋势与在好气条件下前期快后期慢最后稳定在 0.2mg/kg 左右的现象相似，但其降解半衰期比好氧条件下长，分别为 86.6d 和 99.0d。

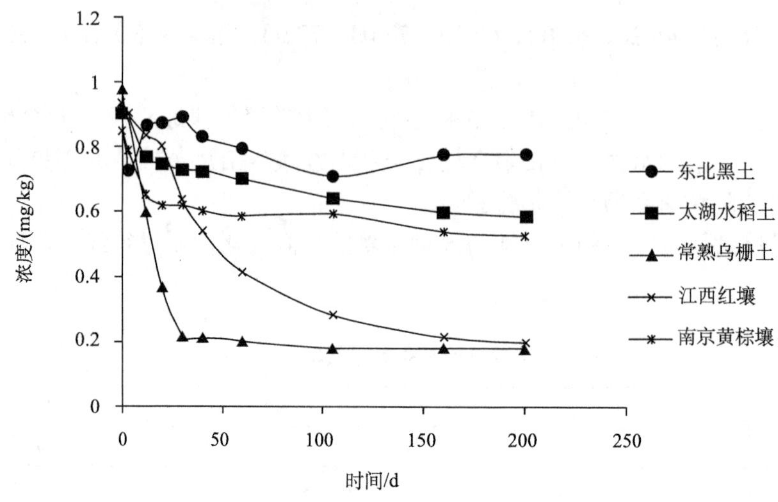

图 3-8　厌氧状态下 NP 在不同土壤中的降解

有研究表明，NP 在土壤降解过程中存在挥发效应，但同时存在相反观点，所以是否将挥发掉的 NP 计入降解的过程有待进一步研究。翟洪艳等（2007）在厌氧条件下对沉积物中 NP 的降解研究发现，沉积物中 NP 难以降解，沉积物中的厌氧条件是环境中 NP 持久性的原因。Ejlertsson 等（1999）研究 NP 的降解性质发现，NP 厌氧状态下没有进一步降解，且降解过程中苯环没有打开，说明 NP 难以在厌氧状态下降解。在本书中可以发现，东北黑土、太湖水稻土、南京黄棕壤这 3 种土壤在积水厌氧条件下，NP 的降解相比在好氧条件下要慢很多，且难以持续降解；江西红壤和常熟乌栅土中 NP 的降解半衰期要长于好氧条件下的降解半衰期。结合翟洪艳等（2007）与 Ejlertsson 等（1999）的研究，可以认为 NP 在积水厌氧条件下降解要比好氧条件下慢，且难以降解，能够长期以一定的浓度水平集聚在环境介质中，存在环境安全风险。

同时，从图 3-8 中可以发现，江西红壤和常熟乌栅土中的 NP 降解趋势与好氧状态下相似，且在稳定阶段的 NP 浓度要远低于其他 3 种土壤。推测可能是由于这两种土壤中的微生物主要属于兼性型，即土壤中的微生物在厌氧和好氧两种条件下都能够生长与繁殖。因此 NP 在这两种土壤中的降解没有受到过多影响而能够持续降解直至进入稳定阶段。

3.3.3　小结

通过本节研究，可总结出 NP 在土壤中的移动规律和土壤吸附性有明显的相关性：吸附能力越强，淋溶性越弱。NP 的难淋溶性质与土壤中有机质含量相关。在好氧条件下，NP 在 5 种土壤中的降解能较好地符合一级动力学方程，降解趋势为前期快后期慢，最后稳定平稳，难以持续降解，持久性增强。积水厌氧条件下，NP 在 5 种土壤中降解缓慢。土壤中微生物种类和生物活性是影响 NP 好氧、积水厌氧条件下降解的重要因素。NP 作为公认的环境激素，容易在环境介质中积聚，对地表土壤和地下水具有潜在污染风险性，应该引起高度重视。

3.4　太湖流域 NP 调查和生态风险评价研究

太湖位于长江三角洲的南缘，是中国五大淡水湖之一，界于北纬 30°55′40″～31°32′58″和东经 119°52′32″～120°36′10″之间，横跨江苏、浙江两省，北临无锡，南濒湖州，西依宜兴，东近苏州。太湖湖泊面积 2427.8km^2，水域面积为 2338.1km^2，湖岸线全长 393.2km。其西和西南侧为丘陵山地，东侧以平原及水网为主。太湖河港纵横，河口众多，有主要进出河流 50 余条。太湖流域自然条件优越，水陆交通便利，农业生产基本条件好，工业发达，污染也较为严重。本节以太湖流域为研究区域，对流域内 NP 的分布情况进行调查，根据调查结果，对流域内 NP 的生态风险进行评估，为 NP 的环境管理提供科学参考。

3.4.1　NP 在太湖流域的分布

1. 调查方法

共设置了 33 个采样点，样品包括入湖河流和湖中的水、沉积物及流域附近的农田土壤。具体位置见表 3-17。

表 3-17　采样点坐标位置

序号	采样点	采样点编号	采样点经纬度		样品描述
1	东山咀桥	DSZQ	E：119°54′3″	N：31°13′3″	水、沉积物
2	大港河中桥	DGH	E：119°42′58″	N：31°26′54″	水、沉积物
3	上坝村	SBC	E：119°42′58″	N：31°11′25″	水、沉积物
4	乌溪港	WXG	E：119°54′10″	N：31°13′58″	水
5	黄渎港	HDG	E：119°55′54″	N：31°16′19″	水
6	大浦港	DPG	E：119°55′54″	N：31°19′17″	水、沉积物
7	陈东港	CDG	E：119°56′36″	N：31°19′27″	水、沉积物、菜园土
8	洪巷港	HXG	E：119°56′45″	N：31°19′49″	水
9	新东苑	XDY	E：119°55′28″	N：31°21′6″	水稻土

续表

序号	采样点	采样点编号	采样点经纬度		样品描述
10	楼沟桥	LGQ	E：119°56′52″	N：31°20′28″	菜园土
11	社渎港	SDG	E：119°56′60″	N：31°21′46″	水、沉积物
12	官渎桥	GDQ	E：119°56′52″	N：31°20′28″	水
13	师渎村	SDC	E：119°59′4″	N：31°23′43″	菜园土
14	欧渎桥	ODQ	E：120°0′47″	N：31°25′9″	水
15	浯溪桥	WXQ	E：120°1′11″	N：31°27′30″	水、沉积物
16	分水桥	FSQ	E：120°1′11″	N：31°29′45″	水
17	南宅浜桥	NZBQ	E：120°2′39″	N：31°33′55″	水、沉积物
18	直湖港	ZHG	E：120°8′20″	N：31°37′42″	水、沉积物
19	武进港	WJG	E：120°4′31″	N：31°33′24″	水、沉积物、菜园土
20	望虞河大桥	WYHQ	E：120°28′18″	N：31°27′13″	水
21	闾江口	LJK	E：120°8′48″	N：31°29′54″	水、沉积物
22	沙塘港	STG	E：120°2′14″	N：31°26′02″	水、沉积物
23	小湾里	XWL	E：120°13′45″	N：31°30′05″	水、沉积物
24	西山西	XSX	E：120°8′58″	N：31°8′25″	水、沉积物
25	平台山	PTS	E：120°6′11″	N：31°13′32″	水、沉积物
26	椒山	JS	E：120°5′48″	N：31°19′59″	水、沉积物
27	七都	QD	E：120°22′51″	N：31°57′28″	水、沉积物
28	胥湖心	XHX	E：120°23′60″	N：31°10′18″	水、沉积物
29	雅浦港	YPG	E：120°7′46″	N：31°44′87″	水、沉积物
30	竺山湖南	ZSHN	E：120° 1′40″	N：31°23′1″	水、沉积物
31	渔洋山	YYS	E：120° 22′54″	N：31°13′13″	水、沉积物
32	蒋文山	JWS	E：120° 11′42″	N：31°23′1″	沉积物
33	清湖	QH	E：120° 1′40″	N：31°21′22″	沉积物

样品的净化、富集及检测方法见 3.2.1 节和 3.3.1 节相关内容。

2. 结果与分析

NP 在各采样点水体、沉积物和土壤中的浓度见表 3-18。

表 3-18 各区域样品浓度

采样点	水体/（μg/L）	沉积物/（μg/kg）	土壤/（μg/kg）
东山咀桥	nd	6.81	na
大港河中桥	nd	0.04	na
上坝村	nd	0.31	na

续表

采样点	水体/（μg/L）	沉积物/（μg/kg）	土壤/（μg/kg）
乌溪港	nd	na	na
黄渎港	nd	na	na
大浦港	nd	11.13	na
陈东港	nd	3.91	nd
洪巷港	nd	na	na
新东苑	na	na	nd
楼沟桥	na	na	nd
社渎港	nd	7.87	na
官渎桥	nd	na	na
师渎村	na	na	nd
欧渎桥	nd	na	na
浯溪桥	nd	11.28	na
分水桥	nd	na	na
南宅浜桥	nd	61.15	na
直湖港	0.002	10.91	na
武进港	nd	na	nd
望虞河大桥	nd	na	na
闾江口	0.042	31.75	na
沙塘港	0.091	44.80	na
小湾里	0.035	na	na
西山西	0.081	3.31	na
平台山	0.042	3.04	na
椒山	0.109	na	na
七都	0.100	na	na
胥湖心	0.071	3.51	na
雅浦港	nd	80.83	na
竺山湖南	0.047	na	na
渔洋山	0.228	1.80	na
蒋文山	na	7.62	na
清湖	na	2.33	na

注：nd 表示未检测出；na 表示未分析。

从表 3-18 中可以看出：随机采集的土壤样品中未检出 NP；水体中只有部分样品检出 NP，最大浓度为渔洋山的 0.228μg/L；分析的沉积物样品中 NP 检出率为 100%，其中最高浓度为雅浦港样品的 80.83μg/kg。鉴于 NP 水溶性不高且具有难降解、易吸附、土壤中难淋溶的特点，在非农、工业排放点区域水体中 NP 的检出率和检出浓度可能不高。同时，本次采样时间不是作物的施药季，土壤样品为随机采样且采样点不多，这可能是影响此次土壤中 NP 检出率的一个因素。

3.4.2 太湖流域 NP 的生态风险评价

1. 基于美国 EPA 环境水质标准的 NP 生态风险评价

美国国家环境保护局（USEPA）于 2005 年颁布了 NP 对水生生物的最新环境水质基准。其规定：淡水系统中，如果平均每三年当中，水体中 NP 每小时浓度超过 28μg/L 的次数≤1，则认为不会对水生生物造成急性毒性效应，因此 28μg/L 即为水体中最大浓度标准（criteria maximum concentration, CMC）或急性毒性浓度标准（acute criterion）；如果平均每三年中，水体中 NP 4 日的平均浓度超过 6.6μg/L 的次数≤1，则认为不会对水生生物造成慢性毒性效应，因此 6.6μg/L 即为水体中连续浓度标准（criteria continuous concentration, CCC）或慢性毒性浓度标准（chronic criterion）。海洋系统中的定义方式与淡水相同，急性毒性浓度标准和慢性毒性浓度标准分别为 7.0μg/L 和 1.7μg/L。根据此环境水质标准，属于淡水系统的太湖流域表层水体中检测出的 NP 浓度全部低于淡水中 NP 的慢性毒性浓度标准（6.6μg/L）和急性毒性浓度标准（28μg/L）。可以说明，太湖流域水体中 NP 的生态风险不高。但是季节的变化可能会引起人类社会活动和水体的变化，水体中的 NP 浓度可能产生相应程度的变化，所以应对太湖流域水体中 NP 的生态风险继续跟踪和研究。

2. 基于欧盟评估报告的 NP 生态风险评价

欧盟委员会于 2003 年颁布了《风险评价技术导则》（*Technical Guidance Document on Risk Assessment*, TGD），描述了用风险商（risk quotient, RQ）进行风险表征的方法。风险商等于预测环境浓度（predicted environmental concentration, PEC）与预测无效应浓度（predicted no effect concentration, PNEC）的比值，当 RQ<0.1 时，表明无生态风险，目前无须进一步的信息或试验及新的风险减排措施；当 0.1≤RQ<1.0 时，表明存在一定的风险，需对相关环境进行跟踪观察；当 RQ>1.0 时，表明存在较为严重的风险，需采取相应的风险消减措施。其中，PEC 可以通过模型预测或者实地监测获得。水体中 NP 的 PNEC 值是根据 NP 对不同水生生物的毒性数据及欧盟 TGD 中的评价因子法估算得到的，选用了在慢性毒理实验中对 NP 最敏感的物种藻类近具棘栅藻（*Scenedesmus subspicatus*），其以生物量为试验终点的 72h 效应浓度（EC_{10}）为 3.3μg/L，由代表 3 个营养级的不同物种的无效应浓度（no observed effect concentrations, NOECs）选择评价因子为 10，计算 $PNEC_{water}$ 的值为 0.33μg/L。沉积物中的 $PNEC_{sediment}$ 由分配平衡法计算得到，

计算所得 $PNEC_{sediment}$ 值为 0.039mg/kg。

基于《风险评价技术导则》，利用 Fenner 等建立的对化学物质进行风险评估模型中的风险商（RQ）作为评价标准，对太湖流域水体和沉积物中的 NP 进行风险评估。本书采用实际的检测浓度作为预测环境浓度（PEC），计算得到太湖流域水体和沉积物中 NP 的风险商 RQ_{water} 和 $RQ_{sediment}$ 值，结果见表 3-19。

从表 3-19 可以看出，基于欧盟的《风险评价技术导则》，太湖流域环境水体中 NP 的 RQ_{water} 介于 0.006～0.691，除了直湖港的 RQ_{water}<0.1 以及没有检测出 NP 而没有计算相应 RQ_{water} 的样点外，阊江口、沙塘港、小湾里、西山西、平台山、椒山、七都、胥湖心、竺山湖南、渔洋山 10 个样点的 RQ_{water} 值介于 0.1～1，说明太湖流域水体环境存在一定的生态风险，需要对相关环境进行跟踪观察，同时应当着重观察 RQ_{water} 在 0.1～1 的区域；太湖流域沉积物中 NP 的 $RQ_{sediment}$ 介于 0.001～2.073，其中南宅浜桥、沙塘港、雅浦港 3 个样点的 $RQ_{sediment}$ 都超过了 1，说明太湖流域沉积物中 NP 存在较高的生态风险，需立即采取相关的风险消减措施。

太湖流域范围相对广阔，所以本书采样点分布也相对广泛。同时从表 3-19 中发现，水体和沉积物中 NP 的 RQ 具有跨梯度的差异，即本书样点的 NP 风险商值在欧盟对 NP 的风险报告中提出的 RQ 分级各范围内都存在，所以将欧盟 TGD 规定的风险商值分为 3 个等级，即 RQ<0.1 为低风险，0.1≤RQ<1 为中风险，RQ>1 为高风险。结合表 3-19，分析各样点不同风险等级比重（图 3-9），以研究太湖流域水体和沉积物中所存在的 NP 生态风险。可以发现，太湖流域有近 68%的水体处于低风险状态，有 32%的水体处于中风险状态；有 49%的沉积物处于低风险状态，44%处于中风险状态，7%处于高风险状态。

表 3-19　风险商值计算结果

采样点	NP 的 RQ_{water}	NP 的 $RQ_{sediment}$
东山咀桥	na	0.175
大港河中桥	na	0.001
上坝村	na	0.008
乌溪港	na	na
黄渎港	na	na
大浦港	na	0.285
陈东港	na	0.100
洪巷港	na	na
新东苑	na	na
楼沟桥	na	na
社渎港	na	0.202

续表

采样点	NP 的 RQ_{water}	NP 的 $RQ_{sediment}$
官渎桥	na	na
师渎村	na	na
欧渎桥	na	na
涪溪桥	na	0.289
分水桥	na	na
南宅浜桥	na	1.568
直湖港	0.006	0.280
武进港	na	na
望虞河大桥	na	na
闾江口	0.127	0.814
沙塘港	0.276	1.149
小湾里	0.106	na
西山西	0.245	0.085
平台山	0.127	0.078
椒山	0.330	na
七都	0.303	na
胥湖心	0.215	0.090
雅浦港	na	2.073
竺山湖南	0.142	na
渔洋山	0.691	0.046
蒋文山	na	0.195
清湖	na	0.060

注：na 表示未分析。

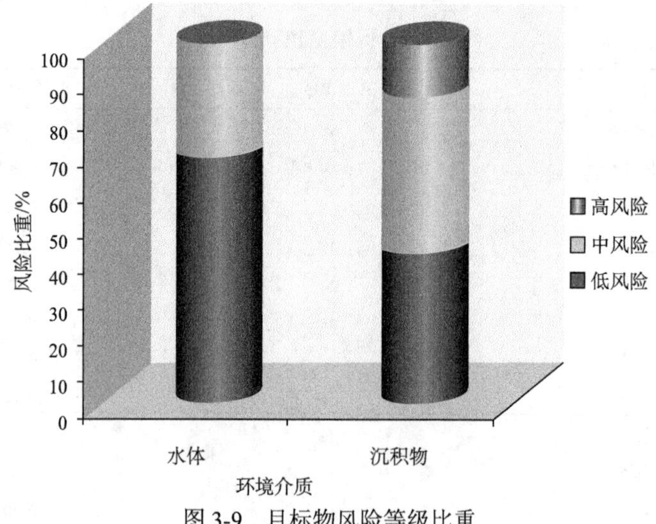

图 3-9　目标物风险等级比重

综上所述，从太湖流域水体和沉积物中 NP 的 RQ 值来看，沉积物中 NP 生态风险更大。其原因主要是 NP 水溶性低，在沉积物中难以降解，且淡水系统中泥沙沉降活动相对不活跃，使 NP 更易于集聚。

3.4.3　小结

通过全流域采样分析，本节调查了太湖流域主要监控点位水体和沉积物中 NP 的分布情况。结果表明，太湖流域的水体和沉积物中存在 NP，且各点位间浓度具有一定的差异性。所采集的土壤样品中没有检测出 NP，水体中部分点位可检出 NP，沉积物样品 NP 的检出率为 100%。基于美国国家环境保护局在 2005 年颁布的 NP 环境水质标准对流域 NP 生态风险进行分析，结果表明太湖流域水体中 NP 的生态风险不高。基于欧盟的 NP 环境风险评价报告，通过计算风险商（RQ）来评估太湖流域 NP 的生态风险，结果表明太湖流域沉积物中 NP 存在较高的生态风险，需采取相关的风险消减措施。

第 4 章　典型农药助剂对陆生生物生态效应研究

农药助剂随农药在田间使用后，只有少部分被作物截留、吸收，大部分或残留在土壤中，或随降雨径流进入地表水再通过淋溶进入地下水。鸟类可通过食入被农药助剂污染的土壤、植物，饮用被农药助剂污染的水等途径暴露于农药助剂中；生活在土壤中的蚯蚓更是难以避免接触农药助剂。此外，农药助剂残留在土壤中，还可能对后茬作物产生影响。我国现行《农药登记资料要求》规定，农药申请登记时需提供待评价农药对鸟、蚯蚓、土壤微生物及非靶植物等毒性数据，可见鸟、蚯蚓、土壤微生物及非靶植物在生态系统中占有重要位置。

本章选择鸟类日本鹌鹑（*Coturnix japonica*），土壤动物蚯蚓、微生物，作物小麦等作为研究对象，开展典型农药助剂 NP_nEO 代谢物 NP 对日本鹌鹑的急性毒性及慢性繁殖效应研究；NP_nEO 及 NP 对不同种蚯蚓的效应研究，包括 DNA 损伤、生理生化水平的影响及个体水平的影响；NP_nEO 对土壤微生物的生态毒性研究；NP_nEO 及 NP 对小麦种子生长的影响。这些研究成果可为我国典型农药助剂的环境管理提供科学参考。

4.1　典型助剂代谢物 4-NP 对日本鹌鹑繁殖能力的影响研究

NP 是一类主要由对壬基酚（4-NP）组成的各种异构体的混合物。环境中的 NP 主要来自 NP_nEO 的生物降解。NP 具有强烈的亲脂性，在环境中不易分解，又因其化学结构与动物及人类的雌性激素极为相似，一旦进入动物及人体内会干扰内分泌系统的正常作用，从而对动物和人体造成毒害作用，包括影响内分泌、影响生殖与发育、影响免疫和神经系统及诱癌作用等（郦欣等，2008；程广东等，2007）。NP 已被确认为具代表性的环境内分泌干扰物，为联合国环境规划署（UNEP）发布的 27 种优先控制的持久性有毒污染物之一。

目前 NP 对环境生物的影响研究大多集中于水生生物，因为水生生物对环境有毒有害物质比较敏感。另外，水生生物的生活环境、生理结构等决定了其更易受到环境有毒有害物质的影响。NP 对鸟类影响研究的报道相对较少，Oshima 等（2012）采用注射的方式将 200、2000、20000 和 200000ng/蛋剂量的 NP 注入日本鹌鹑种蛋蛋清中，孵化第 16 天时将所有胚胎解剖，发现所有处理组雄性鹌鹑均出现了雌性化，左侧睾丸变成了卵睾。Razia 等（2006）同样采用胚胎注射的方法将雌二醇和 NP 注入日本鹌鹑受精卵卵黄中，结果表明，雌二醇可引起法氏囊淋巴细胞消失、皱襞扁平化，甲状腺囊变小、甲状腺中小立方上皮细胞高度发生改变，胸腺囊泡化，雄性胚胎形成卵睾；注入 NP 不会导致法氏囊皱襞扁平化，也不会诱导雄性胚胎形成卵睾，但会使法氏囊淋巴细胞消失，使甲状腺中小立方上皮细胞高度发生改变，导致雄性胚胎胸腺囊泡化。研究得出结论认为，NP 具有雌激素效应，但其效应比雌激素雌二醇引起的效应要弱。Roig 等（2014）采用注射的方式，将与环境浓度相当剂量（0.1～50μg/蛋）的 NP 注入鸡胚胎蛋黄中，结果观察到：当注射剂量为 10μg/蛋时，雄鸟生精小管的面积减小了 64.12%，肾小管的结构出现了多样化；在更高剂量（50μg/蛋）下，肝脏发育受到了损伤，观察到有胆汁溢出。Nishijima 等（2003）在破蛋后用受试物直接接触胚胎并继续培养的方式研究 NP 对鹌鹑胚胎发育的影响，观察到胚胎的发育能力和体重均出现下降，一些基因型为雄性的胚胎出现了性腺增大、雌性特异性的酶表达升高等雌性化特征。Yoshimura 等（2002）采用肌肉注射的方式将成鸟暴露于 NP 中，暴露时间为 5d，发现子代雌鹌鹑的生殖系统只发生了微小的变化，提示 NP 是一种弱的内分泌干扰物。Akinori 等（2003）调查了一些医药源、工业源及农业源内分泌干扰物质对甲状腺素 T3 与日本鹌鹑甲状腺素结合蛋白（qTTR）、甲状腺素受体 β 配体结合域（qTR LBD）之间结合的影响，结果表明，NP 可有效阻断 T3 与 qTTR 的结合。

从已有研究报道可以看出，NP 具有雌激素效应，鸟类暴露于 NP 中可出现雄鸟雌性化，此外，甲状腺、胸腺、生殖腺、肾脏、肝脏等器官受到损伤。但需要注意的是，已开展的研究大多采用胚胎注射的方式，向受试鸟蛋黄或蛋清中注射定量的 NP，这种暴露方式与实际的暴露方式完全不同，不能说明在实际暴露条件下 NP 对鸟类的危害影响。

鸟类作为一种重要的环境生物，会通过取食、饮水、呼吸等途径接触 NP 等环境有毒有害物质。本节以 4-NP 为受试物，以日本鹌鹑为受试生物，研究经食暴露途径下 4-NP 对日本鹌鹑繁殖能力的影响。

4.1.1　材料及方法

受试 NP 购自日本某公司，受试日本鹌鹑购自江苏省南京市某鹌鹑养殖中心。

1. 4-NP 对日本鹌鹑 8d 急性饲喂试验

选择同一批大小均匀、体重 100g 左右的健康鹌鹑用于试验。随机将供试鹌鹑引入试验鸟笼中，每笼 10 只（雌雄各半）。试验设置 62.5mg/kg 饲料、125mg/kg 饲料、250mg/kg 饲料、500mg/kg 饲料、1000mg/kg 饲料、2000mg/kg 饲料六组处理及一组空白对照。试验时吸取一定量的 4-NP 母液均匀拌入饲料中，试验进行 8d，处理组前 5 天给以含药饲料，后 3 天喂正常饲料，对照组一直喂正常饲料，连续 8d 观察受试鹌鹑的中毒和死亡情况，对数据进行数理统计，求出半致死浓度（LC_{50}）值及 95%置信限。

2. 4-NP 经食处理对日本鹌鹑的繁殖影响试验

种鹑来源相同，试验前从未接触过农药。从同一周内所产蛋中选取 100 枚作为种蛋，2015 年 3 月 13 日开始同批孵化，取同天（2015 年 4 月 1 日）孵出的雏鹑，先经适应性饲养，试验时鹑龄为 14d。试验前先做健康检查，剔除变形、异常、生病、受伤的鹌鹑，再随机分配到各处理组中；置于安静的饲养室内，避免外界干扰。

试验设置 1 个对照组（1～3 笼，喂基础饲料）、3 个经食处理组（经食处理一 10mg/kg 饲料，4～6 笼；经食处理二 20mg/kg 饲料，7～9 笼；经食处理三 50mg/kg 饲料，10～12 笼）。每组均设 3 个平行，每笼放置 1 雄 2 雌 3 只鹌鹑，共计 36 只。试验鹌鹑随机分配至各组试验笼内。从 2015 年 4 月 15 日起经食处理组喂含 4-NP 的饲料，至 2015 年 8 月 26 日后改喂基础饲料。试验期设置见表 4-1，试验流程见图 4-1。

表 4-1　4-NP 鸟类慢性试验的试验期设置

试验阶段	时间/周	要求	备注
适应期	2	基础饲料	鹌鹑健康检查
初期	8	处理饲料	鹌鹑随机分笼、光照控制
二期	3	处理饲料	产蛋前，鹌鹑摄食处理饲料>10 周
后期	8	处理饲料	蛋编号、检查、保存
撤销期	3	基础饲料	观察到产蛋量减少

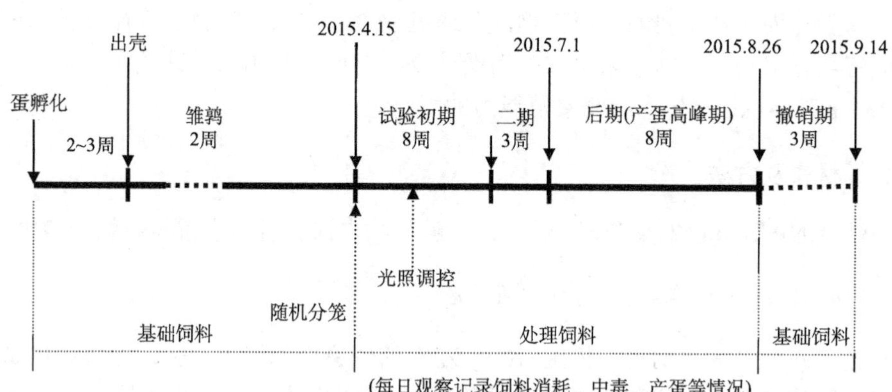

图 4-1　4-NP 鸟类慢性试验流程图

于暴露开始后第 1、3、5、7、9、11、13、15、17、19、21 周测定试验鹌鹑的摄食量，用单位 g/（笼·d）表示；分别在进笼时、初产蛋期及试验结束时测定日本鹌鹑的体重变化情况；此外，定期测定蛋壳厚度，统计产蛋量、碎壳蛋数、置蛋数、受精数、孵化数及雏鹑存活数，计算碎壳率、受精率、孵化率及 14 天雏鹑存活率。

蛋壳厚度测定：在每枚蛋的最宽处打开，清出其蛋清和蛋黄，蛋壳在室温干燥 48h 以上，用卡尺（测量精度 0.01mm）测定蛋壳最宽处 3 个不同点的厚度，同时测量蛋膜的厚度，取其算术平均值即为该枚蛋的蛋壳厚度。

受精情况观察：在孵化 11 天后照蛋，若蛋是红色或黑色，光线不能透过，则是受精蛋。

3. 4-NP 经食处理对日本鹌鹑生殖腺的组织病理学研究

在开展 4-NP 经食处理对日本鹌鹑繁殖影响研究的同时进行对其生殖腺组织病理学的研究。除固定用于产蛋的 3 个平行外，每个处理组另外设置 3 个平行，每个平行放置 1 雄 2 雌 3 只鹌鹑。分别于暴露前、暴露结束及试验终止时从 3 个笼中取 1 笼用于解剖，取成鸟精巢、卵巢，观察生殖腺损伤情况。

4. 数据处理

试验数据以平均值±标准差的形式表示，并应用 SPSS 11.0 对试验数据做方差分析，处理组与对照组之间的差异采用 t 检验进行分析，$P<0.05$ 为差异显著。

4.1.2　结果与分析

1. 4-NP 对日本鹌鹑 8d 急性饲喂试验结果

4-NP 对日本鹌鹑 8d 急性饲喂试验结果见表 4-2。

表 4-2　4-NP 对日本鹌鹑 8d 急性饲喂试验结果

浓度 /（mg/kg 饲料）	死亡数			
	1d	2d	3d	4～8d
CK（对照）	0	0	0	0
62.5	0	0	0	0
125	0	0	0	0
250	1	1	1	1
500	2	3	3	3
1000	5	5	5	5
2000	7	9	9	9
LC_{50}/（mg/kg 饲料）	1093.6	—	824.8	—
95%置信限/（mg/kg 饲料）	712.7～2208.6	—	566.6～1317.9	—

从表 4-2 可以看出，4-NP 对日本鹌鹑的 8d LC_{50} 为 824.8mg/kg 饲料，根据我国的农药对鸟类饲喂毒性等级划分标准，4-NP 对日本鹌鹑的急性饲喂毒性为低毒。

2. 4-NP 经食处理对日本鹌鹑饲料摄食的影响

于暴露开始后第 1、3、5、7、9、11、13、15、17、19、21 周测定试验鹌鹑的摄食量，单位用 g/（笼·d）表示，结果见图 4-2。

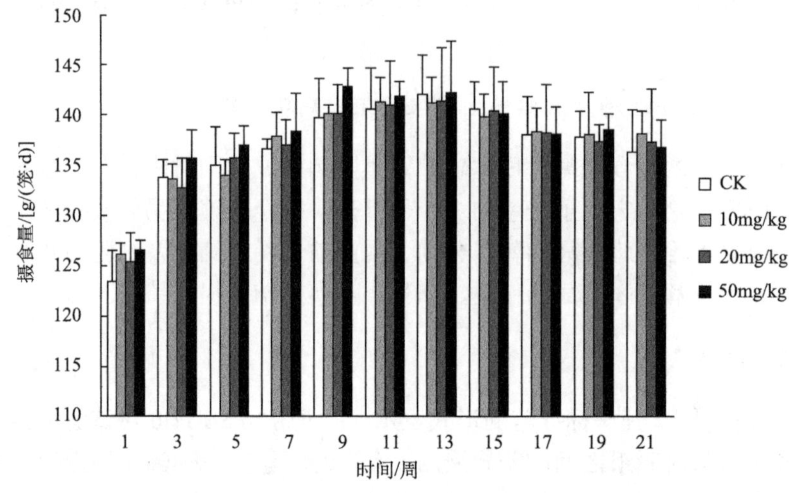

图 4-2 4-NP 对日本鹌鹑饲料摄食情况的影响

从图 4-2 可以看出，整个试验期间，各处理组鹌鹑摄食量与对照组之间无显著差异（P>0.05），各处理组之间也无显著差异（P>0.05），4-NP 经食处理对鹌鹑的摄食无明显影响。

3. 4-NP 经食处理对日本鹌鹑体重的影响

试验过程中，分别在进笼时、初产蛋期及试验结束时测定日本鹌鹑的体重变化情况，结果见图 4-3 和图 4-4。

从图 4-3 可以看出：进笼时，各组之间雌鸟体重无显著差异（P>0.05）；初产蛋期，各组之间雌鸟体重也无显著差异（P>0.05）；试验结束时，20mg/kg 处理组、50mg/kg 处理组雌鸟体重与对照组之间有显著差异（P<0.05），20mg/kg 处理组、50mg/kg 处理组雌鸟体重较对照组轻，10mg/kg 处理组与 50mg/kg 处理组之间有显著差异（P<0.05），其余各组之间无显著差异（P>0.05）。

从图 4-4 可以看出：进笼时，各组之间雄鸟体重无显著差异（P>0.05）；初产蛋期，各组之间雄鸟体重也无显著差异（P>0.05）；试验结束时，10mg/kg、20mg/kg、50mg/kg 处理组雄鸟体重与对照组之间存在显著差异（P<0.05），各处理组之间差

异不显著（P>0.05），与对照组相比，处理组雄鸟体重显著下降。结果显示，4-NP 经食处理会对受试鹌鹑的体重产生影响，处理一段时间后，受试鸟体重明显减轻。

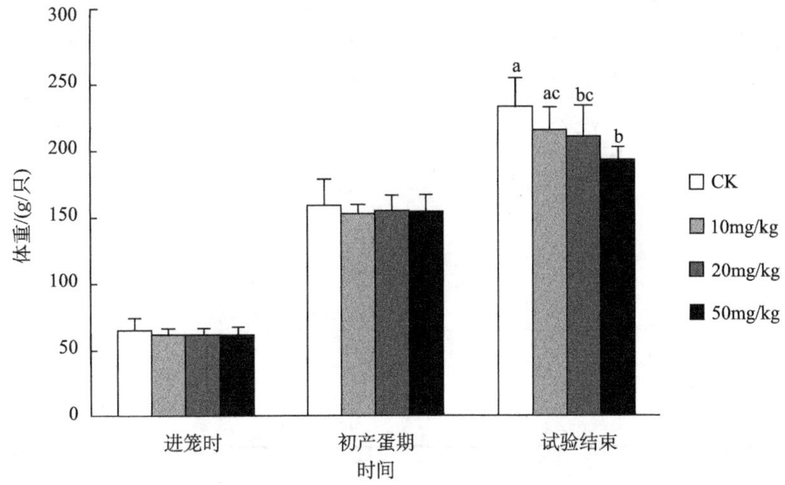

图 4-3　日本鹌鹑雌鸟在不同时期的体重变化

标有相同字母表示差异不显著，标有不同字母表示差异显著，显著性水平 P<0.05

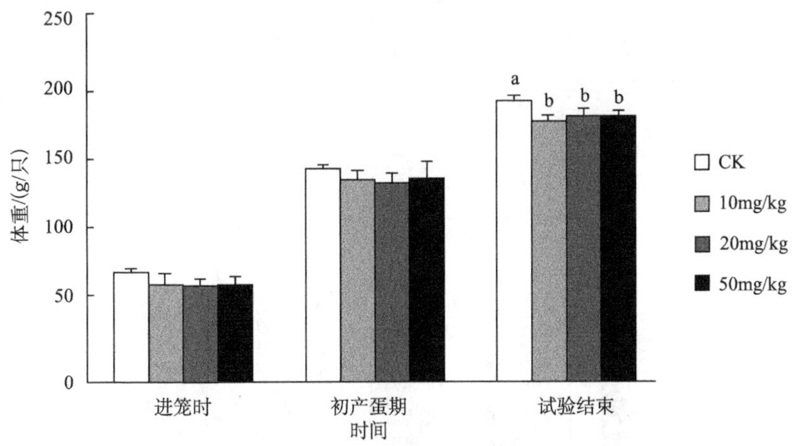

图 4-4　日本鹌鹑雄鸟在不同时期的体重变化

标有相同字母表示差异不显著，标有不同字母表示差异显著，显著性水平 P<0.05

4. 4-NP 经食处理对日本鹌鹑产蛋的影响

试验鹌鹑从 2015 年 5 月 6 日起陆续开始产蛋，2015 年 7 月 1 日起进入产蛋高峰期，此后 8 周各笼总产蛋量见表 4-3。

表 4-3　各笼鹌鹑的总产蛋量

组别	笼号	产蛋数/枚	各组总数/枚
CK	1	78	212
	2	74	
	3	60	
10mg/kg	4	60	207
	5	75	
	6	72	
20mg/kg	7	76	211
	8	63	
	9	72	
50mg/kg	10	80	252
	11	75	
	12	97	

从表 4-3 可以看出，4-NP 经食处理不会对日本鹌鹑的产蛋量产生不利影响。

5. 4-NP 经食处理对日本鹌鹑蛋壳厚度的影响

在 2015 年 7 月 2 日、2015 年 7 月 16 日、2015 年 7 月 30 日、2015 年 8 月 13 日和 2015 年 8 月 27 日共分五次采集测定了各试验笼中鹌鹑所产蛋的蛋壳厚度，结果见图 4-5。

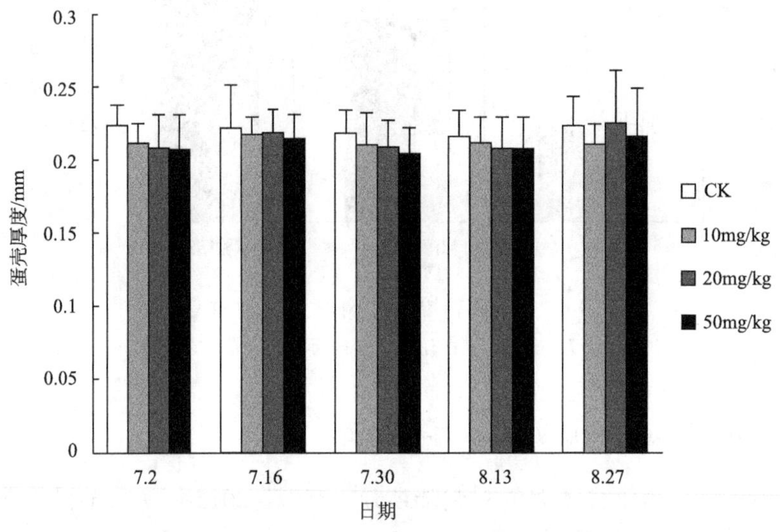

图 4-5　4-NP 对日本鹌鹑蛋壳厚度的影响

从图 4-5 可以看出，在整个试验期间，处理组蛋壳厚度略低于对照组，但不存在显著差异（$P>0.05$），各处理组之间也无显著差异（$P>0.05$）。结果显示，4-NP 经食处理不会影响试验鹌鹑所产蛋的蛋壳厚度。

6. 4-NP 经食处理对日本鹌鹑所产蛋碎壳率的影响

按照试验流程，从 2015 年 7 月 1 日起试验进入第 4 个阶段即后期（或称为产蛋期），此后的 8 周时间内（至 2015 年 8 月 26 日），需要统计碎壳蛋数，并取少数鹌鹑蛋用于测量蛋壳厚度，其余用于孵化小鹌鹑。8 周产蛋期内的碎壳蛋数及计算得到的碎壳率见表 4-4。

表 4-4　4-NP 对日本鹌鹑所产蛋的碎壳率的影响

组别	产蛋数/枚	碎壳蛋数/枚	平均碎壳±标准偏差/%
CK	212	33	15.7±3.8a
10mg/kg	207	39	18.8±4.2a
20mg/kg	211	34	16.1±3.2a
50mg/kg	252	48	19.1±2.0a

注：产蛋数是指从第 14～21 周各饲养笼所产的蛋数，也即慢性试验处理流程后期（产蛋期）所产的蛋数，碎壳率=碎壳蛋数/产蛋数×100；同列标有相同字母表示差异不显著，标有不同字母表示差异显著，显著水平 $P<0.05$。

从表 4-4 中可以看出，对照组、10mg/kg 饲料、20mg/kg 饲料、50mg/kg 饲料处理组的平均碎壳率分别为 15.7%、18.8%、16.0%和 19.1%，处理组碎壳率略高于对照组，但与对照组之间并无显著差异（$P>0.05$），可以认为 4-NP 对日本鹌鹑产蛋的碎壳率基本没有影响。

7. 4-NP 经食处理对日本鹌鹑受精率的影响

4-NP 对日本鹌鹑孵化时受精率的影响见表 4-5。

表 4-5　4-NP 对日本鹌鹑孵化时受精率的影响

组别	产蛋数/枚	碎壳/枚	其他/枚	实孵/枚	受精蛋/枚	平均受精率±标准偏差/%
CK	212	33	45	134	120	91.37±2.91a
10mg/kg	207	39	45	123	108	86.47±2.80b
20mg/kg	211	34	45	132	115	85.40±2.86b
50mg/kg	252	48	45	159	140	86.16±0.93b

注：其他是指用于测量蛋壳厚度的蛋数；实孵指实际用于孵化的蛋数；受精率=受精蛋/实孵×100；同列标有相同字母表示差异不显著，标有不同字母表示差异显著，显著水平 $P<0.05$。

从表 4-5 可以看出，对照组、10mg/kg 饲料、20mg/kg 饲料、50mg/kg 饲料处理组的平均受精率分别为 91.37%、86.47%、85.40%和 86.16%；各处理组与对照之间差异显著（$P<0.05$），各处理组之间差异不显著（$P>0.05$）。因此，可以得出结论：日本鹌鹑食用经 4-NP 处理的饲料后，其所产蛋的受精率显著降低。

8. 4-NP 经食处理对日本鹌鹑孵化率的影响

4-NP 对日本鹌鹑孵化率的影响见表 4-6。

表 4-6　4-NP 对日本鹌鹑孵化率的影响

组别	产蛋数/枚	碎壳/枚	其他/枚	实孵/枚	受精蛋/枚	出壳/枚	平均孵化率±标准偏差/%
CK	212	33	45	134	120	114	85.10±0.66a
10mg/kg	207	39	45	123	108	101	82.73±5.75a
20mg/kg	211	34	45	132	115	105	79.30±2.33ab
50mg/kg	252	48	45	159	140	118	74.67±3.79b

注：孵化率=出壳/实孵×100；同列标有相同字母表示差异不显著，标有不同字母表示差异显著，显著水平 $P<0.05$。

从表 4-6 可以看出，对照组、10mg/kg 饲料、20mg/kg 饲料、50mg/kg 饲料处理组的平均孵化率分别为 85.10%、82.73%、79.30%和 74.67%；50mg/kg 饲料处理组与对照组、10mg/kg 饲料处理组之间差异显著（$P<0.05$），其余各组之间差异不显著。可以认为，日本鹌鹑食用经 4-NP 处理的饲料后，其所产蛋的孵化率会受到一定程度的影响，处理剂量越高，孵化率越低，呈中度负相关关系（$r=-0.75$）。

9. 4-NP 经食处理对日本鹌鹑子代雏鹑 14d 存活率的影响

4-NP 对子代雏鹑 14d 存活率的影响见表 4-7。

表 4-7　4-NP 对雏鹑 14d 存活率的影响

组别	产蛋数/枚	实孵/枚	受精蛋/枚	出壳数/枚	存活数/枚	平均存活率±标准偏差/%
CK	212	134	120	114	112	98.03±1.74a
10mg/kg	207	123	108	101	92	91.13±0.59b
20mg/kg	211	132	115	105	94	89.80±3.16b
50mg/kg	252	159	140	118	102	86.80±4.76b

注：存活率=存活数/出壳×100；同列标有相同字母表示差异不显著，标有不同字母表示差异显著，显著水平 $P<0.05$。

从表 4-7 可以看出，对照组、10mg/kg 饲料、20mg/kg 饲料、50g/kg 饲料处理组中雏鹑 14d 成活率分别为 98.03%、91.13%、89.80%与 86.80%，各处理组与对照组之间 14d 雏鹑成活率存在显著差异（P<0.05）。可以认为日本鹌鹑食用经 4-NP 处理的饲料后，子代存活率会受到一定程度的影响，处理剂量越高，子代 14d 存活率越低，呈中度负相关关系（r=–0.73）。

10. 4-NP 经食处理对日本鹌鹑性腺的影响

暴露前、暴露结束时及试验结束时雄鸟睾丸病理学观察结果分别见图 4-6、图 4-7 和图 4-8。

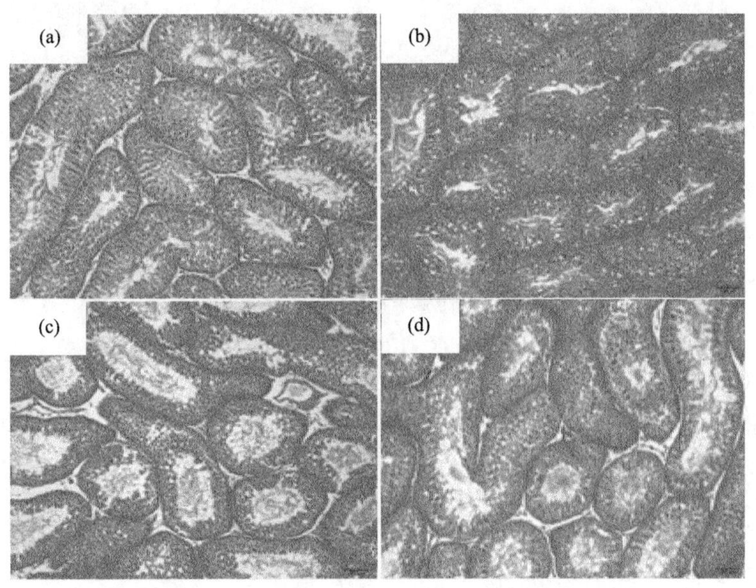

图 4-6　暴露前雄鸟睾丸病理学观察结果

（a）CK-雄（正常）；（b）食 10-雄（正常）；（c）食 20-雄（正常）；（d）食 50-雄（正常）

暴露前、暴露结束时及试验结束时雌鸟卵巢病理学观察结果分别见图 4-9、图 4-10 和图 4-11。

从图 4-6～图 4-11 可以看出：暴露前，各处理组雄性鹌鹑睾丸组织结构无异常；暴露结束时和试验结束时，10mg/kg、20mg/kg、50mg/kg 经食处理组雄性鹌鹑睾丸曲细精管内生精现象减少，管腔内可见脱落的生精细胞，提示 4-NP 经食处理对雄性生精有影响。暴露前、暴露结束时和试验结束时，各处理组雌性鹌鹑卵巢未见明显病变。

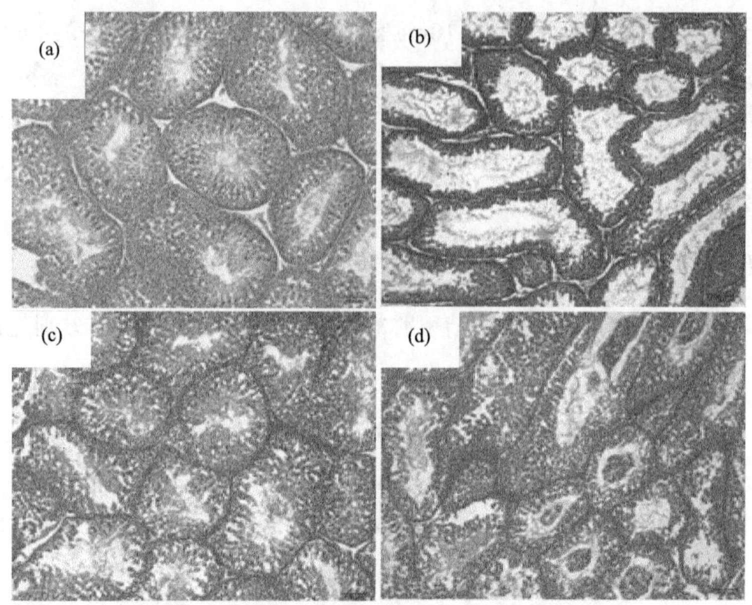

图 4-7　暴露结束时雄鸟睾丸病理学观察结果

（a）CK-雄（正常）；（b）食 10-雄（生精轻度减少）；（c）食 20-雄（生精轻度减少）；（d）食 50-雄（生精轻度减少，管腔内有少量脱落的生精细胞）

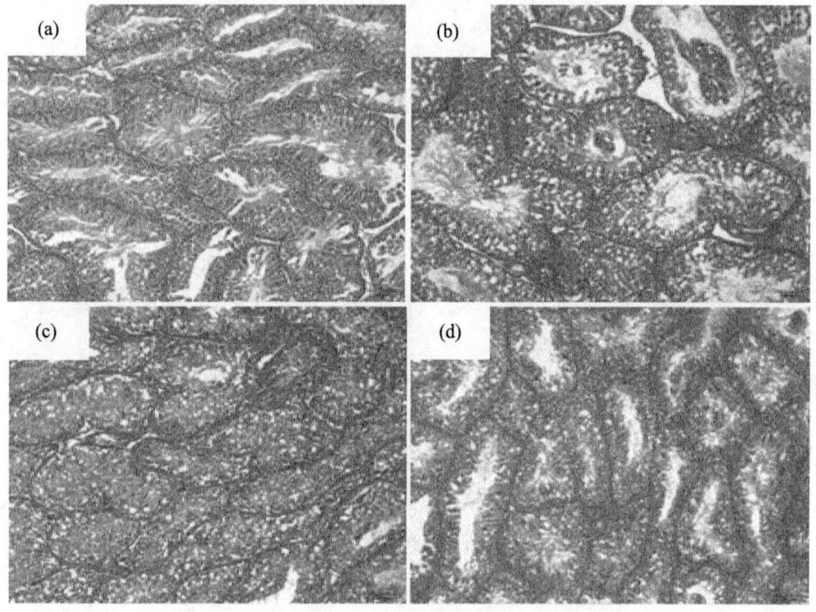

图 4-8　试验结束时雄鸟睾丸病理学观察结果

（a）CK-雄（正常）；（b）食 10-雄（生精轻度减少，管腔内有少量脱落的生精细胞）；（c）食 20-雄（生精轻度减少）；（d）食 50-雄（生精轻度减少，管腔内有少量脱落的生精细胞）

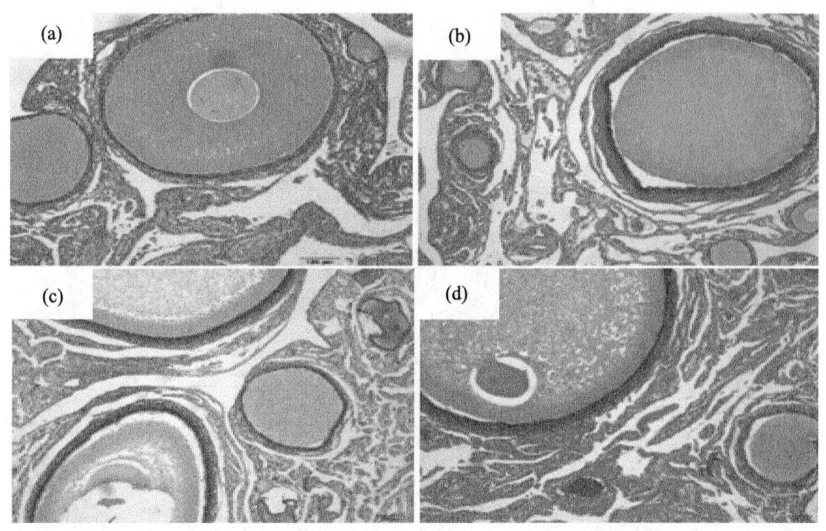

图 4-9　暴露前雌鸟卵巢病理学观察结果

（a）CK-雌（正常）；（b）食 10-雌（正常）；（c）食 20-雌（正常）；（d）食 50-雌（正常）

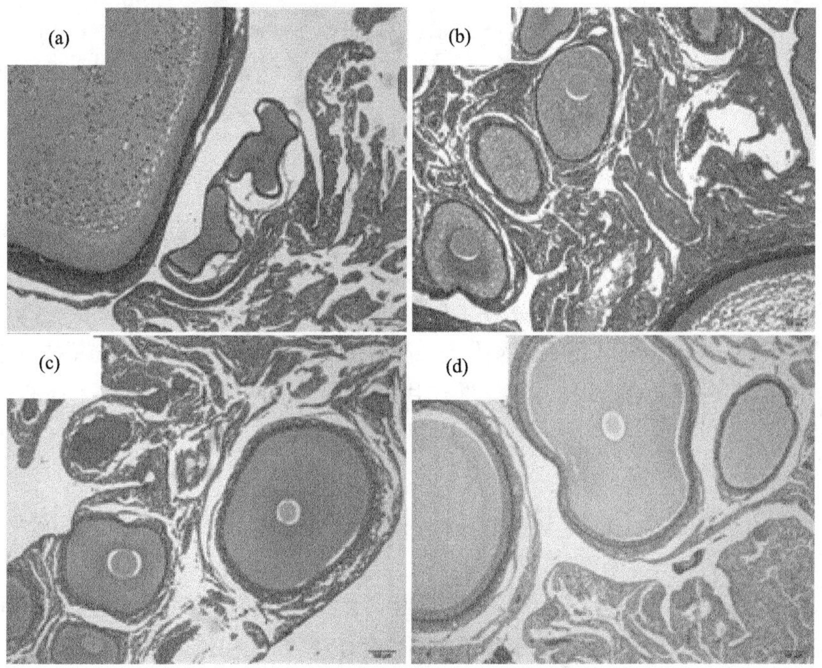

图 4-10　暴露结束时雌鸟卵巢病理学观察结果

（a）CK-雌（正常）；（b）食 10-雌（正常）；（c）食 10-雌（正常）；（d）食 50-雌（正常）

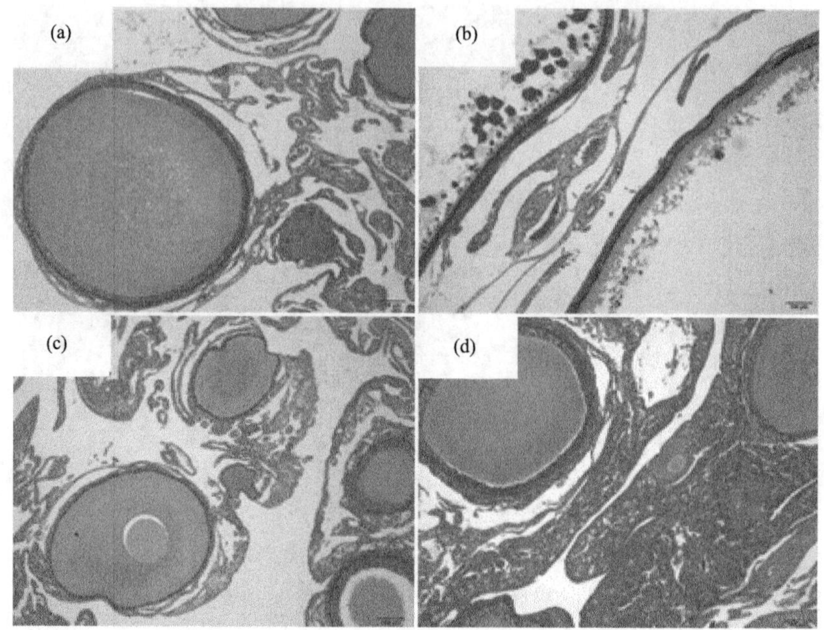

图 4-11　试验结束时雌鸟卵巢病理学观察结果

（a）CK-雌（正常）；（b）食 10-雌（正常）；（c）食 20-雌（正常）；（d）食 50-雌（正常）

4.1.3　小结

根据 OECD 鸟类繁殖试验准则的要求，选择日本鹌鹑作为受试鸟种，研究了 4-NP 对日本鹌鹑繁殖能力的影响。研究发现，4-NP 经食暴露使受试鹌鹑体重减轻，受试鹌鹑所产蛋的受精率、孵化率及子代雏鹑 14d 存活率也显著降低，对雄性鹌鹑生精有影响，但对雌性鹌鹑生殖腺无明显影响。4-NP 经食暴露对日本鹌鹑的繁殖能力存在一定的影响，具体的作用机制及作用机制之间的联系还有待进一步的研究。

4.2　NP_nEO 及其降解产物 NP 对蚯蚓的毒性研究

NP_nEO 进入环境后，分子支链被打断，形成保留 1～2 个 EO 的 NP_1EO 及 NP_2EO，这些代谢物可氧化成相应的羧酸 NP_1EC 及 NP_2EC，最终转变为 NP。与母体化合物 NP_nEO 相比，NP 化学性质稳定，Banat 等研究证实，NP 在 60℃的有氧环境中可以经微生物降解。但在无氧情况下，NP 仍难以降解（范奇元，2001；范奇元等，2002）。NP 能够在生物体内累积，其生物浓缩因子（bioconcentration factor）在 350 到数千之间（傅明珠等，2005，2008）。

蚯蚓是土壤陆栖无脊椎动物的主要种类，在土壤中分布广泛，对改良土壤结构和分解土壤有机物起着重要作用，其生命活动及生理代谢状况在一定程度上反映了土壤的生态功能，因此常应用于土壤生态功能评价及对土壤污染状况和环境质量的判定（Jamieson，1988）。Shan 等（2010，2011）以 NP 典型异构体为代表，应用 ^{14}C 示踪技术，研究了土壤中内层型食土蚯蚓长流蚓（*Aporrectodea longa*）对 NP 的矿化、降解、代谢转化、残留在土壤中的赋存形态和分布的影响，以及蚯蚓对污染物的吸收等。研究表明，蚯蚓降低了 NP 的矿化，但促进了土壤中 4-NP 的消除，改变了 4-NP 残留物在土壤中的分布。食土蚯蚓对土壤中有机污染物的消除起到促进作用的同时，也增加了因污染物在蚯蚓体内的富集而进入食物链的可能。

在分子水平研究不同污染物作用下蚯蚓体内的各种指标，如抗氧化酶系统、脂质过氧化物变化等，对揭示污染物的暴露和生物效应具有重要意义（Ricketts et al.，2004）。污染物与生物指标的剂量效应关系研究，是筛选敏感生物标志物的首要任务。本研究以 NP_nEO 异构体为阳性目标污染物，赤子爱胜蚓（*Eisenia foetida*）和威廉腔环蚓（*Metaphire guillelmi*）为研究生物，通过分析在不同暴露途径、暴露浓度、暴露时间和暴露方式下蚯蚓的生理和遗传水平生物指标的变化，建立陆生无脊椎代表生物蚯蚓的生态毒性测定方法，筛选 SOD、CAT、GST、MDA、GSH 等生理指标作为生物毒性指标终点，为分子水平生态毒性效应研究建立了试验方法。

4.2.1 NP_nEO 对赤子爱胜蚓生理毒性的研究

1. 材料与方法

NP_nEO 购自北京某科技有限公司，赤子爱胜蚓购于南京大厂某蚯蚓养殖场。暴露前置于清洁土壤预培养 7d，选择体重在 0.5g 左右，生殖带明显、体态相似的健康成蚓，正式试验前将蚯蚓置于铺有洁净纱布的烧杯中过夜、清肠。

1）NP_nEO 对赤子爱胜蚓的致死剂量研究

纱布接触法根据相关方法进行，主要步骤：将适当尺寸的无菌纱布平铺于玻璃皿（Φ18cm）底部，将 NPEO 稀释成系列梯度的试验液进行赤子爱胜蚓致死性评价的预试验，以确定 NPEO 对赤子爱胜蚓的致死剂量范围。各处理每皿放入已清肠赤子爱胜蚓 10 条，在（20±2）℃下，16h/8h 光暗交替培养 48h。空白对照和处理均设 3 个重复。观察记录 24h 和 48h 赤子爱胜蚓的中毒症状和死亡数，用概率统计法计算 NPEO 对赤子爱胜蚓的毒性半致死剂量 LD_{50} 值。

2）人工污染土壤配制

人工土壤按 OECD 222 方法配制，含 70%石英砂、20%高岭土和 10%草炭，用碳酸钙将 pH 调节至 7.0±0.3。在确定赤子爱胜蚓的 48h-LD_{50} 后，根据急性毒性试验结果设计亚急性浓度梯度，取不同量的 100mg/L NP_nEO 溶液加入人工土壤中，使各个处理组浓度分别为 0.504mg/kg、0.252mg/kg、0.126mg/kg、0.063mg/kg、0.0315mg/kg。

3）生理指标测试

人工污染土壤平衡后每钵放入已清肠赤子爱胜蚓 50 条，用保鲜膜封口，在保鲜膜上刺孔以保持正常通气，在温度（20±2）℃下，16h/8h 光暗交替培养 28d。空白对照和处理均重复 3 次。赤子爱胜蚓在暴露前和暴露 1d、7d、14d 和 28d 时取样分析。

（1）组织匀浆液的制备：赤子爱胜蚓样品称重后经液氮速冻，然后加入赤子爱胜蚓鲜重 9 倍的 PBS 缓冲液（pH=7.4），研磨后将得到的 10%组织匀浆液 9000×*g* 离心 15min，上清液于–80℃保藏，以待分析。

（2）蛋白质含量测定：考马斯亮蓝比色法，具体步骤按照蛋白质测定试剂盒（南京某生物公司）手册进行，595nm 下用岛津分光光度计测定。

（3）赤子爱胜蚓抗氧化酶系统的测定：

①超氧化物歧化酶（superoxide dismutase, SOD，国际系统分类编号 EC1.15.1.1）活力测定：通过 SOD 抑制超氧阴离子活性确定总 SOD 活力和抽提法测定 Cu-Zn-SOD 活力，具体步骤按照总 SOD 与分型 SOD 测定试剂盒（南京某生物公司）手册进行，532nm 下用岛津分光光度计测定。SOD 酶活力单位定义为每毫克蛋白在 1mL 反应液中 SOD 抑制率达 50%时所对应的 SOD 量为一个 SOD 活力单位（U）。

②过氧化氢酶（catalase，CAT，国际系统分类编号 EC1.11.1.6）活力测定：钼酸铵比色法，具体步骤按照 CAT 测定试剂盒（南京某生物公司）手册进行，405nm 下用岛津分光光度计测定。CAT 酶活力单位为每毫克蛋白 1s 分解 1μmol 的 H_2O_2 的量为一个酶活力单位。

③谷胱甘肽硫转移酶（glutathione S-transferase，GST，国际系统分类编号 EC2.5.1.18）活力测定：1-氯-2，4-二硝基苯（CDNB）比色法，按照 GST 测定试剂盒（南京某生物公司）分析程序进行，412nm 下用岛津分光光度计测定。GST 酶活力单位（U）：每毫克蛋白在 37℃反应 1min 扣除非酶促反应，反应底物谷胱甘肽浓度降低 1μmol/L 为一个酶活力单位。

④谷胱甘肽（glutathione，GSH）含量的测定：采用二硫代二硝基苯甲酸比色法，单位以每毫克蛋白中能与二硫代二硝基苯甲酸反应产物的质量（μg）表示。

⑤赤子爱胜蚓的多不饱和脂肪酸损伤测定：过氧化脂质降解产物中的丙二醛（MDA）可与硫代巴比妥酸结合形成红色产物，在 532nm 处有最大吸收峰，单位以每毫克蛋白中能与硫代巴比妥酸反应的物质的量（nmol）表示。

4）数据分析

采用统计软件 SPSS 16.0 进行数据统计分析。在对参变量分析之前，先对各组数据进行方差齐次性检验。应用单变量双因素方差分析（UNIANOVA analysis）确定 2 因素（暴露浓度和暴露时间）及其交互作用对赤子爱胜蚓生理生化指标的影响情况。各处理组的均值与对应暴露时间空白对照均值进行多重比较分析（post-hoc comparison），对不同暴露时间的空白对照组间差异进行显著性测验。利用回归分析研究污染物暴露浓度与生物响应间的剂量效应关系。

2. 结果与分析

1）NP_nEO 对赤子爱胜蚓急性致死毒性研究

在纱布接触急性毒性试验中，空白对照组的赤子爱胜蚓生长正常，无一死亡。最低浓度组赤子爱胜蚓接触 NP_nEO 受试液后无明显中毒症状，暴露结束时未有死亡。较低剂量组赤子爱胜蚓接触药液 4～6h 后，身体变硬并呈现轻度卷曲状态，同时出现血色脓状液体，对外界刺激有较强反应，24h 后开始出现环节肿大糜烂现象，少数死亡。高浓度组赤子爱胜蚓接触药液后立即表现出中毒症状，身体呈极度蜷缩卷曲状态，不断地扭曲挣扎，丧失爬行和逃避能力，部分赤子爱胜蚓将体腔细胞吐出，染毒 6h 后蚯蚓仍保持蜷缩卷曲状态，身体红肿、充血，纱布上出现血色脓状液体，在 24h 内全部死亡。根据各处理组的 NP_nEO 浓度及赤子爱胜蚓的死亡数（表 4-8），计算得出 NP_nEO 对赤子爱胜蚓的 24h-LD_{50} 为 0.73mg/L（95%置信限为 0.60～0.87mg/L），48h-LD_{50} 为 0.58mg/L（95%置信限为 0.48～0.70mg/L）。

表 4-8　NP_nEO 浓度对赤子爱胜蚓急性致死效应

NP_nEO 浓度/（mg/L）	24h		48h	
	死亡率/%	平均死亡率/%	死亡率/%	平均死亡率/%
0	0 0 0	0	0 0 0	0
0.16	0 0 0	0	0 0 0	0
0.31	10 10 20	13.3	20 20 20	20.0
0.62	40 50 40	43.3	50 60 60	56.7

续表

NP_nEO浓度/（mg/L）	24h 死亡率/%	24h 平均死亡率/%	48h 死亡率/%	48h 平均死亡率/%
1.25	70	70.0	80	83.3
	70		90	
	70		80	
2.50	100	100	100	100
	100		100	
	100		100	
LD_{50}/（mg/L）	0.73		0.58	
95%置信限/（mg/L）	0.60～0.87		0.48～0.70	

2）NP_nEO对赤子爱胜蚓抗氧化酶活性和物质含量的影响

SOD、CAT 和 GST 是生物体抵抗氧化损伤的主要酶系，SOD 在生物体清除活性氧自由基中起到重要作用，由 Cu-Zn-SOD、Mn-SOD 和 Fe-SOD 三部分组成，SOD 在清除超氧阴离子自由基的同时产生 H_2O_2，CAT 则将产生的 H_2O_2 分解为 H_2O 和 O_2；GST 作为第二阶段解毒酶，可催化污染物与谷胱甘肽（GSH）结合从而减轻其毒性，这 3 种酶可对环境胁迫产生响应，在维持机体氧化和抗氧化平衡中起着极其重要的作用（Binelli et al.，2006；Hajime et al.，2005；Oruc et al.，2004；Van der Oost et al.，2003）。GSH 是生物体内重要的抗氧化剂，能还原 S—S 键，保护酶和结构蛋白的 SH 基团，在维持生物膜结构的完整性和防御膜脂质过氧化中起着重要的作用。

赤子爱胜蚓暴露前总 SOD 和 Cu-Zn-SOD 酶活力分别为 20.48U/mg prot.和 18.19U/mg prot.。

NP_nEO 暴露后赤子爱胜蚓总 SOD 和 Cu-Zn-SOD 酶活力（图 4-12 和图 4-13）显示：暴露 1d，各处理组赤子爱胜蚓总 SOD 酶活力分别是暴露前背景值的 1.92、1.73、1.70、1.90、1.76 倍，总 SOD 酶活力均比暴露前对照值有显著增加（$P<0.05$）。暴露 1d 时空白对照组总 SOD 和 Cu-Zn-SOD 酶活力分别为 55.8U/mg prot.、8.5U/mg prot.，与暴露 1d 的空白对照组相比，不同浓度处理组赤子爱胜蚓的总 SOD 和 Cu-Zn-SOD 酶活力没有显著变化；但暴露 14d 后，NP_nEO 处理组赤子爱胜蚓的酶活力比空白对照组的总 SOD 酶活力（67.5U/mg prot.）和 Cu-Zn-SOD 酶活力（9.4 U/mg prot.）均有显著增加（$P<0.05$）。

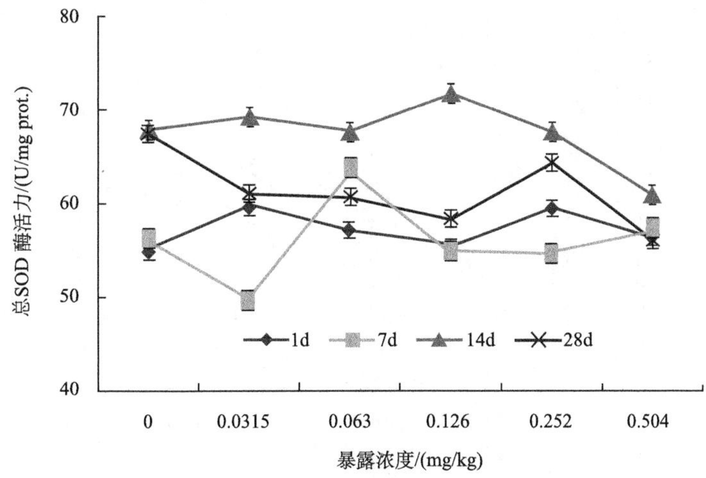

图 4-12　NP$_n$EO 对赤子爱胜蚓总 SOD 酶活力的影响

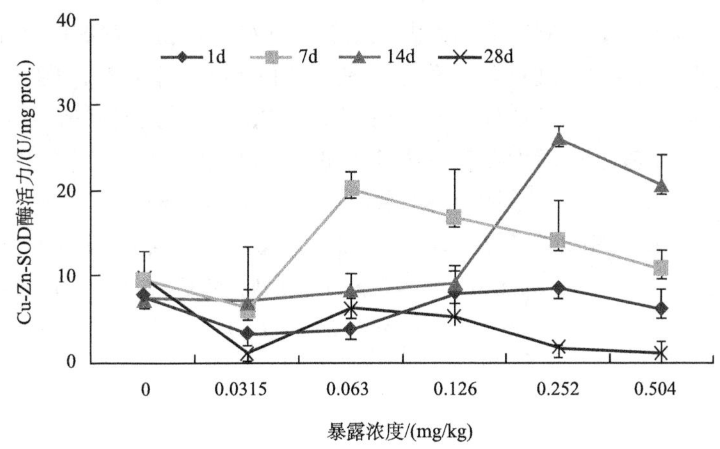

图 4-13　NP$_n$EO 对赤子爱胜蚓 Cu-Zn-SOD 酶活力的影响

赤子爱胜蚓暴露前 CAT 酶活力背景值为 8.97U/mg prot.。NP$_n$EO 处理后赤子爱胜蚓 CAT 活力随暴露浓度和时间的变化如图 4-14 所示。结果表明：在暴露 14d 后，各处理组赤子爱胜蚓 CAT 酶活力分别为背景值的 1.18 倍、1.52 倍、1.89 倍、1.87 倍、1.39 倍，酶活力均比暴露前有所增加，但没有达到显著水平。暴露 28d 时，空白对照组 CAT 活力为 9.66U/mg prot.，与空白对照组相比，0.126mg/kg、0.252mg/kg、0.504mg/kg 等较高浓度处理组赤子爱胜蚓的 CAT 活力均有显著增加（P <0.05），分别达到 13.6U/mg prot.、16.7U/mg prot.和 18.9U/mg prot.。

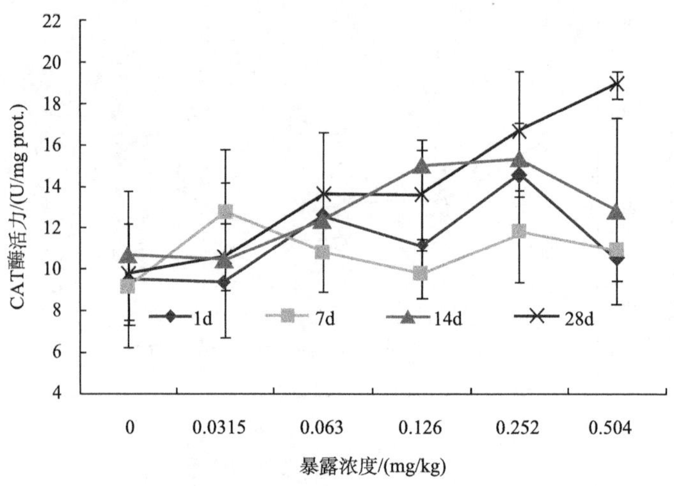

图 4-14　NP_nEO 对赤子爱胜蚓 CAT 酶活力的影响

赤子爱胜蚓暴露前 GST 酶活力背景值为 105.6U/mg prot.。GST 参与进入催化生物体内外源化合物与 GSH 结合作用，是生物体重要的解毒酶。图 4-15 为赤子爱胜蚓在不同 NP_nEO 暴露浓度和暴露时间下的 GST 活力的变化情况。NP_nEO 处理组赤子爱胜蚓 GST 酶活力在暴露中期（7d 和 14d）都比相应空白对照组显著升高，暴露 14d 时，空白对照组的 GST 酶活力为 114.4U/mg prot.，处理组赤子爱胜蚓 GST 酶活力随着 NP_nEO 暴露浓度的增加而显著上升，当 NP_nEO 暴露浓度增加至 0.252mg/kg、0.504mg/kg 时，处理组赤子爱胜蚓的 GST 酶活力分别比空白对照组酶活力增加了 14%、26%，差异显著（$P<0.05$）。

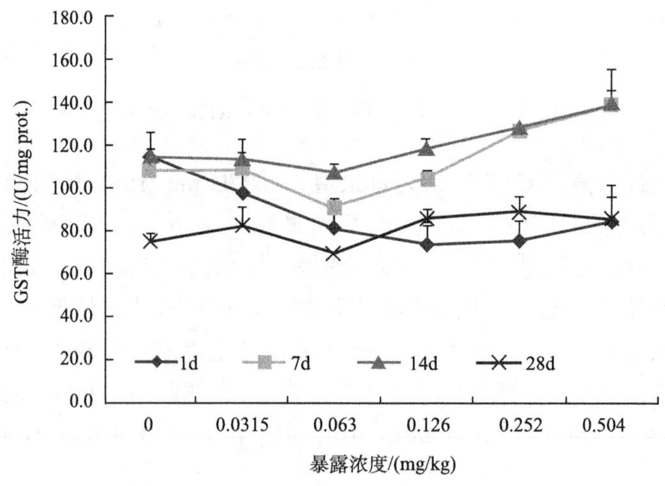

图 4-15　NP_nEO 对赤子爱胜蚓 GST 酶活力的影响

赤子爱胜蚓暴露前 GSH 含量的背景值为 34.7μg/mg prot.。图 4-16 为赤子爱胜蚓在不同 NP_nEO 暴露浓度和暴露时间下的 GSH 含量的变化情况。结果表明：在相同暴露期内，随着暴露浓度的增加，各处理组赤子爱胜蚓的 GSH 含量呈上升趋势。暴露 1d 时，空白对照组赤子爱胜蚓的 GSH 含量为 27.6μg/mg prot.，而 0.126mg/kg、0.252mg/kg、0.504mg/kg 处理组赤子爱胜蚓的 GSH 含量显著高于空白对照组（$P<0.05$），分别为 46.8μg/mg prot.、52.9μg/mg prot.、55.8μg/mg prot.；各处理组无显著差异；在暴露 14d 时，0.126mg/kg、0.252mg/kg、0.504mg/kg 处理组赤子爱胜蚓的 GSH 含量均比空白对照组显著升高（$P<0.05$），各暴露浓度处理组之间没有显著差异；当暴露时间延长到 28d 时，空白对照组的 GSH 含量达到 39.5μg/mg prot.，各处理组赤子爱胜蚓 GSH 含量比空白对照组分别增加了 18%、38%、27%、24%、32%，但差异不显著（$P>0.05$）。研究发现，多氯联苯类物质对赤子爱胜蚓 GSH 含量和 GST 活力的影响一致，本书研究结果也显示在 NP_nEO 暴露下，蚯蚓 GSH 含量和 GST 活力对污染物应答变化一致，且也在暴露 14d 时达到最大响应，显示赤子爱胜蚓对有机污染物的暴露具有类似的响应方式。

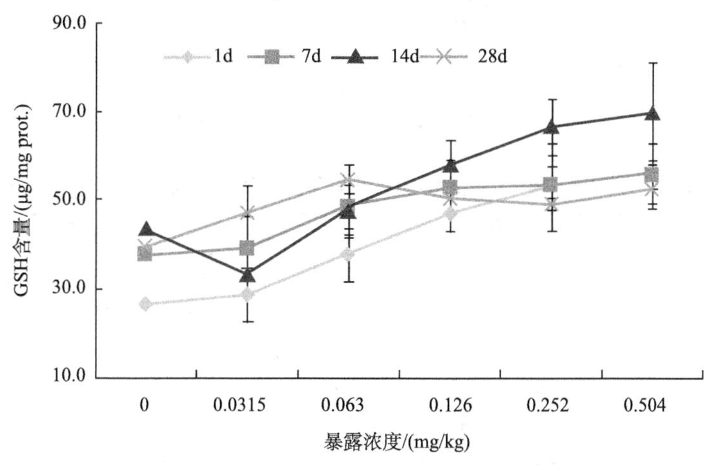

图 4-16　NP_nEO 对赤子爱胜蚓 GSH 含量的影响

3）NP_nEO 对赤子爱胜蚓氧化产物的影响

赤子爱胜蚓暴露前 MDA 含量的背景值为 1.42nmol/mg prot.。在逆境条件下，生物细胞内的活性氧产生与清除能力之间的动态平衡被破坏后，不断积累的活性氧自由基会对细胞膜造成伤害，MDA 含量变化则是自由基对细胞膜膜脂过氧化的重要标志。图 4-17 为赤子爱胜蚓在不同 NP_nEO 暴露浓度和暴露时间下 MDA 的含量变化情况，结果显示：随着 NP_nEO 暴露浓度和暴露时间的增加，赤子爱胜蚓体内的 MDA 含量增加。在 NP_nEO 浓度为 0.0315mg/kg 的处理组中，赤子爱胜蚓的 MDA 含量与对应暴露时间下的空白对照组没有显著差异，说明赤子爱胜蚓可以耐受一定浓度的 NP_nEO，在 0.504mg/kg 处理组暴露 14d 后，MDA 的含量是暴露前对照值的 1.88 倍，达到最大值 2.31nmol/mg prot.。赤子爱胜蚓 MDA 含量的单变量双因素方差分析结果（表 4-9）显示，MDA 含量变化受到 NP_nEO 的暴露浓度和暴露时间及两者交互作用的显著影响；暴露 28d 时，NP_nEO 的暴露浓度对赤子爱胜蚓 MDA 含量的影响达极显著水准（$P<0.01$）。

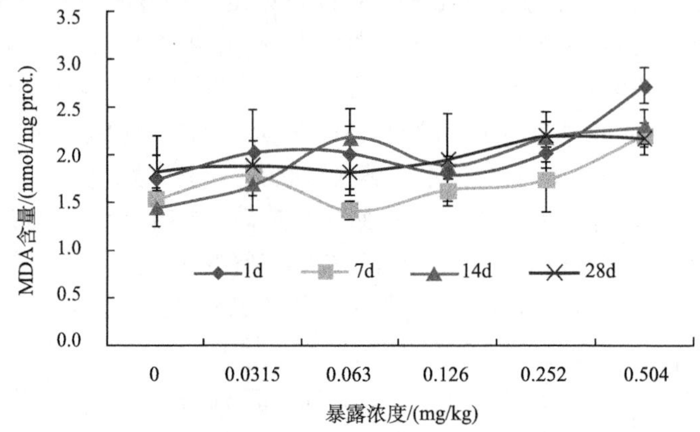

图 4-17　NP_nEO 对赤子爱胜蚓 MDA 含量的影响

表 4-9　壬基酚聚氧乙烯醚的暴露浓度和暴露时间对赤子爱胜蚓生理生化指标影响的方差分析

生理指标	暴露浓度			暴露时间			暴露浓度×暴露时间		
	df	*F* 值	*P* 值	df	*F* 值	*P* 值	df	*F* 值	*P* 值
总 SOD 酶活力	5	3.26	0.051	3	30.36	<0.001**	15	3.98	<0.001**
Cu-Zn-SOD 酶活力	5	4.12	0.001**	3	35.28	<0.001**	15	2.07	0.001**
CAT 酶活力	5	8.63	<0.001**	3	8.13	<0.001**	15	1.23	<0.001**
GST 酶活力	5	28.97	<0.001**	3	10.65	<0.001**	15	2.18	0.010*
GSH 含量	5	13.85	<0.001**	3	58.18	<0.001**	15	8.24	<0.001**
MDA 含量	5	12.56	<0.001**	3	9.78	<0.001**	15	2.69	<0.001**

注：df 为自由度；*表示 $P<0.05$；**表示 $P<0.01$。

由表 4-9 的单变量双因素方差分析表明：NP_nEO 的暴露浓度和暴露时间及两者的交互作用对赤子爱胜蚓的总 SOD 酶活力、Cu-Zn-SOD 酶活力、CAT 酶活力和 GSH 含量、MDA 含量有显著影响（$P<0.01$），这说明以上赤子爱胜蚓的响应与 NP_nEO 的暴露浓度和暴露时间相关。不同暴露时间下，NP_nEO 的暴露浓度与赤子爱胜蚓的各生理指标的相关性分析结果显示：暴露 14～28d 时，NP_nEO 浓度与赤子爱胜蚓的生理指标的相关系数最高，具有统计学意义；这说明暴露 14～28d

时，NP_nEO 的暴露浓度对赤子爱胜蚓抗氧化系统功能的影响最大。

表 4-10 显示：暴露 28d，NP_nEO 的暴露浓度增加抑制了赤子爱胜蚓总 SOD 酶和 Cu-Zn SOD 酶活力的增加，而对 CAT 酶活力、GST 酶活力和 GSH 含量则有促进作用，这说明 NP_nEO 暴露导致赤子爱胜蚓产生应激反应，诱导其抗氧化功能加剧；氧化产物 MDA 含量增加则表明在 NP_nEO 暴露下赤子爱胜蚓失去活性氧自由基产生和消除的动态平衡，生物抗氧化系统不足以消除体内不断累积的自由基，导致氧化产物 MDA 含量增加，形成氧化损伤。

表 4-10　NP_nEO 的暴露浓度与赤子爱胜蚓生理生化指标的相关性分析

生理指标	N	相关系数 R			
		1d	7d	14d	28d
总 SOD 酶活力	18	0.422	0.211	–0.571*	–0.052
Cu-Zn-SOD 酶活力		0.154	0.235	0.436	–0.158
CAT 酶活力		0.215	–0.277	0.317	0.768**
GST 酶活力		–0.584**	0.469*	0.684**	0.442*
GSH 含量		0.782**	0.536**	0.772**	0.699**
MDA 含量		0.569**	0.546**	0.619**	0.638**

注：N 为样本数；*表示 $P<0.05$；**表示 $P<0.01$。

以上结果显示，在 NP_nEO 的暴露之下，赤子爱胜蚓的抗氧化系统各项指标会出现诱导或抑止的应激反应，抗氧化酶和底物的诱导效应是蚯蚓生物体克服逆境环境和防止中毒的适应性调整，而酶活性的抑止和氧化产物的产生则反映了逆境对生物体的损伤结果。

4.2.2　威廉腔环蚓对 NP 的生物富集

NP 在水体、淤泥和土壤等环境介质中广泛存在，由于其持久性、疏水性和环境激素效应，NP 在环境生物中的吸收、生物富集和代谢成为关注焦点。Kinney 等（2008）通过野外调查发现 NP 在蚯蚓体内的富集量可达 5.2～7.7mg/kg。Shan 等（2011）利用 ^{14}C 示踪元素法探究了 ^{14}C-4-NP_{111}（即 ^{14}C-p353-NP）在威廉腔环蚓（*Metaphire guillelmi*）体内的生物蓄积、存在形态和生物代谢，结果发现 ^{14}C-4-NP_{111} 在蚯蚓体内蓄积很快，污染土壤中暴露 20d 后威廉腔环蚓体内的 ^{14}C-4-NP_{111} 达到了 1.8×10^5Bq/g lipid，其中约有 77%的 ^{14}C 以结合残留态形式存在。威廉腔环蚓对土壤中的 ^{14}C-p353-NP 具有生物富集能力，有机污染物在蚯蚓体内的富集程度与物质性质和其在土壤中的含量、生物有效性等因素有关，然而目前对土壤不同含量 NP 生物富集动态的研究未见报道。

本节研究采用 ^{14}C 示踪元素法测定了威廉腔环蚓体内不同形态 ^{14}C-p353-NP 的含量，并结合蚯蚓体内 ^{14}C-p353-NP 富集总量及生物–土壤蓄积因子的动态变化分析了威廉腔环蚓对土壤中不同浓度 ^{14}C-p353-NP 生物富集的动态变化规律，为土壤 p353-NP 生物毒性和生态效应评价提供基础数据。

1. 材料与方法

1）材料

试验蚯蚓：供试蚯蚓为威廉腔环蚓，购自江苏省某蚯蚓饲养基地。受试蚯蚓经实验室驯化 2 周后待用。选择成年、健康个体进行试验，受试蚯蚓平均体重为（2.1±0.1）g，平均体长为 12.5cm，试验开始前放置在湿润滤纸上清肠 24h。

试验用土：试验用土取自南京市森林土。土壤采集后去除碎石、枯叶等杂物，过 2mm 筛后储于 4℃备用。土壤基本理化性质见表 4-11。

表 4-11 试验用土的基本理化性质

有机质 /（g/kg）	pH	土壤田间最大持水量/%	总氮 /（g/kg）	总磷 /（g/kg）	总钾 /（g/kg）	速效氮 /（mg/kg）	速效磷 /（mg/kg）	速效钾 /（mg/kg）
77.58	6.22	35	0.44	1.16	5.70	152.25	8.91	118.76

供试化合物：^{14}C-p353-NP 异构体的合成。苯环上 ^{14}C 全标记的苯酚；壬醇（3,5-二甲基-3-庚醇）购自 Alfa Aesar 公司，纯度均为 99%；其他试剂均为分析纯。以苯环上 ^{14}C 全标记的苯酚和含分支结构的壬醇为原料，以 BF_3 为催化剂，按照 Friedel-Crafts 烷基化方法合成，反应原理及配比如图 4-18 和表 4-12，参考方法见 Vinken 等（2002）的文章。

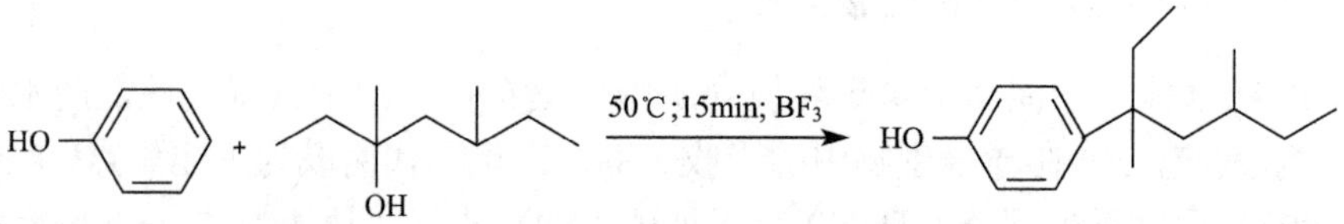

图 4-18 ^{14}C-苯酚与 3,5-二甲基-3-庚醇经 Friedel-Crafts 烷基化反应合成 ^{14}C-p353-NP

表 4-12 ^{14}C-p353-NP 合成条件

合成产物	结构示意图	苯酚与壬醇摩尔比	1.1g 苯酚的催化剂（BF_3）用量/mL	反应温度/℃
^{14}C-p353-NP	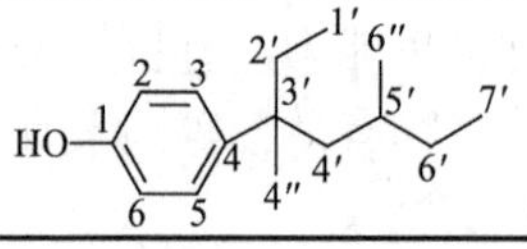 HO 1 2 3 4 5 6 1′ 2′ 3′ 4′ 5′ 6′ 7′ 4″ 6″	4∶1	4	50

苯酚与壬醇摩尔比为 4∶1，和一定量的 BF_3-乙醚（催化剂）及 200mL 石油醚一起加入 500mL 两颈烧瓶中。烧瓶上接冷凝管和干燥管（干燥剂为无水 $CaCl_2$）。在合成温度 50℃下加热并磁力搅拌 15min 后加入 200mL 超纯水终止反应。

反应结束后，混合液用分液漏斗分液提取有机相，得到的有机相用超纯水清洗 8 次，之后用旋转蒸发仪在 40℃减压下将有机溶剂去除得到 NP 粗产物。粗产物用 200～300 目的硅胶色谱层析柱（柱长 38cm，直径 3.3cm）进行提纯，采用正己烷/乙酸乙酯（体积比为 13∶1）洗脱，去除粗产物中的邻位取代及二烷基副产物。洗脱液的流速控制在 15～20mL/min，用 SIL G/UV254 硅胶板分析产物流出时间。产物收集后，经旋转蒸发得到蒸干的 NP 产物。产物 ^{14}C-p353-NP 放射性比活度为 307.1MBq/mmol，放射性浓度为 1.01×10^4Bq/mL，放射性纯度>98%，化学浓度为 1g/mL，化学纯度>97%。

2）方法

（1）土壤 ^{14}C-p353-NP 暴露对蚯蚓急性毒性的试验方法。

参照《化学品 蚯蚓急性毒性试验》（GB/T 21809—2008），在所采用的方法（材料）等方面略做修改。试验土壤选用自然土壤。根据预试验的 ^{14}C-p353-NP 对蚯蚓产生毒性反应的浓度范围确定 6 个浓度梯度：100mg/kg、150mg/kg、225mg/kg、337.5mg/kg、506.25mg/kg 和 759.375mg/kg。将 ^{14}C-p353-NP 用丙酮溶解后拌于 200.0g 紫金山森林土壤中，待丙酮完全挥发后再与 400.0g 紫金山森林土壤混匀，加入 159.49mL 去离子水调节土壤含水量为土壤田间最大持水量的 60%，挑选 6 条经过预养的蚯蚓放入标本缸中，最后用双层纱布封口。将标本缸置于人工气候箱中，在温度为（20±2）℃、湿度为 70%～75%、24h 黑暗条件下培养。

（2）土壤 ^{14}C-p353-NP 暴露下蚯蚓生物蓄积试验方法。

根据 ^{14}C-p353-NP 对蚯蚓的急性毒性试验结果（LC_{50} 为 474.32mg/kg），设计了 5 个亚致死浓度，并设置空白对照组，每组 3 个重复。分别取 49.15μL、61.44μL、76.8μL、96μL、120μL 的 ^{14}C-p353-NP 丙酮溶解后加入 600.0g 土壤中，搅拌混匀，使土壤中 ^{14}C-p353-NP 含量分别为 81.92mg/kg、102.4mg/kg、128mg/kg、160mg/kg、200mg/kg。放置 24h 待丙酮挥发后，加入 159.49mL 去离子水，将土壤含水量调节为土壤田间最大持水量的 60%。随机挑选 6 条清肠处理后的蚯蚓放入对照组和各处理组中，标本缸用双层纱布封口。将对照组和各处理组置于人工气候箱中，在温度为（20±2）℃、湿度为 70%～75%、24h 黑暗条件下培养，每隔 15d 给予 15g 磨碎的蔬菜作为饵料。暴露后第 0、7、14、28、56、84、96 天时从对照组和各处理组平行中分别取出一条蚯蚓和 6.0g 土壤。将取出的蚯蚓用去离子水洗净、清肠、称重后于–20℃保存待用。同时，将取出的土壤于–20℃冷冻保存。

（3）样品预处理及测定。

土壤样品预处理：土壤经冷冻干燥（–48℃，6Pa 下）后，加入 20mL 甲醇超声提取 10min 后，以 220r/min 振荡 3h，于 9900g/15℃离心 10min，收集上清液，重复提取 3 次，然后将土壤残渣用 20mL 乙酸乙酯在相同条件下提取 1 次并收集上清液。上清液合并到 250mL 梨形瓶中，经旋蒸和氮吹后用甲醇定容到 3.0mL 待测；剩余土壤残渣冷冻干燥后待测。

蚯蚓样品预处理：预冷蚯蚓于–48℃、6Pa 条件下冷冻干燥，之后放入冷冻球磨机磨碎。磨碎后的蚯蚓称重后转入 50mL 离心管中，加入 10mL 乙酸乙酯超声提取 10min，以 200r/min 振荡 2h，于 9900g 离心 10min，收集上清液，重复提取 3 次，最后一次用 10mL 甲醇替换乙酸乙酯进行提取。合并上清液于 250mL 梨形瓶中，并冷冻干燥剩余蚯蚓残渣。

可提取态 ^{14}C-p353-NP 含量测定：吸取 0.9mL 的 ^{14}C-p353-NP 甲醇提取液，加入 3.1mL 闪烁液后用液闪仪测定。

结合残留态 ^{14}C-p353-NP 含量测定：称量记录土壤和蚯蚓残渣重量后，转入水平燃烧试管经生物燃烧氧化仪燃烧（900℃、氧气流动）产生 $^{14}CO_2$，$^{14}CO_2$ 被强碱液吸收后经液闪仪测定 ^{14}C-p353-NP 含量。

（4）蚯蚓脂肪含量的测定方法。

蚯蚓清肠 24h 后称重记为 m_0，剪碎后放入预先称重（m_1）的 50mL 离心管中，加入 10mL 的甲醇-氯仿溶剂（1∶1，体积分数）混匀，组织匀浆 10min，超声处理 1min，平衡 4h 后以 8000g 离心 10min，收集上清液，重复提取 3 次，合并上清液，在 50℃下干燥后称重（m_2）。根据以下公式计算蚯蚓脂肪含量：

$$f_{\text{lipid}} = \frac{m_2 - m_1}{m_0} \times 100\%$$

式中，f_{lipid} 为蚯蚓脂肪含量，%；m_2 为离心管和脂肪总质量，g；m_1 为离心管质量，g；m_0 为蚯蚓质量，g。

（5）生物-土壤蓄积因子的计算方法。

生物-土壤蓄积因子（biota-soil accumulation factor, BSAF）是表征生物有机体在生长发育过程中直接从土壤或从所消耗的食物中吸收并蓄积外来物质的程度。计算公示如下：

$$\text{BSAF} = \frac{C_{\text{ew}} / f_{\text{lipid}}}{C_{\text{s}} / f_{\text{oc}}}$$

式中，C_{ew} 为蚯蚓体内 ^{14}C-p353-NP 含量，mg/kg；C_{s} 为土壤中 ^{14}C-p353-NP 含量，mg/kg；f_{lipid} 为蚯蚓体内脂肪含量，%；f_{oc} 为土壤有机碳含量，%。

（6）数据统计分析。

所有统计均采用 SPSS 22.0 和 OriginPro 8.0 软件完成，在对参变量分析之前先对各组数据进行方差齐性检验。应用单变量双因素方差分析（UNIANOVA analysis）确定两个因素（暴露浓度和暴露时间）及其交互作用对威廉腔环蚓生物富集的影响；单因素 ANOVA 进行组间最小显著性差异（LSD）比较分析；暴露浓度、暴露时间与生物响应指标的相关性采用 Pearson 相关分析。

2. 结果与分析

1）威廉腔环蚓对土壤中 ^{14}C-p353-NP 的生物蓄积动态

试验期内，空白对照组的蚯蚓体内均未检出 ^{14}C-p353-NP。土壤 ^{14}C-p353-NP 暴露下，蚯蚓体内可提取态和结合残留态 ^{14}C-p353-NP 含量测定结果分别见表 4-13 和表 4-14。

表 4-13　威廉腔环蚓体内可提取态 ^{14}C-p353-NP 含量动态变化

处理组 /（mg/kg）	暴露时间						
	0d	7d	14d	28d	56d	84d	96d
81.92	ND	$0.71{\pm}0.02^{aA}$	$1.18{\pm}0.03^{abA}$	$1.29{\pm}0.02^{bA}$	$1.35{\pm}0.03^{bA}$	$1.57{\pm}0.04^{bA}$	$1.57{\pm}0.03^{bA}$
102.4	ND	$0.73{\pm}0.03^{aA}$	$1.22{\pm}0.03^{bAB}$	$1.36{\pm}0.06^{bA}$	$1.43{\pm}0.02^{bAB}$	$1.62{\pm}0.09^{bA}$	$1.65{\pm}0.06^{bAB}$
128	ND	$0.76{\pm}0.02^{aA}$	$1.31{\pm}0.02^{bB}$	$1.52{\pm}0.05^{bcB}$	$1.55{\pm}0.04^{cB}$	$1.69{\pm}0.09^{cAB}$	$1.70{\pm}0.03^{cB}$
160	ND	$0.79{\pm}0.03^{aA}$	$1.40{\pm}0.04^{abB}$	$1.52{\pm}0.02^{bcB}$	$1.67{\pm}0.01^{cB}$	$1.80{\pm}0.05^{cB}$	$1.81{\pm}0.04^{cB}$
200	ND	$0.80{\pm}0.01^{aA}$	$1.38{\pm}0.02^{bB}$	$1.69{\pm}0.10^{bcB}$	$1.80{\pm}0.11^{cB}$	$1.84{\pm}0.11^{cB}$	$1.84{\pm}0.06^{cB}$

注：不同小写字母代表不同取样时间时相同含量处理组蚯蚓体内可提取态 ^{14}C-p353-NP 含量具有显著差异（$P<0.05$），同一小写字母表示其间没有显著差异；不同大写字母代表相同取样时间时不同处理组蚯蚓体内可提取态 ^{14}C-p353-NP 含量间具有显著差异（$P<0.05$），同一大写字母表示其间没有显著差异。ND 指未检出。

表 4-14　威廉腔环蚓体内结合残留态 ^{14}C-p353-NP 含量动态变化

处理组 /（mg/kg）	暴露时间						
	0d	7d	14d	28d	56d	84d	96d
81.92	ND	$1.14{\pm}0.02^{aA}$	$1.72{\pm}0.06^{bA}$	$2.34{\pm}0.06^{cA}$	$2.89{\pm}0.07^{cA}$	$2.91{\pm}0.07^{cA}$	$2.92{\pm}0.04^{cA}$
102.4	ND	$1.32{\pm}0.09^{aA}$	$2.37{\pm}0.04^{bAB}$	$3.16{\pm}0.08^{cAB}$	$3.46{\pm}0.07^{cAB}$	$3.52{\pm}0.09^{cAB}$	$3.52{\pm}0.06^{cAB}$
128	ND	$1.31{\pm}0.02^{aA}$	$3.24{\pm}0.08^{bB}$	$4.22{\pm}0.03^{cB}$	$4.42{\pm}0.03^{cB}$	$4.63{\pm}0.04^{cB}$	$4.64{\pm}0.02^{cB}$
160	ND	$1.46{\pm}0.07^{aA}$	$3.27{\pm}0.06^{bB}$	$4.35{\pm}0.06^{cB}$	$4.68{\pm}0.07^{cB}$	$4.72{\pm}0.09^{cB}$	$4.73{\pm}0.08^{cB}$
200	ND	$1.51{\pm}0.12^{aA}$	$3.56{\pm}0.14^{bB}$	$4.46{\pm}0.15^{cB}$	$4.87{\pm}0.18^{cB}$	$4.89{\pm}0.16^{cB}$	$4.89{\pm}0.06^{cB}$

注：不同小写字母代表不同取样时间时相同含量处理组蚯蚓体内结合残留态 ^{14}C-p353-NP 含量具有显著差异（$P<0.05$），同一小写字母表示其间没有显著差异；不同大写字母代表相同取样时间时不同处理组蚯蚓体内结合残留态 ^{14}C-p353-NP 含量间具有显著差异（$P<0.05$），同一大写字母表示其间没有显著差异。ND 指未检出。

试验期内，不同处理组蚯蚓体内可提取态 ^{14}C-p353-NP 含量变化如下：暴露 7～28d 期间，蚯蚓体内可提取态 ^{14}C-p353-NP 含量增加了 0.58～0.89mg/g（湿重）；

28～56d 期间，各含量处理组蚯蚓体内可提取态 ^{14}C-p353-NP 继续增加，56d 时可提取态含量达到了 1.35～1.80mg/g（湿重），比 28d 时增加了 0.03～0.15mg/g（湿重），但较 7～28d 增加幅度减小；56～96d 期间，蚯蚓体内可提取态 ^{14}C-p353-NP 的增加量仅为 0.04～0.22mg/g（湿重），各含量处理组对可提取态 ^{14}C-p353-NP 的蓄积逐渐趋于平稳。

^{14}C-p353-NP 处理组蚯蚓体内结合残留态 ^{14}C-p353-NP 含量变化如下：暴露 7～28d 期间，结合残留态 ^{14}C-p353-NP 含量增加了 1.20～2.95mg/g（湿重）；28d 时较低含量处理组（81.92mg/kg、102.4mg/kg）结合残留态含量约是 7d 时含量的 2 倍，较高浓度组（128mg/kg、160mg/kg 和 200mg/kg）结合残留态含量约达到 7d 时含量的 3 倍，说明 7～28d 期间，较高浓度组蚯蚓体内结合残留态的形成较快；28～56d 期间，蚯蚓体内结合残留态 ^{14}C-p353-NP 继续累积，56d 时较 28d 时蚯蚓体内结合残留态 ^{14}C-p353-NP 含量增加了 0.20～0.55mg/kg，增加幅度较 7～28d 有所减小；56～96d 期间，结合残留态 ^{14}C-p353-NP 增加了 0.02～0.22mg/g（湿重），各含量处理组对结合残留态 ^{14}C-p353-NP 的蓄积逐渐趋于平稳。

由不同取样时间，相同浓度 ^{14}C-p353-NP 处理组蚯蚓体内可提取态和结合残留态 ^{14}C-p353-NP 含量间差异性分析可得：蚯蚓体内可提取态 ^{14}C-p353-NP 在较低含量处理组（81.92mg/kg、102.4mg/kg）暴露 7d 时的蓄积量与 14d 后各取样时间点（28d、56d、84d、96d）蓄积量间差异显著（P<0.05）；28d、56d、84d、96d 蓄积量间无显著差异（P>0.05）。蚯蚓体内结合残留态 ^{14}C-p353-NP 含量在各含量处理组暴露 7d 时均表现出与 14d 时含量的显著差异（P<0.05），说明蚯蚓对结合残留态 ^{14}C-p353-NP 的蓄积形成较快；暴露 14d 时，各含量处理组蚯蚓对 ^{14}C-p353-NP 的蓄积量与 14d 后各取样点（28d、56d、84d、96d）间差异显著（P <0.05）；28d、56d、84d、96d 时结合残留态蓄积量间无显著差异（P >0.05）。

由相同取样时间，不同 ^{14}C-p353-NP 含量处理组蚯蚓体内可提取态和结合残留态 ^{14}C-p353-NP 含量间差异性分析可得：暴露 7d 时，不同含量处理组蚯蚓体内可提取态含量间和结合残留态含量间均无显著差异（P >0.05），表明暴露 7d 时，蚯蚓对 ^{14}C-p353-NP 的蓄积受土壤中 ^{14}C-p353-NP 含量的影响不大；7～56d，较高浓度组（128mg/kg、160mg/kg 和 200mg/kg）和较低浓度组（81.92mg/kg、102.4mg/kg）间可提取态、结合残留态 ^{14}C-p353-NP 含量持续累积，56d 时可提取态、结合残留态 ^{14}C-p353-NP 含量较 7d 时分别增加了 0.45mg/g（湿重）和 1.98mg/g（湿重），较高浓度组和较低浓度组蚯蚓体内可提取态和结合残留态 ^{14}C-p353-NP 含量差异均达到了显著水平（P <0.05）。

试验期内，不同 ^{14}C-p353-NP 含量处理组蚯蚓体内可提取态和结合残留态

^{14}C-p353-NP 蓄积量之和即为蚯蚓体内 ^{14}C-p353-NP 的蓄积总量。暴露 96d 时，蚯蚓体内 ^{14}C-p353-NP 的蓄积总量为 4.49～6.73mg/g（湿重）。对不同浓度组蚯蚓蓄积总量进行最小差异性分析可得：与 81.92mg/kg 组蚯蚓体内 ^{14}C-p353-NP 蓄积总量相比，102.4mg/kg 组蚯蚓体内蓄积总量在试验期内无显著差异（$P>0.05$）；而较高浓度组（128mg/kg、160mg/kg 和 200mg/kg）与 81.92mg/kg 组间的差异显著性则随时间发生变化，即 7d 时，较高浓度组与 81.92mg/kg 组蚯蚓体内 ^{14}C-p353-NP 蓄积总量间差异不显著（$P>0.05$）；14～28d，较高浓度组与 81.92mg/kg 组蚯蚓体内 ^{14}C-p353-NP 蓄积总量间差异显著（$P<0.05$）；28～96d，较高浓度组与 81.92mg/kg 组蚯蚓体内 ^{14}C-p353-NP 蓄积总量间差异极显著（$P<0.01$）。

2）土壤中可提取态和结合残留态 ^{14}C-p353-NP 的变化

图 4-19 和图 4-20 为不同浓度处理组土壤中可提取态和结合残留态 ^{14}C-p353-NP 的动态变化。结果显示，空白对照组土壤中未检出 ^{14}C-p353-NP。7d 时，各含量处理组土壤中可提取态 ^{14}C-p353-NP 含量较结合残留态 ^{14}C-p353-NP 含量高；7～56d 内，各浓度处理组土壤中可提取态 ^{14}C-p353-NP 含量不断减少，由 7d 时的 5.11×10^{-2}～13.45×10^{-2}mg/g（冻干土）减少为 56d 时的 1.72～7.89mg/g（冻干土），结合残留态 ^{14}C-p353-NP 含量则不断增加，56d 时较 7d 时增加了 0.73～

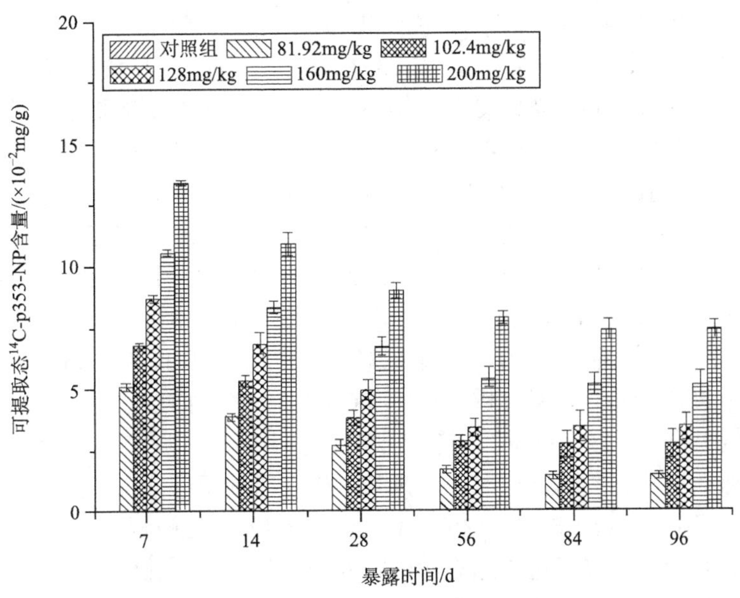

图 4-19　土壤中可提取态 ^{14}C-p353-NP 含量的动态变化

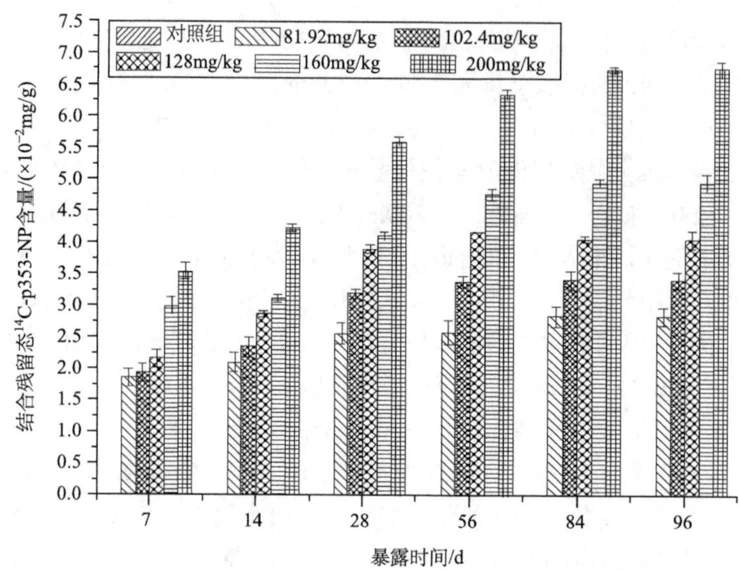

图 4-20　土壤中结合残留态 ^{14}C-p353-NP 含量的动态变化

2.81mg/g（冻干土），但土壤中可提取态 ^{14}C-p353-NP 含量仍高于结合残留态 ^{14}C-p353-NP 含量；56～96d 内，各含量处理组可提取态和结合残留态 ^{14}C-p353-NP 含量变化量≤0.05mg/g（冻干土），趋于平稳。

暴露 7d 时，土壤中可提取态 ^{14}C-p353-NP 含量较高，土壤中 ^{14}C-p353-NP 的生物有效态含量高，可促进蚯蚓对土壤中 ^{14}C-p353-NP 的生物富集，具体表现为 0～7d 内蚯蚓体内 ^{14}C-p353-NP 的快速蓄积；7～56d 内，土壤中可提取态 ^{14}C-p353-NP 含量减少，结合残留态 ^{14}C-p353-NP 含量增加，但可提取态含量仍较多，有利于 ^{14}C-p353-NP 在蚯蚓体内的累积，同时土壤结合残留态 ^{14}C-p353-NP 可能会通过蚯蚓对土壤的摄食作用进入蚯蚓体内，增大蚯蚓对土壤中 ^{14}C-p353-NP 的富集程度，表现为 BSAF 的增大；56～96d 内，土壤中可提取态和结合残留态 ^{14}C-p353-NP 的含量逐渐趋于稳定，蚯蚓对土壤中 ^{14}C-p353-NP 的蓄积总量增加幅度减小并逐渐趋于稳定，且体内蓄积的 ^{14}C-p353-NP 以结合残留态为主，占蓄积总量的 61.62%～76.45%（96d），其原因可能有两点：一是 ^{14}C-p353-NP 与土壤颗粒间存在吸附效应，随着暴露时间的延长，生物可利用部分 ^{14}C-p353-NP 含量逐渐减少，从而减少了蚯蚓对 ^{14}C-p353-NP 的生物蓄积；二是蚯蚓体内的 ^{14}C-p353-NP 蓄积到一定量后，可能促进蚯蚓对污染物的防御和外排，并由于 ^{14}C-p353-NP 本身的疏水亲脂性，易与蚯蚓自身表皮细胞间质中脂类物质结合，从而使结合残留态 ^{14}C-p353-NP 含量较多。

3）威廉腔环蚓对土壤中 ^{14}C-p353-NP 的生物蓄积特征

经测定，蚯蚓体内的脂肪含量平均为（6.93±0.41）%（干重）。表 4-15 为威廉腔环蚓对土壤中 ^{14}C-p353-NP 的生物–土壤蓄积系数（BSAF）。BSAF 数据显示，7～56d 内，各处理组蚯蚓的 BSAF 值由 7d 时的 0.28～0.50，逐渐增大到 96d 时的 0.95～1.89；在暴露期内，蚯蚓体内 ^{14}C-p353-NP 蓄积量随着土壤暴露浓度的增加而增加；相同暴露浓度下，随着暴露时间的延长，BSAF 系数增大，除 81.92mg/kg 最低浓度处理组外，其他处理组 BSAF 系数在暴露 28d 后都超过 1，说明暴露 28d 后蚯蚓体内 ^{14}C-p353-NP 浓度已经超过土壤中的暴露量，^{14}C-p353-NP 从土壤环境中向蚯蚓体内转移；暴露 56～96d，各浓度 ^{14}C-p353-NP 处理组 BSAF 增加了 0～0.06，各处理组 BSAF 值变化较小，表示各处理组蚯蚓体内 ^{14}C-p353-NP 浓度与土壤中 ^{14}C-p353-NP 浓度达到平衡，与 Shan 等（2011）在水稻土中蚯蚓对 ^{14}C-p353-NP 的富集能力结论一致。

表 4-15　威廉腔环蚓对土壤中 ^{14}C-p353-NP 的生物–土壤蓄积系数

处理组	暴露时间					
/（mg/kg）	7d	14d	28d	56d	84d	96d
81.92	0.28	0.65	0.84	0.94	0.95	0.95
102.4	0.33	0.81	1.08	1.24	1.28	1.29
128	0.39	0.82	1.14	1.37	1.38	1.38
160	0.44	0.84	1.24	1.68	1.74	1.74
200	0.50	0.90	1.36	1.89	1.89	1.89

表 4-16 表明，^{14}C-p353-NP 的暴露浓度和暴露时间及两者的交互作用对威廉腔环蚓体内 ^{14}C-p353-NP 富集总量有显著影响（$P<0.01$）。不同暴露时间下，^{14}C-p353-NP 的暴露浓度与威廉腔环蚓各响应指标的相关性分析结果（表 4-17）显示，土壤 ^{14}C-p353-NP 的暴露浓度显著影响蚯蚓体内 ^{14}C-p353-NP 富集量（$P<0.01$）。

表 4-16　^{14}C-p353-NP 暴露浓度和暴露时间对威廉腔环蚓富集总量的影响分析

项目	暴露浓度			暴露时间			暴露浓度×暴露时间		
	自由度	F 值	P 值	自由度	F 值	P 值	自由度	F 值	P 值
富集总量	4	3782.40	<0.001**	5	9439.70	<0.001**	20	105.64	<0.001**

**表示 $P<0.01$。

表 4-17 土壤 ^{14}C-p353-NP 暴露浓度与威廉腔环蚓生物富集总量的相关性分析

项目	不同暴露时间的相关系数					
	7d	14d	28d	56d	84d	96d
富集总量	0.962**	0.950**	0.961**	0.954**	0.932**	0.933**

**表示 P<0.01。

以上结果显示，土壤 ^{14}C-p353-NP 在蚯蚓体内蓄积并对其生长产生抑制作用，通过减缓生长调节外源污染物的摄入是蚯蚓的一种自我保护行为。土壤 ^{14}C-p353-NP 浓度在不高于 102.4mg/kg 时对蚯蚓生长无明显影响，说明蚯蚓对 ^{14}C-p353-NP 具有一定的耐受性，而>102.4mg/kg 浓度组在第 7 天时就表现出与 81.92mg/kg 组显著的生长抑制差异性（P<0.05），这可能与其较高的生物有效态含量有关，同时 BSAF 随土壤浓度的增大而增加，也说明高浓度 ^{14}C-p353-NP 促进了蚯蚓对土壤中 ^{14}C-p353-NP 的生物富集，从而表现出较强的生物效应。

4.2.3 NP 异构体对威廉腔环蚓生殖系统的影响

研究表明 NP 暴露可引起雄鼠曲细精管损伤，从而导致精子活力下降。MCF-7 乳腺癌细胞试验、酵母双杂交试验等体外测试发现，NP 对位异构体 p22-NP、p33-NP、p232-NP、p242-NP、p262-NP、p353-NP 具有雌激素效应，其中 p353-NP 雌激素活性最高，但由于体外试验不能模拟生物体内代谢全过程，所以不同体外试验之间雌激素评价结果存在差异。

本小节以雌激素活性较高的 NP 异构体 p353-NP 为研究对象，选取两性蚯蚓威廉腔环蚓作为试验生物，研究 p353-NP 暴露对蚯蚓雄孔、精巢、贮精囊、前列腺等雄性生殖器官组织的影响，从组织结构角度揭示土壤壬基酚异构体对蚯蚓生殖系统产生的危害。

1. 材料与方法

1）材料

试验蚯蚓、试验用土、供试化合物：p353-NP 等具体信息详见 4.2.2 节中相应部分。

2）方法

（1）p353-NP 对威廉腔环蚓慢性毒性暴露方法。

根据 p353-NP 对蚯蚓的急性毒性试验结果（LC_{50} 为 474.32mg/kg），设计了 5 个亚致死浓度，并设置空白对照组，每组 3 个重复。分别取 49.15μL、61.44μL、76.8μL、96μL、120μL 的 ^{14}C-p353-NP 丙酮溶解后加入 600.0g 土壤中，搅拌混匀，使土壤中 p353-NP 含量分别为 81.92mg/kg、102.4mg/kg、128mg/kg、160mg/kg、

200mg/kg。放置 24h 待丙酮挥发后，加入 159.49mL 去离子水，将土壤含水量调节为土壤田间最大持水量的 60%。随机挑选 6 条清肠处理后的蚯蚓放入对照组和各处理组中，用双层纱布封口。将对照组和各处理组置于人工气候箱中，在温度为（20±2）℃、湿度为 70%～75%、24h 黑暗条件下培养，每隔 15d 给予 15g 磨碎的蔬菜作为饵料。暴露后第 0、7、14、28、56、84、96 天时从对照组和各处理组平行中分别取出一条蚯蚓。

（2）威廉腔环蚓生殖器官分离与组织学观察。

蚯蚓经解剖后取雄孔、精巢、贮精囊、前列腺，用 10%的中性甲醛固定液固定 30～50min，固定后用流水冲洗过夜，依次经 70%、80%、90%不同浓度乙醇溶液脱水各 30min，再放入 95%、100%乙醇各 2 次，每次 20min 脱水，然后利用 100%酒精+二甲苯（1∶1，体积分数）20min，二甲苯Ⅰ、Ⅱ各 15min 进行透明，随后在 58℃下用二甲苯+石蜡（1∶1，体积分数）30min，石蜡Ⅰ、Ⅱ各 2～3h 浸蜡以除去组织中的透明剂二甲苯，组织块浸入 60℃石蜡中包埋，包埋完成后上切片机切片、贴片、65℃烤片 30min，烤片后经苏木精-伊红（HE 染液）染色。

HE 染色的程序：将切片浸入二甲苯Ⅰ、Ⅱ各 15min，二甲苯+100%酒精（1∶1），100%酒精Ⅰ、Ⅱ，95%—90%—80%—70%—50%酒精，蒸馏水各 2min，苏木精染液 5～10min，水洗后分化入 1%盐酸酒精 5s，自来水，1%氨水蓝化，自来水，50%—70%—80%—90%和 95%酒精各 2min，1%伊红复制染液 5min，95%酒精，100%酒精Ⅰ、Ⅱ，100%酒精+二甲苯（1∶1），二甲苯Ⅰ、Ⅱ各 2min。染色后用中性树胶封固，封片后放入 37℃的温箱中烤 2h，完成染色封片后，镜检观察。

2. 结果与分析

1）p353-NP 对土壤中蚯蚓雄孔组织的影响

威廉腔环蚓有 1 对雄孔，如图 4-21（a）所示。雄孔组织在光镜下由三层结构组成，与正常蚯蚓的雄孔组织[图 4-21（b）]相比，土壤 p353-NP 暴露后蚯蚓雄孔组织由外向内第二层结构紊乱、间质水肿[图 4-21（c）]。

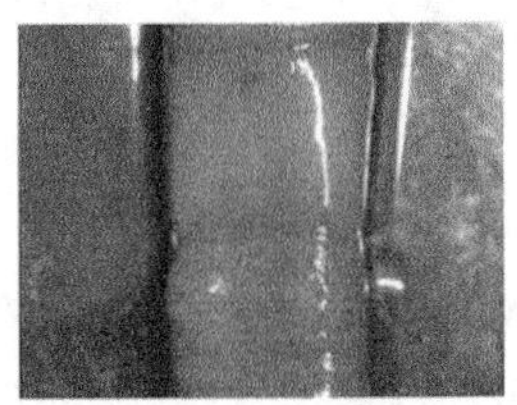
（a）蚯蚓雄孔

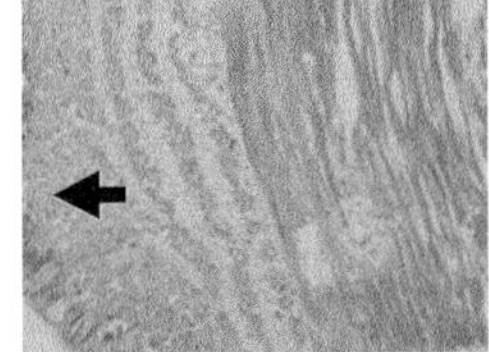
（b）雄孔正常组织

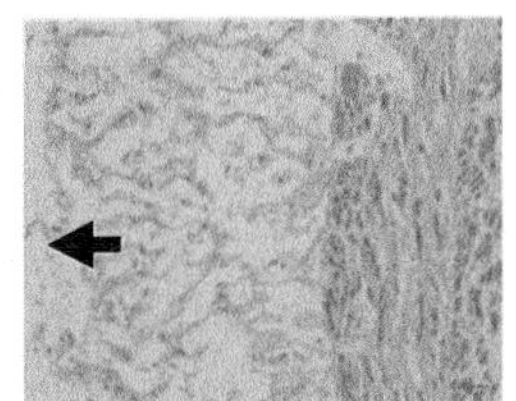
（c）由外向内第二层结构紊乱、间质水肿

图 4-21　威廉腔环蚓雄孔位置和 p353-NP 暴露对雄孔组织损伤的显微图片

表4-18为土壤p353-NP暴露7～84d对威廉腔环蚓雄孔组织影响的切片结果。结果显示，蚯蚓雄孔组织对土壤p353-NP很敏感。暴露7d时，各个处理组蚯蚓雄孔均出现了“由外向内第二层结构紊乱及间质水肿”，但雄孔组织病变频率与程度与暴露浓度、暴露时间无明显相关性。以上结果显示，雄孔组织病变能够敏感指示土壤中含有p353-NP，但病变频率和程度与暴露浓度和时间无显著相关性，推测其与生物个体自我修复有关。

表4-18　土壤p353-NP暴露对威廉腔环蚓雄孔组织的影响

处理组	编号	暴露时间				
		7d	14d	28d	56d	84d
CK	①	—	—	—	—	—
	②	—	—	±	—	—
	③	—	—	—	—	—
81.92mg/kg	①	±	—	—	—	—
	②	±	—	—	++	—
	③	±	—	—	++	±
102.4mg/kg	①	+	±	±	++	±
	②	++	—	+	ND	±
	③	+++	—	—	—	+
128mg/kg	①	—	±	—	—	±
	②	+++	++	—	—	—
	③	+++	—	+++	+++	—
160mg/kg	①	—	—	—	±	—
	②	—	—	±	++	++
	③	±	++	±	+	—
200mg/kg	①	—	++	±	+	+
	②	±	+	—	++	—
	③	—	++	—	+	++

注：评价指标为“由外向内第二层结构紊乱、间质水肿”。所有形态改变根据轻重标记为“±”“+”“++”“+++”，分别表示轻微、轻度、中度、重度，无病变标记为“—”，缺失记为“ND”；“±”“+”“++”“+++”分别评为1～4分。

2）土壤p353-NP对蚯蚓精巢的影响

图4-22（a）是健康蚯蚓精巢的切片，镜检显示精巢结构完整，内部存在较多生殖细胞块，多为精原细胞群及初级精母细胞[图4-22（a）]。图4-22（b）是在含p353-NP土壤中暴露后的蚯蚓的精巢切片，比较发现蚯蚓土壤p353-NP暴露后，精巢结构基本完整，然而精巢内生精细胞数量明显减少，土壤p353-NP导致

威廉腔环蚓生精细胞数量减少的机制有待进一步研究[图 4-22（b）]。

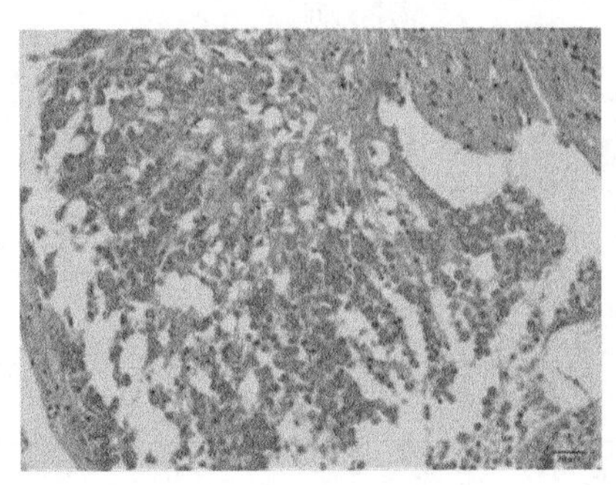

（a）正常精巢

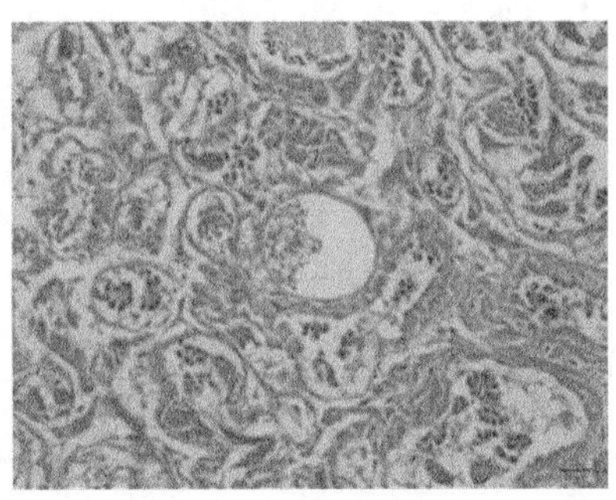

（b）生精细胞减少

图 4-22　p353-NP 暴露对威廉腔环蚓精巢组织损伤的显微图片

表 4-19 显示，土壤不同含量 p353-NP 对蚯蚓精巢精细胞数量的影响与暴露时间和暴露剂量有关。空白对照组蚯蚓在暴露期间精巢精细胞数量没有显著变化，但 p353-NP 处理组蚯蚓精细胞随暴露时间的延长和暴露剂量的增加，数量明显减少。暴露 14d 时，较低含量处理组（81.92mg/kg、102.4mg/kg）蚯蚓精巢内生精细胞数量与对照组无显著差异，较高含量处理组（160mg/kg、200mg/kg）蚯蚓精巢生精细胞数量减少。随着暴露时间的延长，各处理组蚯蚓精巢内生精细胞数量均有所减少，其中高含量处理组生精细胞的减少明显高于低含量处理组，说明土壤中 p353-NP 暴露对蚯蚓精巢精细胞数量的影响与暴露浓度和暴露时间有关。

表 4-19　土壤 p353-NP 暴露对威廉腔环蚓精巢生精细胞的影响

处理组	编号	暴露时间				
		7d	14d	28d	56d	84d
CK	①	—	—	—	—	—
	②	—	—	—	—	—
	③	—	—	—	—	—
81.92mg/kg	①	±	—	+	±	—
	②	—	—	+	—	—
	③	—	—	—	—	—
102.4mg/kg	①	—	±	无	±	—
	②	—	—	±	±	—
	③	—	—	+	—	—

续表

处理组	编号	暴露时间				
		7d	14d	28d	56d	84d
128mg/kg	①	—	—	—	±	—
	②	±	+	—	++	+
	③	—	—	+	无	+
160mg/kg	①	±	—	无	无	+
	②	+	—	++	无	—
	③	—	+	+	无	++
200mg/kg	①	—	+	+	无	+
	②	—	±	++	无	+
	③	±	—	±	无	—

注：所有形态改变根据轻重标记为“±”“+”“++”“+++”，分别表示轻微、轻度、中度、重度，无病变标记为“—”，缺失记“无”；“±”“+”“++”“+++”分别评为1～4分。

3）土壤p353-NP对蚯蚓贮精囊的影响

图4-23为空白对照组和土壤p353-NP处理组中威廉腔环蚓贮精囊的病理切片。结果显示，空白对照组蚯蚓贮精囊内可见处于减数分裂各期的雄性生殖细胞群，呈

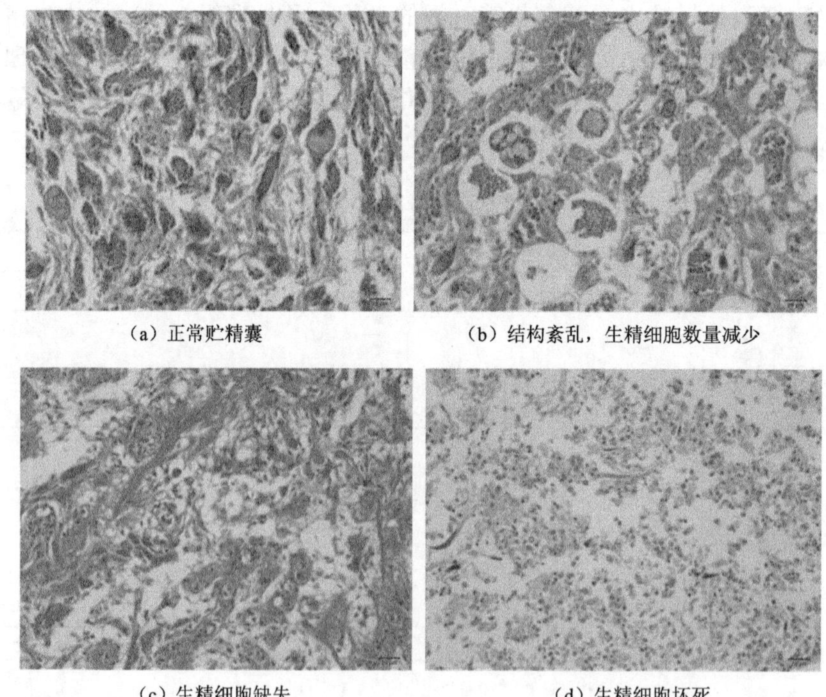

（a）正常贮精囊　（b）结构紊乱，生精细胞数量减少

（c）生精细胞缺失　（d）生精细胞坏死

图4-23　土壤p353-NP暴露对威廉腔环蚓贮精囊组织损伤的显微图片

现不同发育阶段的生精细胞束，有初级精母细胞、次级精母细胞及少量精子[图 4-23（a）]；而 p353-NP 暴露后，蚯蚓的贮精囊出现组织病理学改变，表现为结构紊乱，生精细胞数量减少[图 4-23（b）]，生精细胞缺失[图 4-23（c）]、坏死[图 4-23（d）]。

暴露 7～84d 空白对照组威廉腔环蚓贮精囊无明显变化。处理组蚯蚓随暴露时间的延长和暴露浓度的增加，土壤中 p353-NP 暴露对蚯蚓贮精囊组织的损伤逐渐增加。在暴露 28～84d 期间，较低含量处理组（81.92mg/kg、102.4mg/kg）个别蚯蚓贮精囊表现出结构紊乱，土壤低含量 p353-NP 暴露对蚯蚓贮精囊的损伤轻微；但 p353-NP 较高含量处理组（128mg/kg、160mg/kg、200mg/kg）对蚯蚓暴露 7d 时即表现出贮精囊结构的紊乱，28～84d 时间段生精细胞数量明显减少，并出现生精细胞的缺失、坏死现象。以上试验蚯蚓贮精囊切片结果说明，土壤中 p353-NP 暴露对威廉腔环蚓贮精囊产生病理损伤，损伤程度与暴露时间和暴露剂量有关（表 4-20）。

表 4-20　土壤 p353-NP 暴露对威廉腔环蚓贮精囊的影响

处理组	编号	暴露时间				
		7d	14d	28d	56d	84d
CK	①	—	—	—	—	—
	②	—	—	—	—	—
	③	—	—	—	—	—
81.92mg/kg	①	±	—	++	+	—
	②	—	—	++	—	—
	③	—	—	—	—	—
102.4mg/kg	①	—	±	—	+	—
	②	—	—	±	+	±
	③	—	—	++	—	—
128mg/kg	①	—	ND	—	+	++
	②	±	++	—	+++	+++
	③	—	—	++	+++	+
160mg/kg	①	+	—	++	+	+++
	②	++	±	ND	+	—
	③	—	+	++	++	++
200mg/kg	①	—	+	++	+++	—
	②	—	±	++	+++	—
	③	±	—	±	+++	±

注：评价指标为“结构紊乱，生精细胞坏死、缺失，数量减少”。所有形态改变根据轻重标记为“±”“+”“++”“+++”，分别表示轻微、轻度、中度、重度，无病变标记为“—”，缺失记为“ND”；“±”“+”“++”“+++”分别评为 1～4 分。

蚯蚓的精原细胞群是由精巢中的生殖细胞块形成的，之后进入贮精囊逐步发育和成熟，最后变成精子。精原细胞经过减数分裂成为精子，未成熟的精子先在贮精囊内发育成熟再进入精巢囊内，并附着于精漏斗表面，等待交配时由漏斗中纤毛驱赶进入输精管，最后从雄孔排出。蚯蚓精巢、贮精囊、精子等繁殖系统结构对农药、重金属和兽药等环境污染物具有敏感响应。

本书结果显示，p353-NP 暴露会造成蚯蚓精巢、贮精囊生精组织的病变，组织病变程度及精子畸变率均与暴露时间和暴露浓度有关。在对精巢及贮精囊进行组织切片显微观察时，可见到处于有丝分裂和减数分裂时期的精原细胞及精细胞。由此可以推断 p353-NP 暴露对蚯蚓精子形成过程的影响如下：首先，p353-NP 会抑制精巢内生殖细胞块的有丝分裂，使精原细胞数量减少；其次，贮精囊作为精原细胞经减数分裂生成精子的重要组织，在 p353-NP 的作用下会表现出组织结构紊乱的病理特征，且其内的生精细胞出现减少、坏死，甚至缺失的现象，这对未成熟精子的后续发育都是不利的，最终会造成精细胞形态的畸变，后文对精子形态观察的结果也证实了这一推测。

4）土壤 p353-NP 对蚯蚓前列腺的影响

空白对照蚯蚓的前列腺分成许多小叶，前列腺的腺细胞形态多样，有不规则三角形、梭形和圆形等，腺细胞的胞质中充满嗜碱性着色颗粒[图 4-24（a）]；每个小叶内均有一个或一个以上的分泌小管，呈现出正常的组织结构特征。土壤 p353-NP 处理组蚯蚓前列腺的组织切片则出现病理损伤，表现为前列腺腺细胞胞质中嗜碱性颗粒减少或消失[图 4-24（b）]；腺细胞坏死、溶解[图 4-24（c）]。

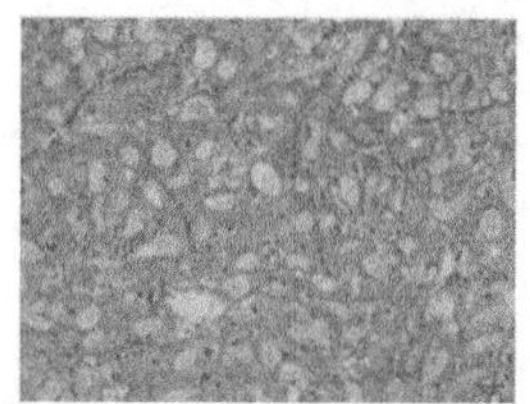
（a）正常前列腺

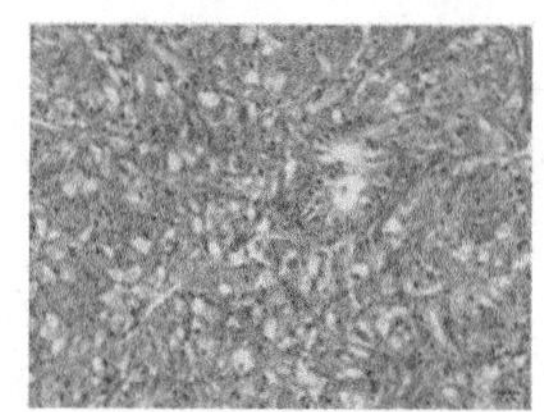
（b）细胞胞质中嗜碱性颗粒减少或消失

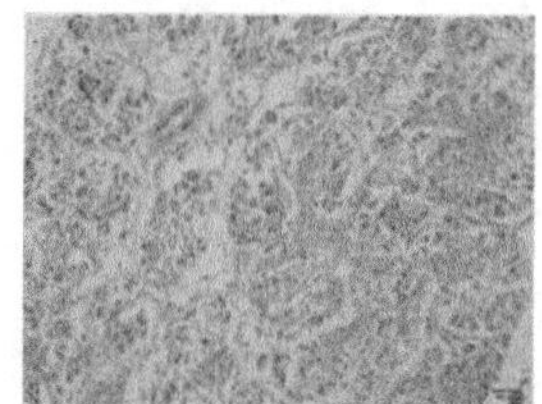
（c）腺细胞坏死、溶解

图 4-24 土壤 p353-NP 暴露对威廉腔环蚓前列腺组织损伤的显微图片

表 4-21 显示土壤 p353-NP 暴露 7～84d，威廉腔环蚓前列腺组织的切片结果。当土壤 p353-NP 含量较低或蚯蚓在暴露初期（7～14d）时，表现出腺细胞嗜碱性颗粒减少；随着土壤 p353-NP 含量增加（>102.4mg/kg），暴露时间延长时（56～84d）前列腺细胞出现明显的坏死、溶解，损伤程度也随暴露浓度和暴露时间的增加而加强。蚯蚓前列腺腺细胞在低含量 p353-NP 暴露下或暴露时间较短时，表现为细胞质中嗜碱性颗粒减少；而在较高含量 p353-NP 暴露或暴露时间较长时，表现出腺细胞坏死、溶解，可能是前列腺对外界胁迫的应答机制。

表 4-21　土壤 p353-NP 暴露对威廉腔环蚓前列腺的影响

处理组	编号	暴露时间									
		7d		14d		28d		56d		84d	
		A	B	A	B	A	B	A	B	A	B
CK	①	—	—	—	—	—	—	—	—	—	—
	②	—	—	—	—	ND	ND	—	—	—	—
	③	—	—	ND	ND	—	—	±	—	±	—
81.92mg/kg	①	—	—	—	±	—	±	—	—	ND	ND
	②	±	—	—	—	—	+	±	—	+	—
	③	+	—	—	—	—	+	—	±	±	—
102.4mg/kg	①	—	±	—	—	—	—	—	—	+	—
	②	—	—	—	—	±	—	—	++	—	—
	③	—	—	—	—	—	—	—	+	—	—
128mg/kg	①	—	—	—	±	—	—	—	++	—	++
	②	—	—	—	—	—	—	—	+++	—	+++
	③	—	—	—	—	—	—	—	+++	—	++
160mg/kg	①	—	—	—	—	—	—	—	+	—	+++
	②	±	—	—	—	—	±	—	+++	ND	ND
	③	±	±	—	+	—	—	—	+++	—	+++
200mg/kg	①	—	—	—	+	—	—	ND	ND	—	—
	②	—	—	—	+	—	+++	—	++	—	+++
	③	ND	ND	—	—	—	—	—	+++	—	++

注：A 为腺细胞的胞质中嗜碱性颗粒减少；B 为腺细胞坏死、溶解。所有形态改变根据轻重标记为“±”“+”“++”“+++”，分别表示轻微、轻度、中度、重度，无病变标记为“—”，缺失记为“ND”。“±”“+”“++”“+++”分别评为 1～4 分。

本书研究发现土壤 p353-NP 暴露导致威廉腔环蚓前列腺腺细胞胞质中嗜碱性颗粒减少或消失，甚至引起腺细胞坏死、溶解，表明前列腺腺细胞分泌功能减弱或消失，显示土壤 p353-NP 暴露干扰了威廉腔环蚓前列腺细胞器的正常功能，使前列腺腺细胞分泌功能衰减或者消失。许智芳和杨林（1991）在对威廉环毛蚓[*Pheretima guillelmi*（Michaelsen）]前列腺显微及亚显微结构进行研究时发现，前列腺腺细胞中分泌物的形成、转运与细胞器（如粗面内质网、滑面内质网、高尔基体）的功能紧密相关。因此，前列腺作为蚯蚓雄性器官腺体，其分泌物有利于精子的营养和活动，前列腺细胞分泌功能的减退可能导致精子活力下降。

4.2.4　NP 异构体对威廉腔环蚓生殖细胞的影响

研究发现，有机氯农药、新烟碱类农药、兽药等化学物质都能对蚯蚓细胞显微和超显微结构造成损伤；多氯联苯、重金属等污染物也能对蚯蚓细胞遗传物质造成损伤。蚯蚓细胞是敏感的外源污染物损伤指示标志物。瑞-吉染色技术是用于细胞形态研究的主要方法。蚯蚓精子细胞形态受到外界因素不利影响时会发生畸变，瑞-吉染色能够分辨精子畸形形态。单细胞凝胶电泳（single cell gel eletrophoresis，SCGE）技术，又称彗星试验（comet assay），是一种在单细胞水平上检测有核细胞 DNA 损伤的方法，能够同时定性、定量地检测单个细胞 DNA 损伤，其敏感、直观、快捷的特点是目前 DNA 损伤检测的其他方法（如染色体畸变、细胞微核等）无法比拟的。

本小节利用瑞-吉染色和单细胞凝胶电泳研究 p353-NP 暴露对蚯蚓精子细胞畸形率、精细胞尾部 DNA 含量、尾矩和 Olive 尾矩的影响，以及土壤不同浓度 p353-NP 暴露下对蚯蚓精细胞和精细胞 DNA 的影响，评价 p353-NP 污染土壤对威廉腔环蚓精细胞和精细胞 DNA 的损伤，为揭示土壤 NP 污染对蚯蚓繁殖力抑制与生殖系统损伤之间的关系提供科学依据，也为土壤 NP 污染生态毒性基准值研究提供数据。

1. *材料与方法*

1）材料

试验蚯蚓、试验土壤及供试化合物信息详见 4.2.2 节中相应部分。

2）方法

（1）土壤 p353-NP 对威廉腔环蚓的慢性暴露试验。

根据 p353-NP 对蚯蚓的急性毒性试验结果（LC_{50} 为 474.32mg/kg），设计了 5 个亚致死浓度（81.92mg/kg、102.4mg/kg、128mg/kg、160mg/kg、200mg/kg），并设置空白对照组，每组 3 个重复。分别取 49.15μL、61.44μL、76.8μL、96μL、120μL 的 ^{14}C-p353-NP 丙酮溶解后加入 600.0g 土壤中，搅拌混匀，使土壤中 p353-NP 含量分别为 81.92mg/kg、102.4mg/kg、128mg/kg、160mg/kg、200mg/kg。放置 24h 待丙酮挥发后，加入 159.49mL 去离子水，将土壤含水量调节为土壤田间最大持水量的 60%。随机挑选 6 条清肠处理后的蚯蚓放入对照组和各处理组中，用双层纱布封口。将对照组和各处理组置于人工气候箱中，在温度为（20±2）℃、湿度为 70%～75%、24h 黑暗条件下培养，每隔 15d 给予 15g 磨碎的蔬菜作为饵料。在暴露后第 7、14、28、56、84、96 天时从对照组和各处理组平行中分别取出一条蚯蚓。

（2）蚯蚓精细胞的瑞-吉染色检测方法。

试验蚯蚓采样后用去离子水冲洗干净，在 5%乙醇溶液中麻醉 5min 后，用大头针将其固定于石蜡板上，背面向上，然后用眼科剪沿蚯蚓背中线剪开，并向两侧分开，最后用大头针固定以暴露其内脏，再用 0.75%的生理盐水冲洗剪开部位，洗去血液等污物、湿润内脏器官，以便分离贮精囊。在解剖镜下，用眼科镊取出贮精囊，放在滴加了生理盐水的载玻片上，用解剖针刺破贮精囊，可见内容物溢出形成悬液。用推片法制成精子涂片。

将蚯蚓贮精囊刺破，用无菌棉棒在玻片上涂片后，滴加瑞氏染液 5 滴，加 pH 7.0 磷酸盐缓冲液 10 滴，混匀，再加吉姆萨染液 2 滴，轻轻摇动 2min，染色 20min。流水缓慢冲洗 1min，放入 95%乙醇中 1s，脱掉浮色，流水缓慢冲洗 1min。待干，加中性树胶，用 50mm×24mm 盖玻片封片，置 400 倍光镜下观察精子形态。正常精子呈长棒状，头尖尾细。每条蚯蚓观察 200 个完整的精子，并求出精子畸变率。

（3）p353-NP 对蚯蚓精细胞 DNA 的损伤试验。

①蚯蚓精细胞悬液的制备。

取 3 条活体蚯蚓放入 95%乙醇中浸泡 10～20min 之后进行解剖，分离出精巢，将组织剪碎放入预冷的离心管中，以 2000r/min 离心 10min。取沉淀的生殖细胞用 PBS 缓冲液离心（2000r/min，10min）洗涤 3～4 次，并悬浮于 1mL PBS 溶液中，调整细胞终浓度为（4～6）×10^6 个/mL，吸取少量细胞悬液，锥虫蓝染色镜检细胞存活率达 95%以上。

②凝胶样品制备。

第一层胶的制备：将预热 56℃的 150μL 1.0%正常熔点琼脂糖 NMA（溶于无 Ca^{2+}、Mg^{2+}的磷酸缓冲液 PBS）滴到同样预热的载玻片的磨砂面上，迅速盖上干净的盖玻片（20mm×20mm），于 4℃放置 10min 使其凝固（平整，有光泽），揭开盖玻片，将凝胶于 40℃下烤干待用。

制备凝胶块：取 PBS 溶解的低熔点琼脂糖，于 40℃与细胞悬液按 8∶1 的体积比在 1.5mL 无菌离心管内混合（120μL），于 4℃放置 5min。

细胞裂解：加入预冷的细胞裂解液 1mL/管，此时将凝胶浸泡于裂解液中，然后将离心管于 4℃黑暗条件下放置 1h，使细胞裂解、DNA 松散。

去除蛋白质成分：用无菌移液枪吸去裂解液残液，并用少量 PBS 洗涤凝胶 3～5 次以减少残留裂解液对蛋白酶 K 消化作用的影响（裂解液 pH=10，蛋白酶 K pH=7.4），然后加入蛋白酶 K 的细胞缓冲液 1mL/管，于 55℃振荡水浴 3h，转速为 40r/min。

制版：弃去消化液，用 PBS 洗涤凝胶 3～5 次，于 65℃加热 5～8min，将溶解后的细胞凝胶混合物冷却至 40℃待用。取 100μL 细胞凝胶混合物，加盖玻片，于 4℃放置 10min。

③电泳。

将凝胶板水平放入电泳槽，倾入新鲜配制的预冷电泳液，使电泳液盖过胶面约 0.25cm，室温下放置 30min，使 DNA 解螺旋。电泳条件：20V，60min。

④中和染色。

取出玻片，用缓冲液（0.4mol/L Tris-HCl，pH 7.5）将其浸没 15min。中和后用无水乙醇脱水 30min，可明显增强 DNA 的荧光强度。每张玻片上滴加 100μL 30mmol/L 溴化乙锭，20min 后荧光显微镜观察。

⑤观察及图像处理。

倒置荧光显微镜下观察溴化乙锭（EB）染色凝胶，放大倍数为 400 倍，激发波长为 510～560nm 绿光。每一含量处理组随机观察 50 个细胞，记录拖尾细胞数并拍照。然后，利用 Comet Assay Software Project 6.1（CASP 6.1）单细胞凝胶电泳图像分析软件对彗星照片进行分析，采用彗星尾部 DNA 含量（TDNA%）、尾矩（TM）、Olive 尾矩（OTM）作为 DNA 损伤评价指标，以反映 DNA 损伤情况。

根据细胞尾部 DNA 含量可将细胞损伤分为 5 个级别：无损伤（C0）细胞（TDNA%<5%），精子核完整；轻度损伤（C1）细胞（TDNA%为 5%～20%），轻度损伤，可见彗星，精子核缩小；中度损伤（C2）细胞（TDNA%为 20%～40%），可见明显彗星，精子核缩小；重度损伤（C3）细胞（TDNA%为 40%～95%），彗星荧光信号强而密，并见明显缩小的精子核；完全损伤（C4）细胞（TDNA%>95%），仅见荧光强而密的彗尾，精子核基本消失。

（4）数据统计分析。

数据统计均采用 SPSS 22.0 和 OriginPro 8.0 软件完成。在对参变量分析之前先对各组数据进行方差齐性检验。应用单变量双因素方差分析（UNIANOVA analysis）确定暴露浓度、暴露时间及两者交互作用对蚯蚓精细胞响应指标的影响；利用 t 检验进行各组均值间的多重比较。单因素 ANOVA 进行组间最小显著性差异（LSD）比较分析；蚯蚓体内 p353-NP 富集量、暴露时间与蚯蚓精细胞 DNA 响应指标的相关性采用正相关分析。

2. 结果与分析

1）土壤 p353-NP 暴露对威廉腔环蚓精子形态的影响

威廉腔环蚓解剖后，在其第 9～12 节处可见左右侧各有两对乳白色半透明的贮精囊[图 4-25（a）]，分离贮精囊，放在滴加了生理盐水的载玻片上，用解剖针刺破贮精囊，制成精子涂片，经瑞-吉染色后在显微镜下观察。图 4-25（b）为威廉腔环蚓的精细胞形态。暴露前威廉腔环蚓精细胞镜检结果显示，精细胞全长为（103.36±6.69）μm，精子头长为（56.68±3.61）μm。暴露后，蚯蚓精子发生畸变，畸形主要有顶端成环，胖头，尾折叠、消失等几种，见表 4-22。

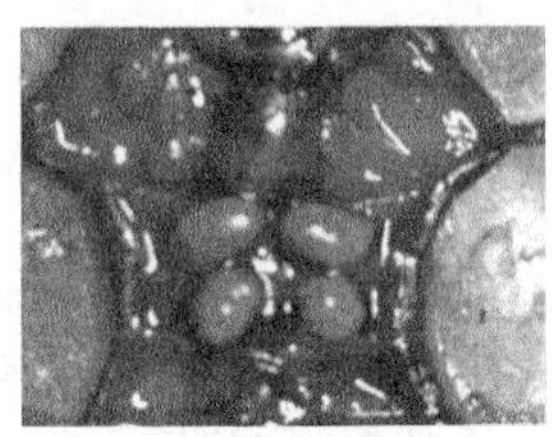

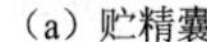
(a) 贮精囊

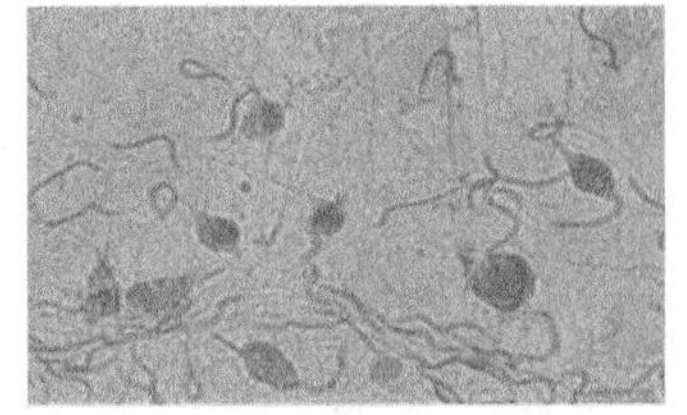
(b) 受损精细胞（200mg/kg 处理组，96d）

图 4-25　威廉腔环蚓贮精囊和 p353-NP 暴露对精细胞的损伤

表 4-22　精子畸形分类

畸形类别	显微形态
顶端成环	
胖头	
尾折叠、消失	

表 4-22 显示，在 p353-NP 暴露下蚯蚓精细胞出现顶端成环、胖头、尾部折叠或消失等异常形态。

土壤 p353-NP 不同浓度处理组中威廉腔环蚓精细胞畸形率试验结果见图 4-26。在长达 96d 的试验期内，定期采集空白对照组蚯蚓精子，镜检显示，精细胞形态未见显著异常，精细胞畸形率<1.5%。暴露 7～14d 期间，低含量处理组（81.92mg/kg、102.4mg/kg）蚯蚓精细胞畸形率与对照组相比无显著差异（P>0.05），而高含量处理组（>102.4mg/kg）精细胞畸形率显著高于空白对照组（P<0.05）。随着暴露时间的延长，在暴露第 28 天时，土壤较低含量（81.92mg/kg、102.4mg/kg）p353-NP 处理组中蚯蚓畸形精子增加，显著高于空白对照组（P<0.05）；暴露时间延长到 56～96d 时，处理组蚯蚓精细胞畸形率显著增加，较高含量处理组（128mg/kg、160mg/kg、200mg/kg）极显著高于对照组。以上结果显示，土壤 p353-NP 暴露导致蚯蚓精细胞畸形，畸形率受暴露浓度和暴露时间两个因素的影响。

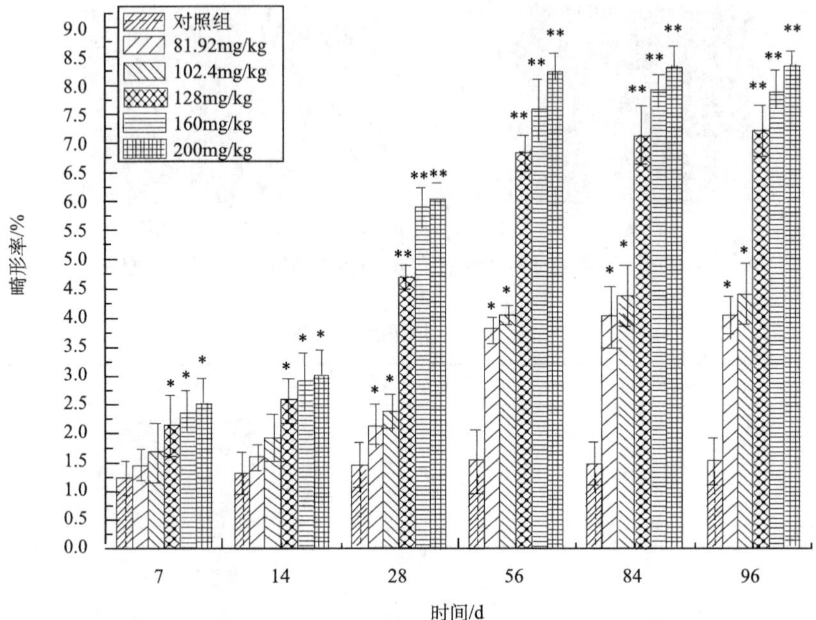

图 4-26　土壤 p353-NP 暴露对蚯蚓精子形态的影响

同一采样时间*表示处理组与空白对照相比在 0.05 水平（双侧）差异显著；
**表示在 0.01 水平（双侧）上差异显著

表 4-23 表明，土壤 p353-NP 暴露浓度和暴露时间及两者的交互作用对蚯蚓精细胞畸形率有显著影响（$P<0.01$）。不同暴露时间下，土壤 p353-NP 含量与蚯蚓精细胞畸形率间的相关性分析结果（表 4-24）显示，土壤 p353-NP 含量与蚯蚓精细胞畸形率呈显著正相关关系（$P<0.01$）。

表 4-23　土壤 p353-NP 暴露浓度和暴露时间对威廉腔环蚓精细胞畸形率影响分析

项目	暴露浓度			暴露时间			暴露浓度×暴露时间		
	自由度	*F* 值	*P* 值	自由度	*F* 值	*P* 值	自由度	*F* 值	*P* 值
畸形率	4	57.88	<0.001**	5	29.63	<0.001**	20	32.16	<0.001**

**表示 $P<0.01$。

表 4-24　威廉腔环蚓 p353-NP 含量与精细胞畸形率的相关性分析

项目	不同暴露时间的相关系数					
	7d	14d	28d	56d	84d	96d
畸形率	0.86**	0.87**	0.89**	0.90**	0.91*	0.92**

*表示 $P<0.05$，**表示 $P<0.01$。

2）土壤 p353-NP 暴露对威廉腔环蚓精细胞 DNA 的损伤

图 4-27（a）为正常细胞呈无拖尾的椭圆形荧光图像。随着 DNA 损伤的加重，彗星尾部逐渐变长，头部变小，呈现出“头小尾长”的DNA损伤图像[图4-27(b)、(c)]。p353-NP 暴露 96d 后，蚯蚓精细胞 TDNA%均<40%，最高损伤级别为中度损伤级别。空白对照组和处理组蚯蚓精细胞尾部 DNA 含量、尾矩（TM)、Olive 尾矩（OTM）的试验结果见表 4-25～表 4-27。

（a）C0 细胞　（b）C1 细胞　（c）C2 细胞

图 4-27　土壤 p353-NP 暴露下威廉腔环蚓精细胞 DNA 的电泳图像

表 4-25　土壤 p353-NP 暴露对蚯蚓精细胞尾部 DNA 含量的影响　（单位：%）

浓度	暴露时间					
/（mg/kg）	7d	14d	28d	56d	84d	96d
0	1.05±0.08eF	1.15±0.10eE	1.23±0.04eD	1.20±0.02fC	1.09±0.05fB	1.10±0.09fA
81.92	1.17±0.13deA	1.37±0.11dA	2.40±0.12dA	5.21±0.03eA	6.36±0.12eA	6.72±0.39eA
102.4	1.26±0.10dE	1.42±0.08dE	2.79±0.11dD	5.68±0.16dC	6.74±0.04dB	7.26±0.32dA
128	3.13±0.04cE	4.03±0.12cE	5.94±0.14cD	7.27±0.13cC	8.12±0.06cB	9.26±0.15cA
160	4.19±0.09bF	4.61±0.07bE	6.61±0.07bD	8.38±0.09bC	9.66±0.14bB	10.13±0.05bA
200	5.26±0.04aD	5.66±0.09aD	7.26±0.09aC	9.11±0.10aB	11.04±0.04aA	11.23±0.06aA

注：不同小写字母表示相同暴露时间不同浓度处理组精细胞尾部 DNA 含量差异显著（P<0.05）；不同大写字母表示相同暴露浓度不同暴露时间处理组精细胞尾部 DNA 含量差异显著（P<0.05）。

暴露 7～14d 内，较低浓度组（81.92mg/kg 和 102.4mg/kg）蚯蚓精细胞尾部 DNA 含量与对照组间无显著差异（P>0.05)，较高浓度组（128mg/kg、160mg/kg 和 200mg/kg）蚯蚓精细胞尾部 DNA 含量与对照组间差异显著（P<0.05)，说明蚯蚓精细胞对浓度≥128mg/kg 的 p353-NP 暴露较敏感；28～96d 内，各含量处理组（81.92mg/kg、102.4mg/kg、128mg/kg、160mg/kg 和 200mg/kg）蚯蚓精细胞尾部 DNA 含量与对照组间均有显著差异（P<0.05)，表明浓度≥81.92mg/kg 的 p353-NP 暴露对蚯蚓精细胞的影响随暴露浓度和暴露时间的增加而不断增大。

不同 p353-NP 含量处理组蚯蚓精细胞 DNA 尾矩（tail moment, TM）的试验结果见表 4-26。对不同 p353-NP 含量处理组蚯蚓精细胞尾矩进行多重比较分析可得：暴露 7d 时，81.92mg/kg 处理组蚯蚓精细胞尾矩与对照组间无显著差异

（$P>0.05$），其他处理组（102.4mg/kg、128mg/kg、160mg/kg 和 200mg/kg）蚯蚓精细胞尾矩与对照组间差异显著（$P<0.05$），说明蚯蚓精细胞尾矩在 p353-NP 含量≥102.4mg/kg 下暴露短时间内就较敏感，可考虑将精细胞尾矩作为 p353-NP 污染的早期预警指标。暴露 28～96d 内，较低浓度处理组（81.92mg/kg、102.4mg/kg）与对照组间差异显著（$P<0.05$），与较高浓度处理组（128mg/kg、160mg/kg 和 200mg/kg）也存在显著差异（$P<0.05$），表明蚯蚓精细胞损伤受暴露浓度的影响。

表 4-26　土壤 p353-NP 暴露对威廉腔环蚓精细胞尾矩（TM）值的影响

浓度 / （mg/kg）	暴露时间					
	7d	14d	28d	56d	84d	96d
0	0.04±0.01cA	0.06±0.02bA	0.11±0.04dA	0.14±0.01cA	0.18±0.02dA	0.17±0.05cA
81.92	0.08±0.01bC	0.12±0.11bB	0.41±0.01cB	0.57±0.02bA	0.71±0.03cA	0.80±0.01bA
102.4	0.12±0.03bC	0.18±0.08bB	0.52±0.11bA	0.69±0.16bA	0.79±0.04bA	0.86±0.32bA
128	0.42±0.14aD	0.61±0.12aC	0.89±0.14aB	1.26±0.13aA	1.58±0.16aA	1.63±0.15aA
160	0.56±0.12aD	0.82±0.17aC	0.99±0.17aB	1.35±0.19aA	1.66±0.14aA	1.71±0.15aA
200	0.67±0.23aC	0.95±0.19aB	1.06±0.19aB	1.41±0.16aA	1.72±0.24aA	1.79±0.16aA

注：不同小写字母表示相同暴露时间不同浓度处理组精细胞尾矩差异显著（$P<0.05$）；不同大写字母表示相同暴露浓度不同暴露时间处理组精细胞尾矩差异显著（$P<0.05$）。

对不同 p353-NP 含量处理组蚯蚓精细胞 Olive 尾矩（OTM）进行多重比较分析可得：暴露 7～14d 内，较低浓度组（81.92mg/kg 和 102.4mg/kg）蚯蚓精细胞 Olive 尾矩与对照组间无显著差异（$P>0.05$），较高浓度组（128mg/kg、160mg/kg 和 200mg/kg）蚯蚓精细胞 Olive 尾矩与对照组间差异显著（$P<0.05$），说明蚯蚓精细胞对浓度≥128mg/kg 的 p353-NP 暴露较敏感；28～96d 内，各含量处理组（81.92mg/kg、102.4mg/kg、128mg/kg、160mg/kg 和 200mg/kg）蚯蚓精细胞 Olive

表 4-27　土壤 p353-NP 暴露对威廉腔环蚓精细胞 Olive 尾矩（OTM）的影响

浓度 / （mg/kg）	暴露时间					
	7d	14d	28d	56d	84d	96d
0	0.17±0.06bB	0.27±0.02bA	0.33±0.12cA	0.39±0.09dA	0.48±0.11dA	0.65±0.13dA
81.92	0.26±0.12bE	0.36±0.11bD	0.81±0.21bC	1.17±0.16cB	1.41±0.13cA	1.59±0.21cA
102.4	0.34±0.24bD	0.48±0.18bD	0.92±0.11bC	1.29±0.16cB	1.59±0.24cA	1.66±0.32cA
128	0.88±0.12aE	1.11±0.12aD	1.59±0.14aC	1.86±0.13bB	2.41±0.15bA	2.59±0.15bA
160	0.90±0.11aE	1.32±0.27aD	1.69±0.17aC	2.35±0.29aB	2.66±0.14bA	2.71±0.15bA
200	1.03±0.21aD	1.55±0.19aC	1.86±0.19aC	2.71±0.10aB	3.12±0.14aA	3.19±0.16aA

注：不同小写字母表示相同暴露时间不同浓度处理组精细胞 Olive 尾矩差异显著（$P<0.05$）；不同大写字母表示相同暴露浓度不同暴露时间处理组精细胞 Olive 尾矩差异显著（$P<0.05$）。

尾矩与对照组间均有显著差异（$P<0.05$），表明浓度≥81.92mg/kg 的 p353-NP 暴露对蚯蚓精细胞的影响随暴露浓度和暴露时间不断增大。

将 DNA 含量按 5%或 10%一个等级进行分类，不同时间暴露后精细胞尾部 DNA 含量分布见图 4-28～图 4-33。由图 4-28～图 4-33 可知，随着暴露时间的增加，

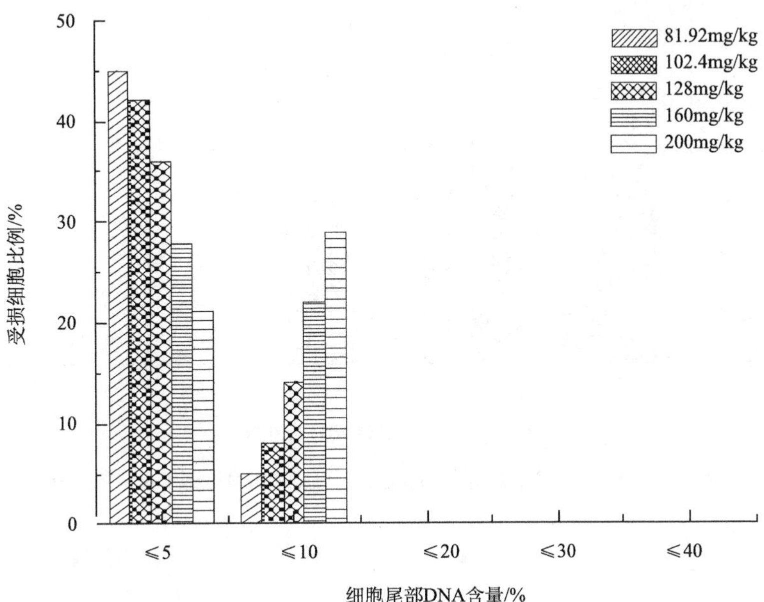

图 4-28　土壤 p353-NP 暴露 7d 威廉腔环蚓精细胞尾部 DNA 含量分布

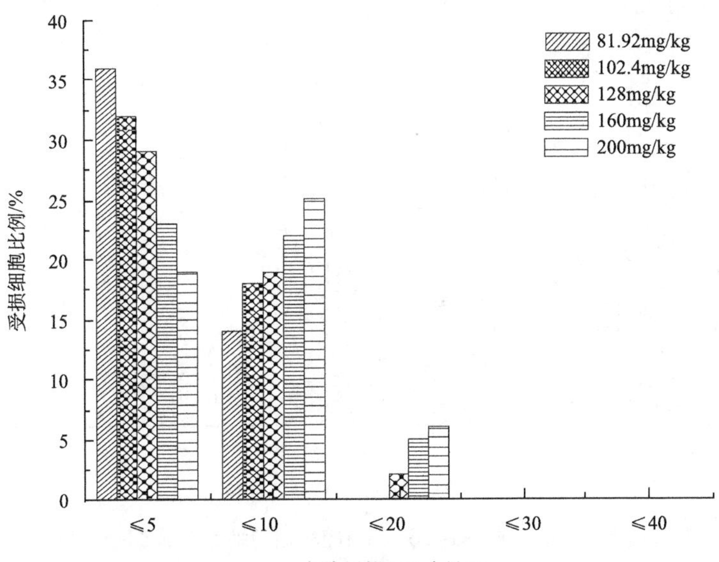

图 4-29　土壤 p353-NP 暴露 14d 威廉腔环蚓精细胞尾部 DNA 含量分布

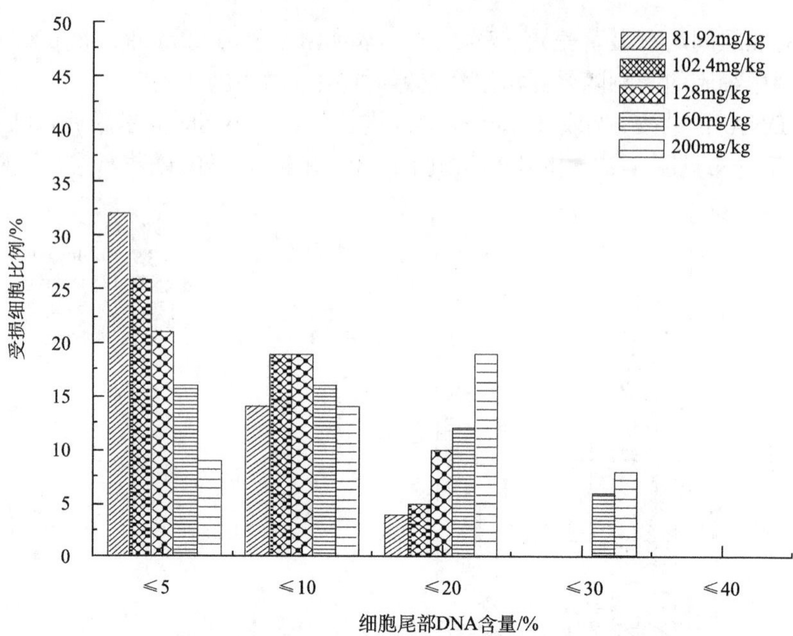

图 4-30　土壤 p353-NP 暴露 28d 威廉腔环蚓精细胞尾部 DNA 含量分布

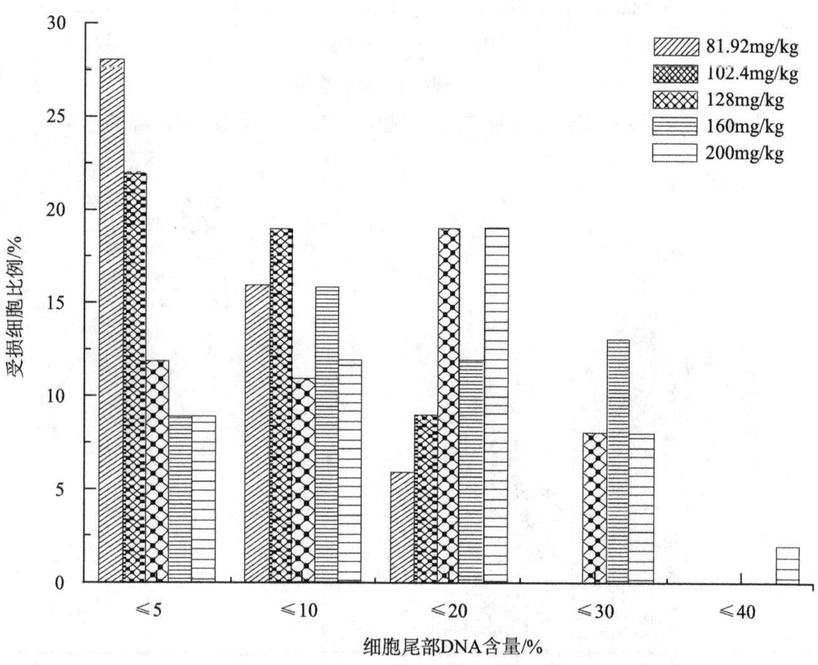

图 4-31　土壤 p353-NP 暴露 56d 威廉腔环蚓精细胞尾部 DNA 含量分布

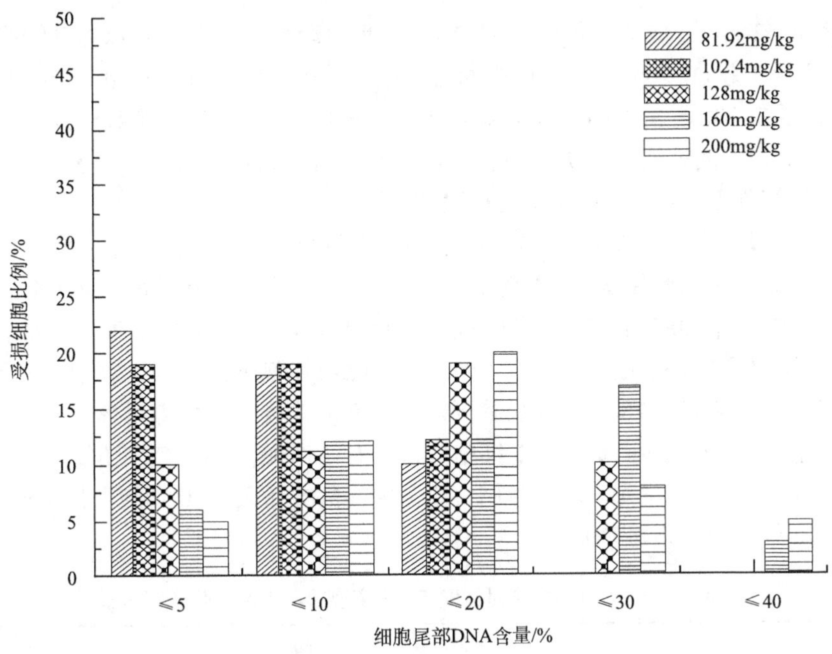

图 4-32　土壤 p353-NP 暴露 84d 威廉腔环蚓精细胞尾部 DNA 含量分布

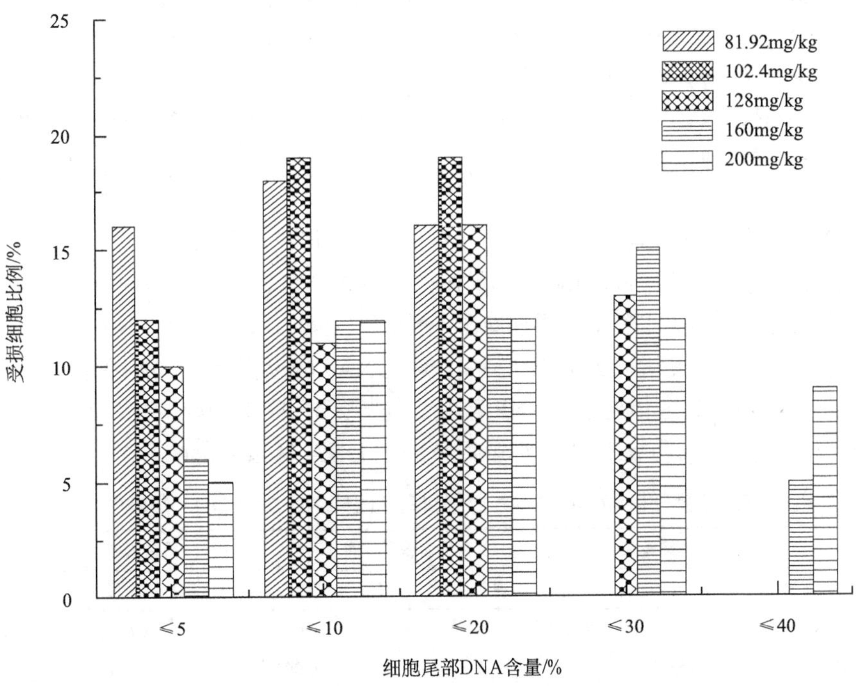

图 4-33　土壤 p353-NP 暴露 96d 威廉腔环蚓精细胞尾部 DNA 含量分布

各浓度 p353-NP 造成的精细胞尾部 DNA 含量逐渐增加。在 14d 以内精细胞尾部 DNA 含量不超过 20%，受损细胞约占细胞总数的 30%。14～96d，精细胞尾部 DNA 含量在 20%～30%的细胞数明显增加，96d 时中度损伤细胞数达到细胞总数的 40%左右。试验结果表明，随着暴露浓度的增加和暴露时间的延长，p353-NP 诱导的精细胞 DNA 损伤均有不同程度的增强。

3）土壤中不同浓度 p353-NP 暴露对蚯蚓精细胞 DNA 损伤分析

根据蚯蚓精细胞尾部 DNA 含量，表 4-28 总结了不同浓度处理组在不同暴露时间下，蚯蚓精细胞的 DNA 损伤程度。结果显示，土壤 p353-NP 对蚯蚓精细胞 DNA 损伤程度在 C0、C1 和 C2 三个级别。对照组细胞尾部 DNA 含量均小于 5%，表中未列出。从表 4-28 可以明显看到，同一暴露浓度下，随着暴露时间的延长，C0 细胞数目逐渐减少，C1、C2 细胞数目均有所增加；C1、C2 的峰值出现在暴露的第 84～96 天。在同一暴露时间，随暴露剂量的加大，C0 细胞数目逐渐减少，C1 和 C2 细胞数目逐渐增加。

表 4-28　p353-NP 暴露对威廉腔环蚓精细胞 DNA 损伤等级统计

浓度/(mg/kg)	7d			14d			28d			56d			84d			96d		
	C0	C1	C2	C0	C1	C2	C0	C1	C2	C0	C1	C2	C0	C1	C2	C0	C1	C2
81.92	45	5	0	36	14	0	32	18	0	28	22	0	22	28	0	16	34	0
102.4	42	8	0	32	18	0	26	24	0	22	28	0	19	31	0	12	38	0
128	36	14	0	29	21	0	21	19	0	12	30	8	10	30	10	10	27	13
160	28	22	0	23	27	0	16	28	6	9	28	13	6	24	20	6	24	20
200	21	29	0	19	31	0	9	33	8	9	31	10	5	32	13	5	24	21

4）蚯蚓体内 p353-NP 富集量与精细胞 DNA 损伤相关性分析

表 4-29 表明，威廉腔环蚓对土壤中 p353-NP 的富集量和暴露时间及两者的交互作用对蚯蚓精细胞 DNA 的损伤有显著影响（P<0.01）。不同暴露时间下，蚯蚓体内 p353-NP 富集量与蚯蚓体内精细胞 DNA 响应指标间的相关性分析结果（表 4-30）显示，蚯蚓体内 p353-NP 富集量与蚯蚓精细胞 DNA 响应指标间显著正相关（P<0.01），表明 p353-NP 对蚯蚓精细胞 DNA 有显著影响。

表 4-29　威廉腔环蚓体内 p353-NP 含量和暴露时间对精细胞 DNA 影响的方差分析

项目	暴露浓度			暴露时间			暴露浓度×暴露时间		
	自由度	F 值	P 值	自由度	F 值	P 值	自由度	F 值	P 值
TDNA%	4	120.736	<0.001**	5	35.251	<0.001**	20	67.352	<0.001**
TM	4	157.304	<0.001**	5	7.853	<0.001**	20	97.009	<0.001**
OTM	4	181.087	<0.001**	5	17.356	<0.001**	20	58.495	<0.001**

**表示 P<0.01。

表 4-30　威廉腔环蚓体内 p353-NP 含量与精细胞 DNA 响应指标间相关性分析

项目	暴露时间					
	7d	14d	28d	56d	84d	96d
TDNA%	0.995**	0.985**	0.999**	0.987**	0.915*	0.970**
TM	0.990**	0.987**	0.999**	0.993**	0.999**	0.999**
OTM	0.946*	0.993**	0.999**	0.974**	0.974**	0.978**

*表示 $P<0.05$，**表示 $P<0.01$。

本小节结合 p353-NP 在蚯蚓体内的富集量，探讨了土壤 p353-NP 污染对蚯蚓精细胞 DNA 的损伤。研究结果发现，在 p353-NP 浓度≤102.4mg/kg 暴露 14d 时彗星参数与对照组无显著差异（$P>0.05$），由富集数据可知此时蚯蚓体内 p353-NP 的富集量为3.26mg/g(湿重)；高浓度暴露条件下，7d时蚯蚓体内富集量为2.41mg/g（湿重），小于 3.26mg/g（湿重），却表现出与对照组间的显著差异（$P<0.05$），这可能与高浓度组 p353-NP 生物有效态含量较高有关。由 p353-NP 在蚯蚓体内的蓄积规律可知，p353-NP 在蚯蚓体内的存在形态分为可提取态和结合残留态，其中可提取态含量的高低可用来表征 p353-NP 生物有效态含量的高低，而谢显传和王冬生（2005）指出结合残留态的形成可看作缓解污染物环境毒性的一种方式。

随着暴露时间的延长，蚯蚓对土壤中 p353-NP 的富集量不断增加，各浓度组与对照组间差异显著（$P<0.05$），相关性分析结果显示富集量与 DNA 损伤程度之间存在显著的正相关关系，说明 p353-NP 对蚯蚓 DNA 的损伤是蚯蚓体内 p353-NP 逐步累积产生的生物效应。

4.2.5　NP 异构体对威廉腔环蚓繁殖能力的影响

研究发现，受 NP 污染土壤降低了蚯蚓 *Dendrobaena octaedra* 的产茧率，显著抑制幼蚓生长。然而，*Dendrobaena octaedra* 是单性蚯蚓，与两性蚯蚓在繁殖方式上有显著不同。一方面，两性蚯蚓的种类和生物量要远远多于单性蚯蚓，因此研究 NP 对两性蚯蚓繁殖能力的影响，对保护蚯蚓物种具有重要价值。另一方面，NP 是由雌激素效应不同的同分异构体组成的混合物，最常见的主要有直链对位、直链邻位和支链对位 3 种异构体形式。研究发现，不同的 NP 异构体理化特性相近，但生物效应显著不同，p353-NP、p363-NP 和 p33-NP 具有较高的雌激素活性，而 p262-NP、p22-NP 的雌激素活性则较低。因此，研究不同 NP 异构体的生物毒性对识别和评价不同来源工业 NP 的生态风险具有重要意义。

本小节选用两种典型 NP 异构体单体——直链对位 4-NP 和支链对位 p353-NP 作为受试化合物，以大型食土蚯蚓威廉腔环蚓作为受试生物，对比说明两种 NP 异构体单体暴露下对蚯蚓存活、生长和繁殖能力影响的差异性，从而为 NP 异构体单体的土壤生态风险评价提供基础数据。

1. 材料与方法

1）材料

试验蚯蚓、试验土壤及供试化合物信息详见 4.2.2 节中相应部分。

2）方法

（1）蚯蚓急性毒性试验方法。

参照《化学品 蚯蚓急性毒性试验》（GB/T 21809—2008），土壤选用自然土壤。预试验结果显示，p353-NP 和 4-NP 对蚯蚓的急性浓度范围均为 100～1000mg/kg。p353-NP 和 4-NP 均设置 6 个浓度梯度，分别为 100mg/kg、150mg/kg、225mg/kg、337.5mg/kg、506.25mg/kg、759.375mg/kg。将 p353-NP、4-NP 用丙酮溶解后拌于 200g 试验土壤中，待丙酮完全挥发后再与 400g 土壤混匀，加入 159.49mL 去离子水，将土壤含水量调节为土壤田间最大持水量的 60%。挑选 6 条经过预养的蚯蚓放入标本缸中，最后用双层纱布封口。将标本缸置于人工气候箱中，在温度为（20±2）℃、湿度为 70%～75%、24h 黑暗条件下培养。

（2）蚯蚓繁殖试验方法。

在急性试验的基础上，进行亚急性暴露试验。由急性试验可得，p353-NP 暴露下蚯蚓的半致死剂量（LC_{50}）为 474.32mg/kg；4-NP 暴露下蚯蚓的 LC_{50} 为 488.03mg/kg。根据亚急性毒性试验浓度确定方法，同时考虑使 p353-NP 和 4-NP 对比鲜明的原则，研究对 p353-NP 和 4-NP 确定了 5 个相同的亚致死浓度，并设置空白对照。试验在标本缸中进行，每个浓度设置 6 个标本缸，其中 1～3 号标本缸用于测定亚急性暴露对蚯蚓生长率的影响，4～6 号标本缸用于测定亚急性暴露对蚯蚓繁殖力的影响。

暴露方法：分别取 49.15μL、61.44μL、76.8μL、96μL、120μL 的 p353-NP 和 4-NP 丙酮溶解后加入 600.0g 土壤中，搅拌混匀，使土壤中 p353-NP 和 4-NP 含量分别为 81.92mg/kg、102.4mg/kg、128mg/kg、160mg/kg、200mg/kg。放置 24h 待丙酮挥发后，加入 159.49mL 去离子水，将土壤含水量调节为土壤田间最大持水量的 60%。随机挑选 6 条清肠处理后的蚯蚓放入对照组和各处理组中，用双层纱布封口。将对照组和各处理组置于人工气候箱中，在温度为（20±2）℃、湿度为 70%～75%、24h 黑暗条件下培养，每隔 15d 给予 15g 磨碎的蔬菜作为饵料。暴露后第 0、7、14、28、56、84、96 天时从对照组和各处理组平行中分别取出一条蚯蚓。

（3）土壤 p353-NP、4-NP 暴露对蚯蚓生长抑制率试验。

测量在暴露试验的第 0、7、14、28、56、84、96 天时的体重，与其在实验开始时的体重进行比较，利用下列方程计算其生长抑制率：

$$GI_c = \frac{W_0 - W_t}{W_0} \times 100\%$$

式中，c 是 p353-NP 和 4-NP 的浓度，mg/kg；GI_c 是 c 含量处理组蚯蚓的生长抑制率，%；W_0 是实验开始时蚯蚓的体重，g；W_t 是第 t 天时蚯蚓的体重，g。

（4）土壤 p353-NP、4-NP 暴露对蚯蚓繁殖抑制率试验。

参照 OECD《化学品蚯蚓繁殖试验》，暴露方法同前，在暴露 28d 时观察并计数活着的蚯蚓成虫数，记录任何非正常的行为（如不再具有钻入土中的能力或躺着不动等），然后移除所有成虫，并计数称重，挑出的成虫要先用去离子水清洗，然后吸去多余水分再称重。土壤从容器中倒出并挑出成虫后，再重新放回容器中，将容器放到初始温度为 40℃的水浴中，然后升温到 60℃，15～20min 后在体视镜下挑出幼虫并计数，之后将容器于相同条件下再培养 4 周。试验结束后计算子代数。

（5）数据分析。

利用概率回归方法根据蚯蚓的死亡率计算蚯蚓的半致死剂量（LC_{50}）。对于蚯蚓的生长抑制率数据和繁殖数据的统计分析均采用 SPSS 22.0 和 OriginPro 8.0 软件完成，其中计算繁殖力需要每个处理和每个时间的算术平均值和标准差。单因素 ANOVA 进行组间最小显著性差异（LSD）比较分析；分析暴露浓度、暴露时间与生长抑制率的相关性（正相关分析），在相关分析的基础上判定两个影响因素的交互性影响。

2. 结果与分析

1）土壤 p353-NP、4-NP 暴露对威廉腔环蚓的急性毒性

蚯蚓暴露于经不同浓度的 p353-NP 和 4-NP 染毒处理的自然土壤中 14d 后的死亡率如图 4-34 所示。采用 LC_{50} 来表征两种 NP 异构体单体对蚯蚓存活的影响，

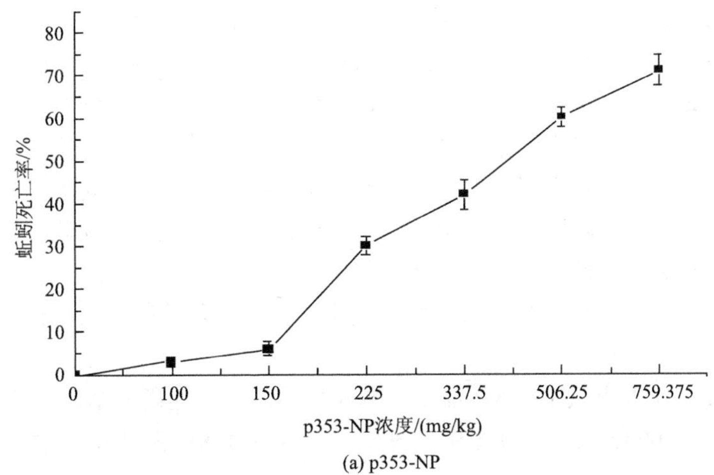

(a) p353-NP

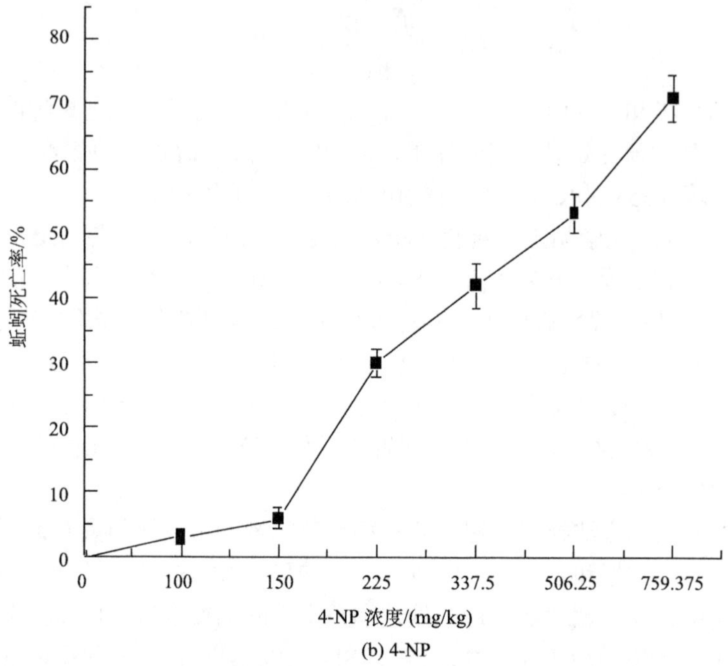

(b) 4-NP

图 4-34　土壤 p353-NP 和 4-NP 暴露对威廉腔环蚓死亡率的影响

对蚯蚓死亡率数据进行概率回归分析之后得出：p353-NP 暴露下蚯蚓的 14d LC_{50} 为 474.32mg/kg；4-NP 暴露下蚯蚓的 14d LC_{50} 为 488.03mg/kg。在对实验结果进行最小差异法比较之后发现，p353-NP 和 4-NP 在急性毒性浓度范围内对蚯蚓活性的影响上无显著差异（$P>0.05$）。

2）土壤 p353-NP、4-NP 暴露对威廉腔环蚓生长的影响

图 4-35（a）为土壤中 p353-NP 暴露对威廉腔环蚓生长的影响结果。在暴露期间，空白对照组处理的蚯蚓体重与试验开始时相比都有所增加，生长未受到抑制，抑制率为负值。结果显示，除 81.92mg/kg 处理组，在暴露 7d 时蚯蚓体重增加外，102.4mg/kg、128mg/kg、160mg/kg、200mg/kg 处理组蚯蚓体重均下降，随着暴露时间的延长，81.92mg/kg 处理组蚯蚓体重也开始降低；暴露 14～96d，所有处理组蚯蚓体重均持续降低，土壤 p353-NP 不同浓度处理组间蚯蚓生长抑制率存在显著差异，较高浓度（128mg/kg、160mg/kg、200mg/kg）处理组中蚯蚓的生长抑制率显著高于较低浓度（81.92mg/kg、102.4mg/kg）处理组（$P<0.05$）。以上结果显示，土壤中 p353-NP 对威廉腔环蚓生长具有显著抑制作用，抑制程度与暴露浓度和暴露时间有关。

图 4-35（b）为土壤中 4-NP 暴露对威廉腔环蚓生长的影响结果。在暴露期间，最低浓度（81.92mg/kg）处理组中蚯蚓生长未受到 4-NP 的抑制，土壤 4-NP 对威

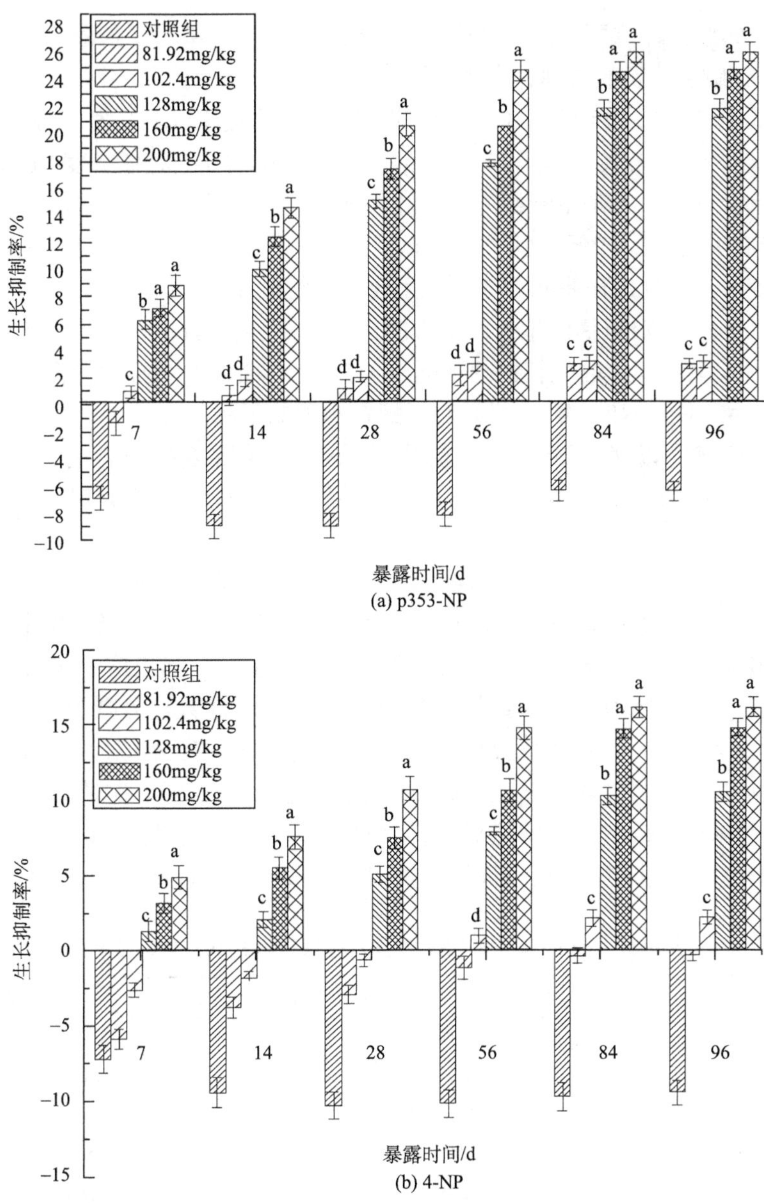

图 4-35　土壤 p353-NP 和 4-NP 暴露对威廉腔环蚓生长抑制率的影响

不同小写字母代表组间差异显著

廉腔环蚓生长抑制的最低无效应浓度（NOEC）为 81.92mg/kg。暴露前 28d，土壤 4-NP 浓度为 102.4mg/kg 时，蚯蚓生长也未受到抑制，但当暴露时间延长到 56～96d 时，102.4mg/kg 处理组中蚯蚓生长受到抑制，但生长抑制率显著低于较高浓度（128mg/kg、160mg/kg、200mg/kg）处理组。当土壤 4-NP 浓度≥128mg/kg

时，暴露 7d 蚯蚓体重即下降，生长受到抑制，生长抑制率与暴露浓度有关，暴露浓度越大对蚯蚓生长的抑制程度越高。

土壤中不同浓度的 p353-NP 对蚯蚓生长的抑制率为–1.3%（7d，81.92mg/kg）～26.21%（96d，200mg/kg），只有在 p353-NP 较低浓度 81.92mg/kg、暴露时间为 7d 时，处理组蚯蚓的体重才增加。但土壤中不同浓度的 4-NP 对蚯蚓生长的影响表现为：较低浓度（81.92mg/kg）时蚯蚓生长不受抑制，暴露浓度增加到 102.4mg/kg 时，在暴露 28d 内也不会抑制蚯蚓生长，只有当土壤 4-NP 浓度≥128mg/kg 时，才对蚯蚓的生长产生抑制作用。综上所述，NP 两种异构体 p353-NP 和 4-NP 对威廉腔环蚓的生长抑制不同，p353-NP 对蚯蚓生长抑制能力高于 4-NP。

3）土壤 p353-NP、4-NP 暴露对蚯蚓繁殖力的影响

蚯蚓繁殖力以子代蚯蚓产生的数量表示。受试成蚓在含有不同浓度的 p353-NP、4-NP 土壤中分别暴露 28d，然后将成蚓取出，土壤继续培养 28d 后，计算幼蚓孵化数。

表 4-31 为土壤不同浓度 p353-NP 和 4-NP 暴露对幼蚓数的影响。表 4-31 数据显示，土壤中 p353-NP 和 4-NP 暴露均对蚯蚓繁殖具有抑制作用。当土壤中 p353-NP 浓度≤102.4mg/kg 时，幼蚓数与空白对照组无显著差异，当土壤中 p353-NP 浓度≥128mg/kg 时，处理组幼蚓数低于空白对照组，幼蚓数显著减少（ANOVA，F=9.245，P<0.05）。4-NP 对幼蚓数的影响结果与 p353-NP 相似，4-NP 对蚯蚓繁殖力的 NOEC 为 102.4mg/kg。Pearson 相关分析结果表明，在试验浓度范围内 p353-NP 的浓度与幼蚓数之间呈极显著负相关关系（相关系数 r=–0.846，P<0.01），4-NP 的浓度与幼蚓数之间也呈极显著负相关关系（相关系数 r=–0.884，P<0.01）。

表 4-31　p353-NP 和 4-NP 暴露对威廉腔环蚓幼蚓数的影响

浓度/（mg/kg）	p353-NP 组幼蚓数（均值±标准差）/头	4-NP 组幼蚓数（均值±标准差）/头
0	12.33±2.52a	13.00±1.73a
81.92	11.33±3.21a	11.67±2.89a
102.4	9.00±1.00a	9.67±0.58a
128	7.00±1.00b	7.67±0.58b
160	5.33±0.58bc	6.33±0.58c
200	4.67±0.58c	5.33±0.58d

注：不同字母表示壬基酚异构体不同暴露浓度处理组中幼蚓数差异显著（P<0.05），相同字母表示无显著差异。

NP 在土壤中的降解半衰期较长，对蚯蚓存活的急性毒性较低，但 NP 的生物累积却对蚯蚓的生长和繁殖产生显著影响。试验结果表明，p353-NP 和 4-NP 均可对蚯蚓产生毒害作用，具体表现为生长缓慢，繁殖能力下降。暴露浓度达到一定

水平，会导致蚯蚓死亡，引起蚯蚓种群数量下降，从而对土壤生态系统的平衡产生影响。

对比分析 p353-NP、4-NP 暴露对蚯蚓存活、生长及繁殖能力的影响发现，两种 NP 异构体单体对蚯蚓的存活及繁殖能力的影响无明显差异（$P>0.05$），蚯蚓对 p353-NP、4-NP 有一定的耐受范围，在该范围内可通过自身调节来适应外界环境。在对蚯蚓生长的影响上，低浓度（<81.92mg/kg）4-NP 处理组的蚯蚓表现出在整个试验周期内体重不断增加，而 p353-NP 处理组的蚯蚓仅在 7d 时体重有短暂增加，这种显著差异说明 p353-NP 在较低浓度就能抑制蚯蚓的正常生长，与 4-NP 相比有较高的生物有效态含量。

前文研究发现，p353-NP 引起蚯蚓雄性生殖器官（雄孔、精巢、贮精囊及前列腺）组织损伤，诱导精子细胞形态畸变，精细胞 DNA 损伤，显示 p353-NP 对蚯蚓繁殖力的抑制与其生殖器官的组织、生殖细胞损伤有关。

4.2.6　小结

本节通过对 NP_nEO 及其主要代谢物 4-NP、p353-NP 对蚯蚓的急慢性毒性试验，得出以下结果：①NP_nEO 污染人工土壤对蚯蚓的 SOD 活力有轻微抑制作用，对生物体其他活性酶指标抑制效果不明显。②威廉腔环蚓体内 ^{14}C-p353-NP 蓄积总量与土壤 ^{14}C-p353-NP 暴露浓度成正相关；p353-NP 暴露会导致蚯蚓雄孔、精巢、贮精囊、前列腺产生病变，以上组织病变可作为 NP 污染的生物标志。③蚯蚓雄孔病变频率和程度与暴露浓度有关，p353-NP 暴露量越高蚯蚓雄孔病变频率和程度越高；p353-NP 暴露导致威廉腔环蚓精细胞畸形，威廉腔环蚓对土壤中 p353-NP 的生物富集会损伤蚯蚓精细胞 DNA；土壤中 p353-NP 和 4-NP 暴露对蚯蚓的急性毒性较低且无显著差异，但两者均会抑制威廉腔环蚓的正常生长。

4.3　NP_nEO 对土壤微生物的生态毒性研究

土壤微生物在物质及能量循环中承担着重要的角色，在土壤修复、水体治理、固废处理和空气净化等领域均有巨大的应用潜力，它可以通过降解、共代谢等途径利用有机污染物为自身代谢提供 C 源、N 源、P 源和能源，从而达到降解土壤污染物、修复土壤的目的。NP_nEO 的结构式中含有壬基和乙氧基，可为微生物提供充足的 C 源和能源，但是土壤中的微生物种类不计其数，NP_nEO 在为微生物提供外源营养物质的同时会对其代谢活性、群落结构和多样性造成怎样的影响是非常值得关注的一个问题，同时，关于 NP_nEO 在土壤中的环境行为，只有一些研究关注了 NP_nEO 在污泥土壤中的降解动态，很少有关于其对土壤微生物群落影响的报道。

因此，本节利用 BIOLOG 技术、变性梯度凝胶电泳（DGGE）技术和国家标准酶活性测定方法等分别从生理水平、分子生物学水平和酶活性水平探索外源添加 NP_nEO 对土壤微生物群落的影响。

4.3.1　材料与方法

1. 材料

试验用土壤同 4.2.2 节中相应部分。

2. 方法

1）BIOLOG 分析

土壤微生物群落功能多样性测定采用 BIOLOG ECO 微平板法。定期采集处理组和对照组土样 10.0g 分别置于 100mL 灭菌三角瓶中，加入 90mL 0.85%生理盐水，将三角瓶置于恒温摇床中以 120r/min 速度振荡 20min，静置冰浴 2min。取上清液 20μL，用无菌水稀释上清液 1000 倍得到 1∶1000 的萃取液，用 8 道移液枪将萃取液以每孔 150μL 的量加入 ECO 板的 96 孔中（预先恢复到室温 25℃），将 ECO 板置于 28℃恒温培养箱中培养。于 0h、24h、48h、72h、96h、120h、144h、168h 取出 ECO 板，在微生物自动鉴定仪上于 590nm 和 750nm 处读取并记录吸光值。

2）PCR-DGGE 分析

使用 MPbio 公司的 FastDNA Spin Kit for Soil（Cat#：6560200，以下简写为 FastDNA）从 0.5g 土壤中提取总 DNA。使用引物 357F-GC（CGCCCGCCGCGCGCGGCGGGCGGGGCGGGGGCACGGGGGGCCTACGGGAGGCAGCAG）和 517R（ATTACCGCGGCTGCTGG）扩增细菌 16S rDNA V3 区。使用引物 NS1（GTAGTCATATGCTTGTCTC）和 GCFung（CGCCCGCCGCGCCCCGCGCCCGGCCCGCCGCCCCCGCCCCATTCCCCGTTACCCGTTG）扩增真菌 18S rDNA V3 区。细菌 16S rDNA 和真菌 18S rDNA PCR 反应都为 50 μL 体系：10×PCR 缓冲液 5μL，$MgCl_2$ 3.5μL（20mmol/L），dNTP1.5μL（10mmol/L），上下游引物各 1μL（10nmol/L），*Taq* DNA 聚合酶[天根生化科技（北京）有限公司]0.3μL（1.5U），DNA 模板 2μL（15ng），无菌超纯水 35.7μL。16S rDNA 扩增反应使用 touch-down PCR 程序：94℃预变性 4min；94℃变性 40s，58℃退火 1min 30s，6 个循环，72℃延伸 1min；94℃变性 40s，52℃退火 1min 30s，72℃延伸 2min，24 个循环；72℃延伸 8min。18S rDNA 扩增条件：94℃预变性 4min；94℃变性 30s，55℃退火 30s，72℃延伸 1min，30 个循环；72℃延伸 10min。PCR 产物凝胶电泳检测：5μL PCR 产物，1.0%（质量分数）琼脂糖，120 V，拍照（UVP BioImaging Systems；UVP,

Inc., Upland, CA, USA)。细菌 DGGE 使用 8%（质量分数）丙烯酰胺（37.5∶1）凝胶，变性梯度为 30%～60%[100%的变性剂溶液含 7mol/L 的尿素和 40%（体积分数）甲酰胺]；真菌 DGGE 使用 7%（质量分数）丙烯酰胺凝胶，变性梯度为 30%～55%。使用 CBS-DGGE 系统（CBS Scientific Co., Inc., Del Mar, CA, USA），电泳缓冲液为 1×TAE（40mmol/L Tris base, 40mmol/L glacial acid acetic, 1mmol/L EDTA），PCR 产物上样量为 500ng，60℃，120V，1h 30min，之后改为 100V，6h 30min。EB 染色 20min，拍照（UVP BioImaging Systems; UVP, Inc., Upland, CA, USA）。

DGGE 指纹图谱分析使用 GelCompar Ⅱ（Applied Maths, Sint-Martens-Latem, Belgium）软件。其中聚类分析使用 UPGMA（unweighted pair-group method with arithmetic averages）方法。用于计算群落生物多样性的指标有：①条带数量，为所在泳道的条带总数目；②Shannon 指数（H'），$H'=-\mathrm{SUM}(P_i \times \ln P_i)$；③Simpson 指数 $D=1-\mathrm{SUM}(P_i^2)$，式中 P_i 为单一条带的峰面积。

3）酶活性测定方法

蔗糖酶测定方法为 3, 5-二硝基水杨酸比色法，脲酶测定方法为靛酚蓝比色法，过氧化氢酶测定方法为高锰酸钾显色法，酸性磷酸酶的测定方法为磷酸苯二钠比色法。

4）碳转化和呼吸强度测定方法

碳转化实验依照中华人民共和国国家标准《化学品　土壤微生物　碳转化试验》(GB/T 27855—2011)，用 CO_2 吸收法测定微生物呼吸速率。试验中要设置空白对照处理组，以除去空气中 CO_2 的干扰。

5）氮转化测定方法

氮转化实验依照中华人民共和国国家标准《化学品　土壤微生物　氮转化试验》(GB/T 27854—2011)，并进行改进，具体操作如下：将每次取样所得土壤冷冻干燥后称取 5g，加 0.02mol/L KCl 溶液 25mL，放入超声波清洗机中超声 60min，取出后在高速冷冻离心机中以 10000r/min 离心 10min，取上清液 10mL，加入 HACH 专用比色皿中，采用镉还原法，将试剂粉枕包加入上清液中，将比色皿放入 HACH DR2800 便携式分光光度计中测定硝酸盐含量，步骤参照试剂粉枕包说明。

4.3.2　结果与分析

1. NP_nEO 对土壤微生物生理代谢水平的影响

在 BIOLOG ECO 试验中，以平均颜色变化率（average well color development, AWCD）反映土壤微生物群落对碳源的利用情况。图 4-36 是第 0、3、10、20、30 和 60 天时，不同浓度 NP_nEO 处理组中土壤微生物 AWCD 值的变化。

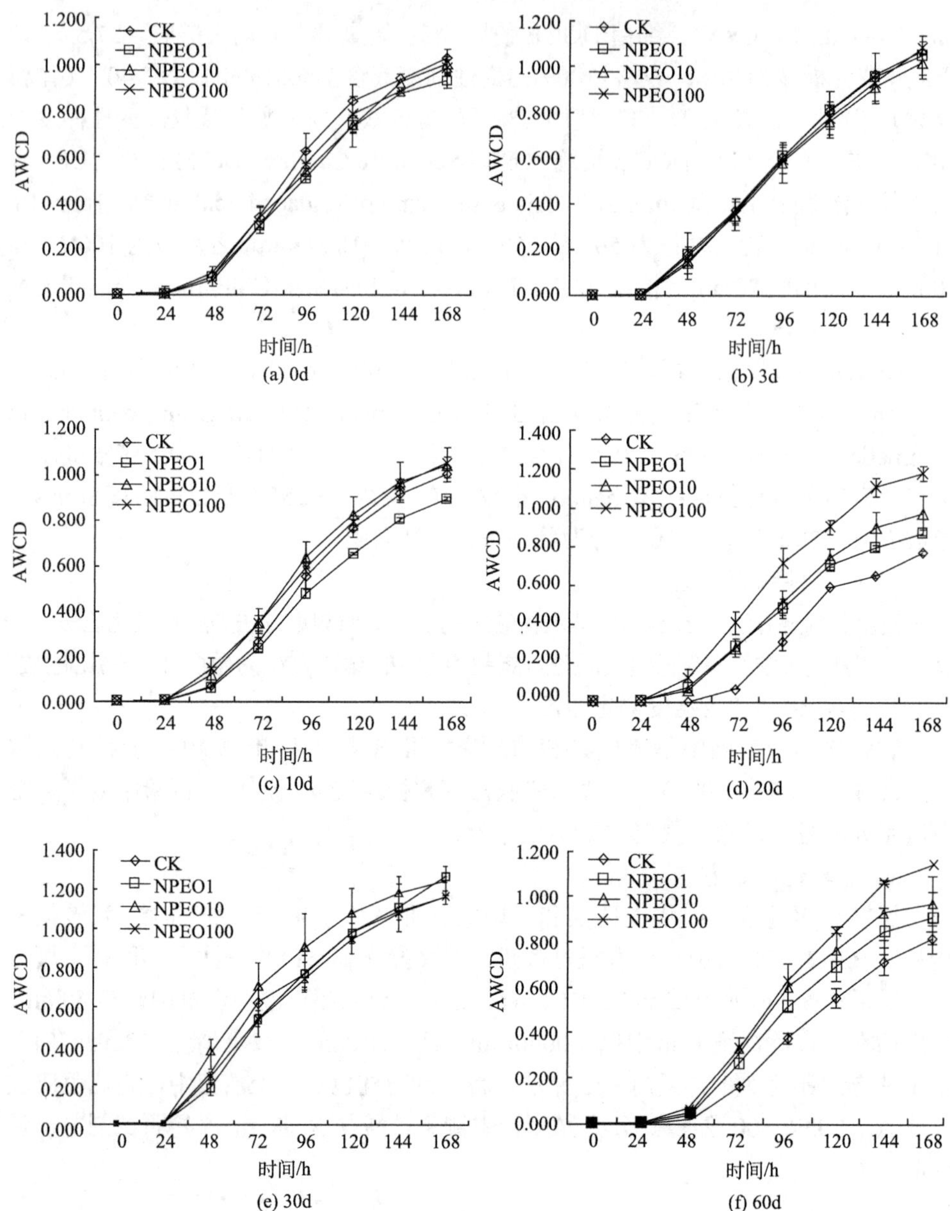

图 4-36　不同浓度 NP$_n$EO 处理组土壤微生物 AWCD 的动态变化

n=3，每一处理设置三个重复；NPEO1 指壬基酚一乙氧基醚；NPEO10 指壬基酚十乙氧基醚；NPEO100 指壬基酚百乙氧基醚

接种后 24h 内，NP$_n$EO 处理组及对照组的土壤微生物 AWCD 值变化均较小，表明土壤微生物对碳源的利用至少需要 24h 的响应时间。随着培养时间的延长，

NP_nEO 处理组的 AWCD 值增加，表明土壤微生物开始利用各种碳源。除 20d 和 60d 时各处理组 AWCD 值均高于对照外，其他取样时间不同浓度 NP_nEO 处理组的 AWCD 值均与对照组无差异。20d 和 60d 的 AWCD 值曲线具体表现为 NPEO100>NPEO10>NPEO1，说明高剂量处理组的土壤微生物碳源代谢能力强；30d 取样中，各处理组的 AWCD 值最高达到 1.25，比其他取样时间都高，说明 30d 时土壤微生物的碳源代谢活性最高。60d 取样时，各处理组中 AWCD 值较 30d 时有所降低，说明 NP_nEO 添加前期（<20d）对土壤微生物代谢活性没有抑制或促进作用，但随着 NP_nEO 在土壤中不断消减，处理组土壤微生物活性明显高于对照组（20d），至 30d 时各处理组的微生物碳源代谢活性达到最大。

为阐明 NP_nEO 作用下 AWCD 值变化的内在原因，对 96h 的碳源利用情况进行分析。ECO 板上的 31 种碳源根据化学性质的不同，可以分为糖类、酯类、氨基酸类、醇类、胺类和酸类。图 4-37 显示，在 NP_nEO 作用下，微生物对糖类的利用 AWCD 值仅有中剂量处理组在 0d 达到 0.8 左右，其他处理组的 AWCD 值均小于 0.4，所以与其他碳源的利用相比较，微生物对糖类的利用最弱，而对酯类的利用最强，酯类 AWCD 值均在 0.65～1.35。

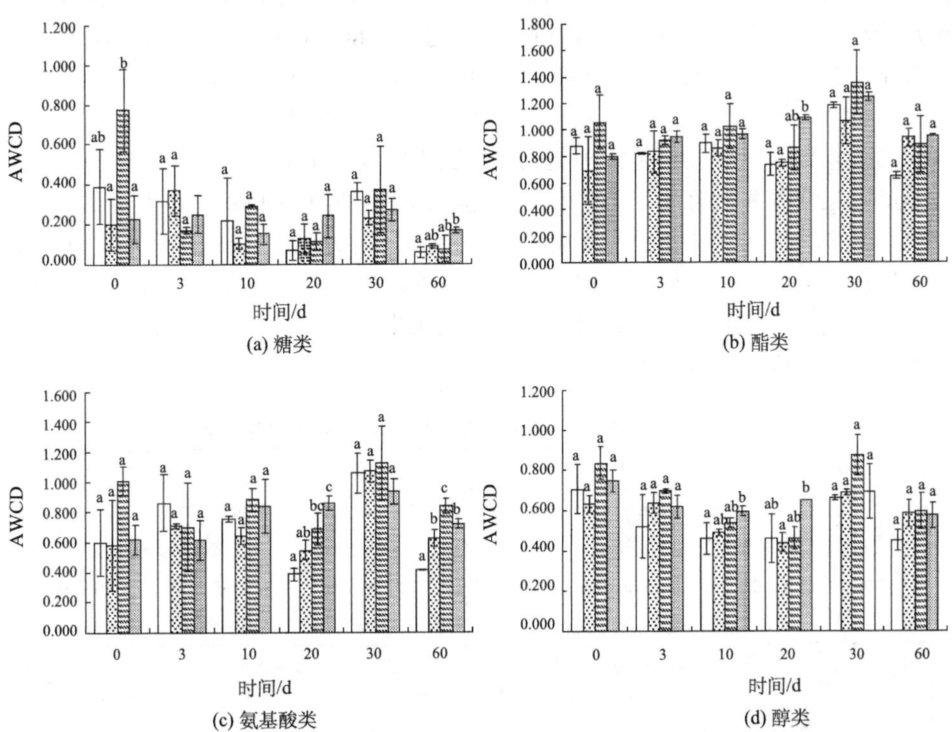

(a) 糖类　(b) 酯类

(c) 氨基酸类　(d) 醇类

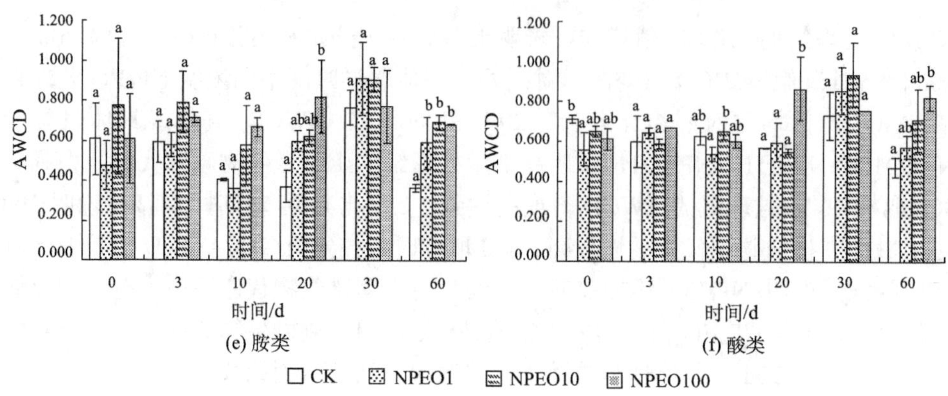

图 4-37　NP_nEO 污染土壤中微生物对不同种类碳源利用的动态变化

每一处理设置三个重复

BIOLOG 试验中以碳源利用能力表征土壤微生物群落结构的多样性，常用 Shannon、Simpson 和 McIntosh 指数表示，但不同指数对多样性的表达含义不同。

Shannon 指数（表 4-32）、Simpson 指数（表 4-33）和 McIntosh 指数（表 4-34）分析结果显示，20d 时中高剂量 NP_nEO 处理组的 Shannon、Simpson 和 McIntosh 指数均高于对照水平，显示土壤中 NP_nEO 剂量为 800mg/kg 和 8000mg/kg 时，可刺激土壤微生物的丰富度和优势种群的增加。在 0～10d，仅中高剂量处理组的 McIntosh 指数显著高于对照水平，且仅高剂量处理组在 30d 时显著抑制了 McIntosh 指数，显示高剂量处理组的土壤微生物常见优势种群均显著减少，但是在 60d 时又恢复并显著高于对照水平，说明土壤中外源添加 NP_nEO 时，土壤微生物群落的多样性和优势菌群在实验终期（60d 时）会增加。Banks 等（2014）的研究也证实，表面活性剂可以增加微生物生物量，与我们的结果是一致的。同时，NP_nEO 也是一种外源碳源，在降解过程中为微生物提供了充足的碳源。各剂量处理组微生物多样性显著增加也可能是这个原因。

表 4-32　土壤微生物群落多样性指数（Shannon 指数）变化

Shannon 指数	0d	3d	10d	20d	30d	60d
CK	3.181±0.076c	3.099±0.143bc	3.052±0.027abc	2.884±0.07ab	3.090±0.043bc	2.840±0.127a
NPEO1	3.078±0.037bc	3.138±0.065c	2.881±0.061a	2.979±0.006ab	3.091±0.076bc	2.923±0.031a
NPEO10	3.246±0.052c	3.035±0.068ab	3.070±0.029ab	2.994±0.070a*	3.162±0.063bc*	3.007±0.088ab*
NPEO100	3.138±0.004ab	3.084±0.112ab	3.039±0.016a	3.128±0.050ab*	3.202±0.005b*	3.131±0.016ab*

注：每一处理设置三个重复，不同字母代表独立的各处理组随时间变化的显著差异（$P<0.05$），同一字母表示没有显著差异；*代表同一取样时间各处理组与对照组的显著差异（$P<0.05$）；**代表同一取样时间各处理组与对照组的极显著差异（$P<0.01$）。下同。

表 4-33　土壤微生物群落多样性指数（Simpson 指数）变化

Simpson 指数	0d	3d	10d	20d	30d	60d
CK	0.953±0.004c	0.949±0.008c	0.946±0.002bc	0.933±0.003ab	0.946±0.003bc	0.929±0.008a
NPEO1	0.946±0.003bc	0.950±0.004c	0.933±0.006a	0.940±0.001abc	0.948±0.005bc	0.939±0.002ab
NPEO10	0.957±0.003b	0.945±0.006a	0.948±0.001ab	0.942±0.005a*	0.952±0.005ab*	0.944±0.006a*
NPEO100	0.951±0.001ab	0.948±0.007ab	0.945±0.002a	0.951±0.004ab*	0.954±0.000b*	0.952±0.000ab*

表 4-34　土壤微生物群落多样性指数（McIntosh 指数）变化

McIntosh 指数	0d	3d	10d	20d	30d	60d
CK	4.186±0.587b	4.190±0.637b	3.983±0.345ab	3.269±0.124ab	5.474±0.213c	3.082±0.011a
NPEO1	3.598±0.746a	4.210±0.084a	3.815±0.016a	3.653±0.326a*	5.412±0.398b	3.995±0.123a*
NPEO10	5.321±0.796ab*	4.228±0.422a	4.510±0.450a*	3.804±0.295a*	6.067±0.882b**	4.365±0.511a*
NPEO100	3.884±0.280a	4.216±0.158a	4.328±0.058ab*	4.916±0.310b**	4.902±0.347b*	4.289±0.060a*

以上研究表明，各剂量 NP_nEO 对土壤微生物多样性的影响为先减小后增大，说明两个月后 NP_nEO 无论剂量多少，对土壤微生物的影响都会消除。且 30d 时微生物碳源代谢能力最强，而多样性最低，说明一段时间内 NPEO 降解菌成为优势菌，各处理组微生物对糖类的利用也为最低。

2. NP_nEO 对土壤微生物分子生物学水平的影响

1）NP_nEO 对土壤细菌多样性的影响

DGGE 图谱（图 4-38）反映了外源添加 NP_nEO 时土壤细菌群落结构随时间的变化。图谱结果显示，10d、30d 和 60d 的土壤细菌群落结构相似性较高，与 0d 的相似性较低，且 60d 与 10d 和 30d 的相似性都较低。结果显示，NP_nEO 作用后土壤细菌群落结构发生了很大变化，尤其在实验终期显著改变了土壤细菌群落结构，即 NP_nEO 显著改变了土壤细菌群落结构。

由表 4-35 可见，不同剂量 NP_nEO 作用下，各处理组的条带数、Shannon 指数和 Simpson 指数均与对照处理组无显著差异，只有低剂量（80mg/kg）NP_nEO 较对照略高，说明 NP_nEO 不影响土壤细菌群落的多样性。

2）NP_nEO 对土壤真菌多样性的影响

DGGE 图谱（图 4-39）反映了外源添加 NP_nEO 时土壤真菌群落结构随时间的变化。图谱结果显示，0d、10d 和 60d 的土壤真菌群落结构相似性较高，与 30d 的相似性较低，且 60d 与 10d 和 30d 的相似性都较低。结果显示，NP_nEO 作用后土壤真菌群落结构发生了变化，尤其在实验终期显著改变了土壤真菌群落结构，即外源添加 NP_nEO 会显著改变土壤真菌群落结构。

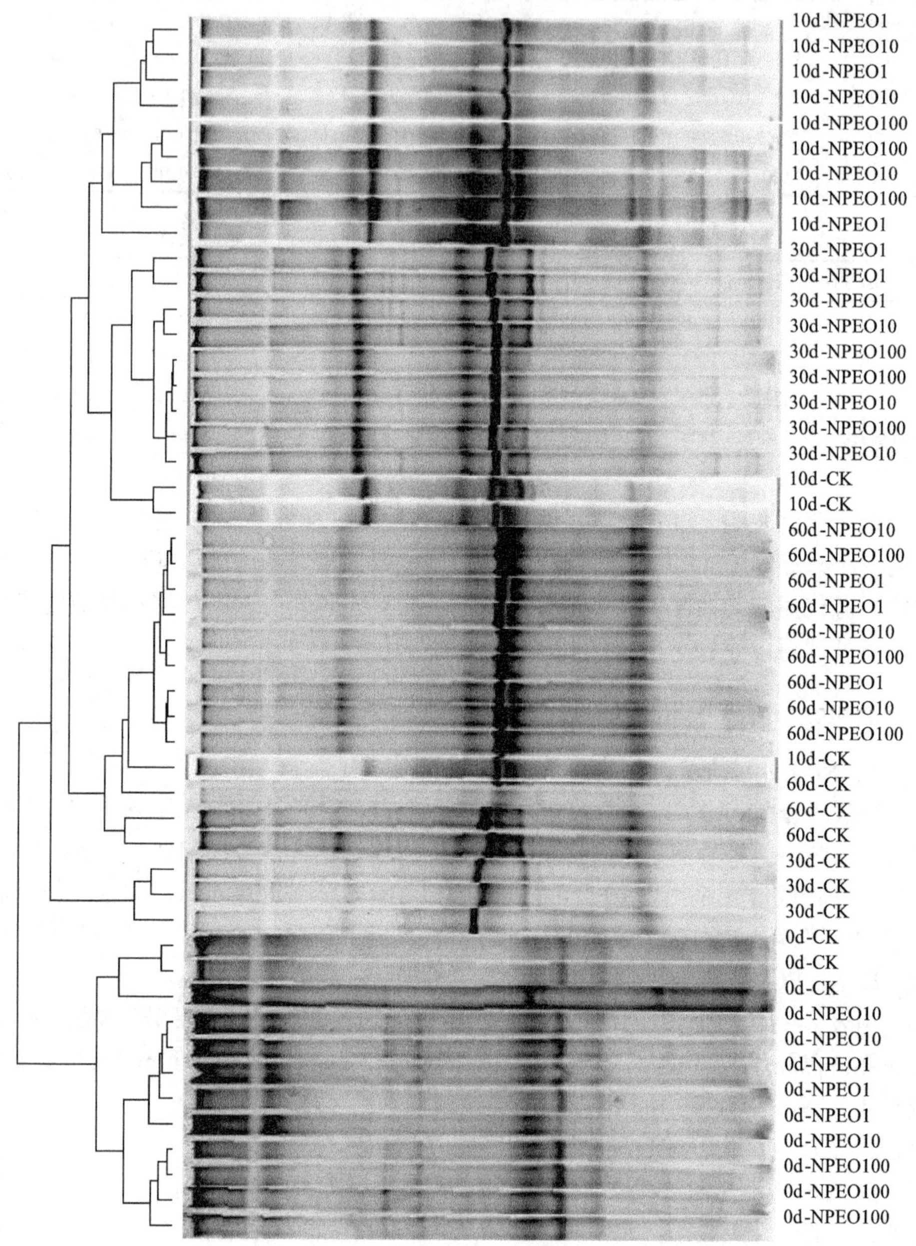

图 4-38　NP_nEO 作用过程中土壤细菌多样性的变化

每一处理设置三个重复

表 4-35　细菌群落多样性随时间变化

时间/d	处理	条带数 S	Shannon 指数 H'	Simpson 指数
0	CK	22	2.856	0.943
	NPEO1	21	2.541	0.898
	NPEO10	23	2.624	0.910
	NPEO100	25	2.722	0.912
10	CK	29	3.020	0.945
	NPEO1	33	2.992	0.923
	NPEO10	29	2.965	0.939
	NPEO100	31	3.090	0.944
30	CK	27	2.696	0.905
	NPEO1	31	2.569	0.880
	NPEO10	29	2.602	0.887
	NPEO100	26	2.549	0.885
60	CK	31	2.656	0.894
	NPEO1	32	2.790	0.919
	NPEO10	28	2.639	0.908
	NPEO100	30	2.626	0.903

注：每一处理设置三个重复。

由表 4-36 可见，10～30d 各剂量 NP_nEO 处理组的土壤真菌多样性较对照都增加，60d 时都较对照减少；且 3 个剂量 NP_nEO 处理组的土壤真菌多样性变化为：0d 和 30d 时，低剂量（80mg/kg）>中剂量（800mg/kg）>高剂量（8000mg/kg）；10d 和 60d 时，低剂量>高剂量>中剂量。说明实验开始初期，土壤真菌多样性在外加 NP_nEO 条件下增加，且高剂量 NP_nEO 对多样性的促进作用要大于中低剂量；30d 时，各处理组的多样性依然是增加的，但是高剂量处理组土壤中的真菌多样性低于中低剂量；60d 时各剂量处理组真菌多样性表现为：常量（低剂量）>100 倍剂量（高剂量）>10 倍剂量（中剂量）。结果显示，各剂量 NP_nEO 会影响土壤真菌多样性，具体为短暂时间的促进后又表现为抑制，即各剂量 NP_nEO 都会最终抑制土壤真菌多样性，促使其向单一结构发展。

表 4-36　真菌群落多样性随时间变化

时间/d	处理	条带数 S	Shannon 指数 H'	Simpson 指数
0	CK	13	2.190	0.863
	NPEO1	16	2.334	0.870
	NPEO10	16	2.306	0.866
	NPEO100	15	2.046	0.803

续表

时间/d	处理	条带数 S	Shannon 指数 H'	Simpson 指数
10	CK	6	1.157	0.578
	NPEO1	10	1.869	0.807
	NPEO10	7	1.373	0.675
	NPEO100	10	1.764	0.748
30	CK	9	1.623	0.724
	NPEO1	10	1.943	0.833
	NPEO10	8	1.728	0.798
	NPEO100	9	1.710	0.792
60	CK	10	2.005	0.855
	NPEO1	10	1.859	0.827
	NPEO10	8	1.611	0.735
	NPEO100	9	1.838	0.811

注：每一处理设置三个重复。

以上研究表明，NP_nEO 会显著改变土壤细菌和真菌群落的结构，但是不影响土壤细菌群落的多样性，而各剂量 NP_nEO 都会最终抑制土壤真菌的多样性，促使其向单一结构发展。而 BIOLOG 结果说明，各剂量 NP_nEO 处理组的土壤微生物多样性先减小后增大，可能是 BIOLOG 实验过程中提供的 31 种丰富的碳源对土壤微生物多样性的发展比土壤更有优势，所以导致土壤微生物多样性增加。

3. NP_nEO 对土壤酶活性水平的影响

1）蔗糖酶

由图 4-40 可见，外源添加 NP_nEO 到 3d 时，低剂量 NP_nEO 显著提高了土壤蔗糖酶活性，之后酶活性恢复到对照水平（10～30d），在实验终期（60d）时蔗糖酶活性显著提高；中剂量处理组 3d 时显著抑制了酶活性，之后酶活性恢复到对照水平（10～60d）；而高剂量处理组对蔗糖酶活性没有影响，仅 20d 时显著抑制了酶活性。结果显示，低剂量处理组提高了土壤蔗糖酶活性，而中高剂量 NP_nEO 不会影响蔗糖酶活性。土壤蔗糖酶可以促进蔗糖转化为葡萄糖和果糖，增强土壤的易溶性和增加营养物质，即低剂量 NP_nEO 可以促进土壤肥力提升。

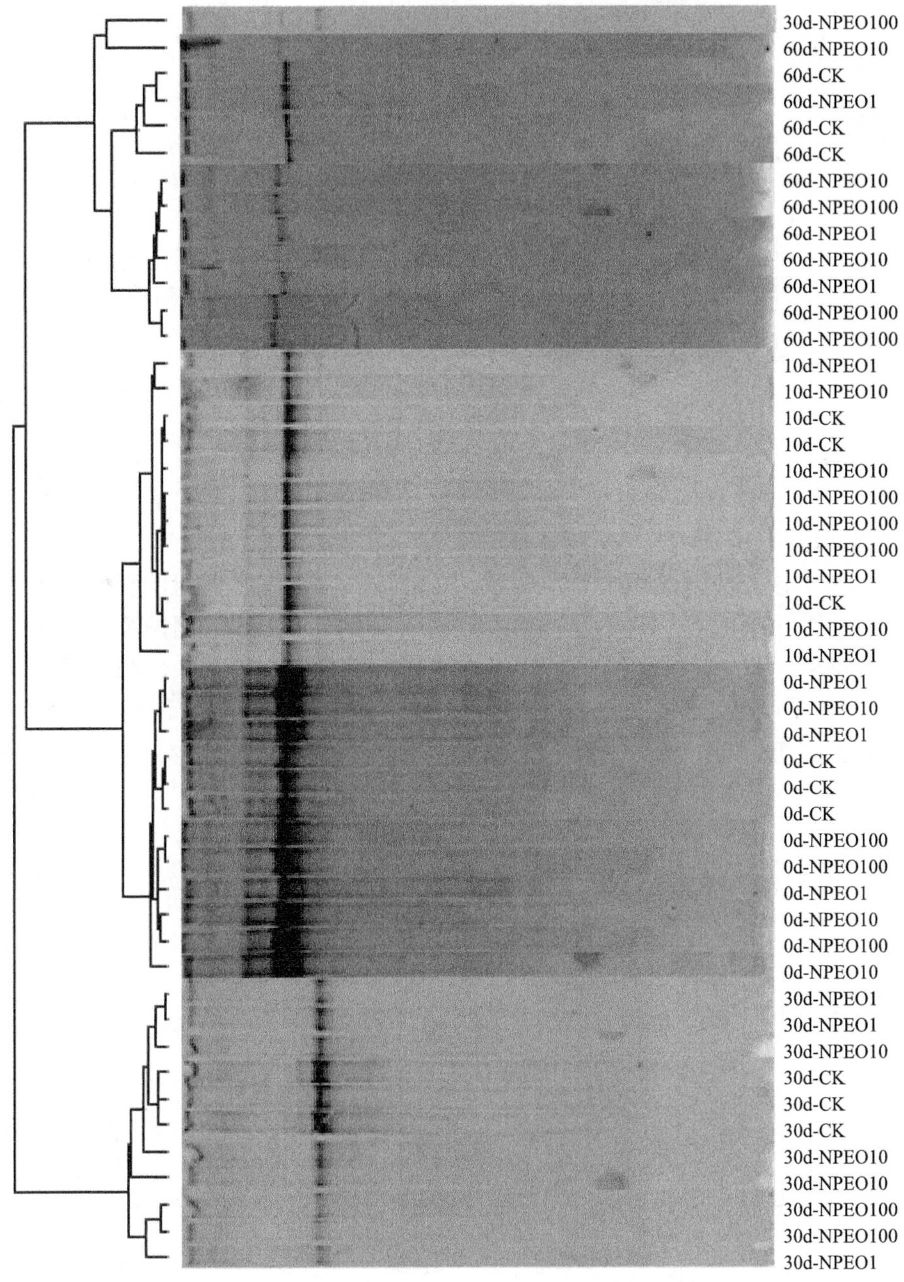

图 4-39　NP_nEO 作用过程中土壤真菌多样性的变化

每一处理设置三个重复

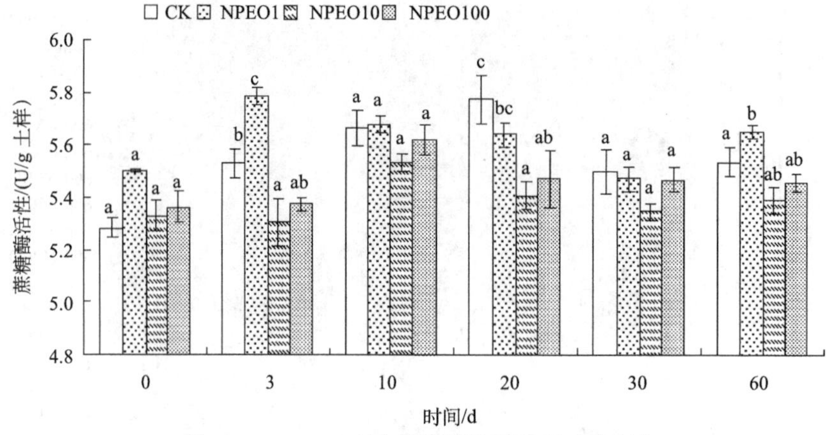

图 4-40　NP_nEO 对土壤蔗糖酶活性影响的变化

每一处理设置三个重复

2）脲酶

由图 4-41 可见，外源添加 NP_nEO，10～20d 时低剂量处理组的脲酶活性受到显著抑制，30～60d 则表现为显著促进；30～60d 时中剂量处理组的脲酶活性较对照显著增强；高剂量 NP_nEO 对脲酶活性的影响表现为短暂促进（30d）后又显著抑制（60d）其活性。结果显示，中低剂量 NP_nEO 会促进脲酶活性，而高剂量 NP_nEO 会抑制脲酶活性，说明 80mg/kg 和 800mg/kg 的 NP_nEO 会促进土壤营养物质转化，有利于农作物氮素吸收。

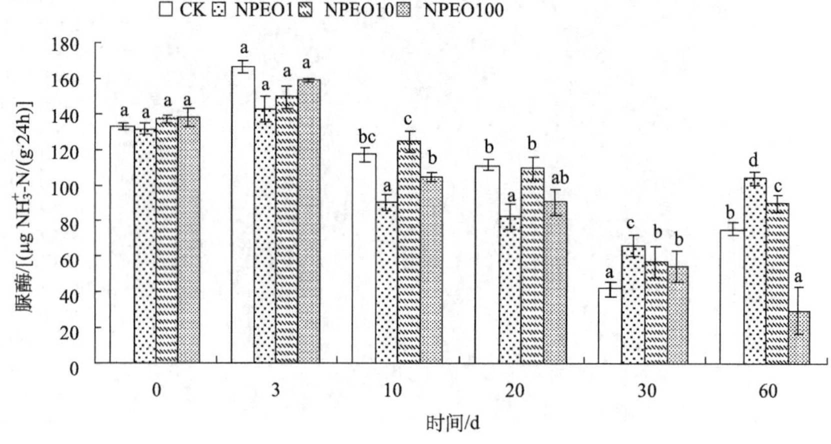

图 4-41　NP_nEO 对土壤脲酶活性影响的变化

每一处理设置三个重复

3）酸性磷酸酶

由图 4-42 可见，外源添加 NP_nEO，3d 时中高剂量处理组与对照有显著差异，显著抑制了酸性磷酸酶活性，30d 时高剂量处理组显著增强了酸性磷酸酶活性，实验终期（60d）各剂量处理组的酸性磷酸酶活性与对照组都没有显著差异。结果显示，低剂量 NP_nEO 不会影响酸性磷酸酶活性，中高剂量处理组的酶活性会被短暂抑制，但之后恢复，即低剂量（80mg/kg）NP_nEO 不会影响土壤磷元素的循环。

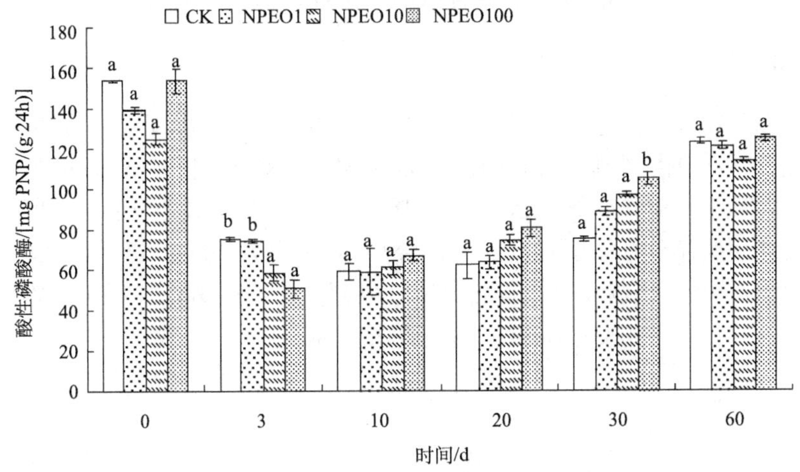

图 4-42　NP_nEO 对土壤酸性磷酸酶活性影响的变化

每一处理设置三个重复

4）过氧化氢酶

由图 4-43 可见，在 60d 中，中低剂量处理组的过氧化氢酶活性整体显示出了先抑制后激活的趋势，而高剂量 NP_nEO 增强了过氧化氢酶活性。结果显示，高剂量壬基酚聚氧乙烯醚会降低过氧化氢导致的生物毒害风险。

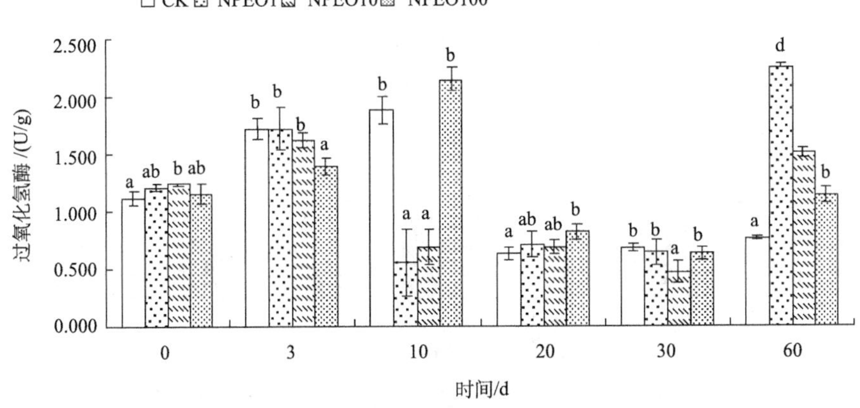

图 4-43　NP_nEO 对土壤过氧化氢酶活性影响的变化

每一处理设置三个重复

以上研究说明：低剂量处理组会增强土壤蔗糖酶、脲酶活性，对过氧化氢酶活性则表现出先抑制后激活的趋势，但不影响酸性磷酸酶活性；中剂量 NP$_n$EO 不影响蔗糖酶活性，会增强脲酶活性，对酸性磷酸酶和过氧化氢酶则表现出先抑制后恢复或激活（过氧化氢酶）的现象；高剂量 NP$_n$EO 不会影响蔗糖酶活性，会增强过氧化氢酶活性，抑制脲酶和酸性磷酸酶活性，但最终后者恢复活性。

4. NP$_n$EO 对土壤碳循环的影响

土壤微生物可以加速土壤中有机质的循环，由图 4-44 可见，外源添加 NP$_n$EO 后，3d 时中剂量和高剂量处理组的土壤微生物的呼吸速率受到抑制，10～60d 恢复并促进呼吸作用，低剂量 NP$_n$EO 促进土壤微生物呼吸作用，且低剂量处理组对土壤微生物呼吸的促进作用要强于中高剂量处理组，结合 CO_2 释放量，各剂量处理组的 CO_2 释放量都显著高于对照组。结果显示，各剂量 NP$_n$EO 都促进了土壤微生物的呼吸作用。

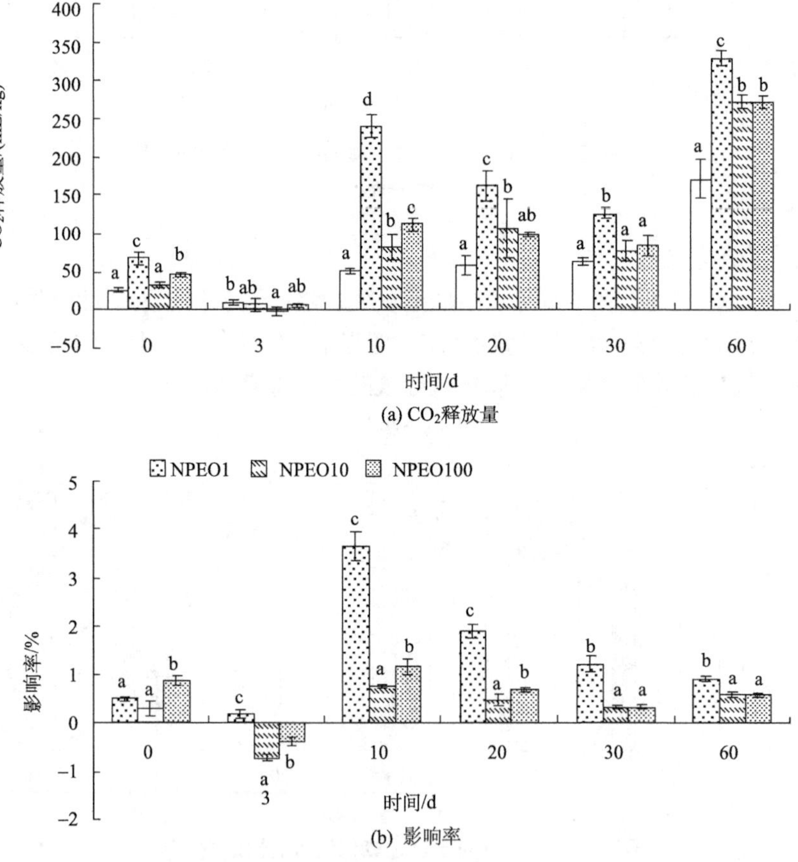

图 4-44　NP$_n$EO 对土壤微生物呼吸强度的影响

每一处理设置三个重复

以上研究说明，土壤碳循环可以加速土壤中有机质的循环，各剂量 NP_nEO 都促进土壤微生物的呼吸作用，表明三种剂量的 NP_nEO 都会加速土壤有机质循环。

5. NP_nEO 对土壤氮循环的影响

由图 4-45 可见，外源添加 NP_nEO 后，30d 时高剂量 NP_nEO 处理组的硝酸盐变化率被显著抑制（$P<0.05$），60d 时恢复并高于对照处理组，而 3d 时的低剂量处理组显著促进了硝酸盐的变化率。结果显示，高剂量 NP_nEO 会显著抑制土壤硝酸盐变化率，但这种抑制会恢复且最终促进硝酸盐的转化，而中低剂量不会影响硝酸盐转化。硝态氮可以被农作物立即吸收，比尿素和铵的利用率高，高剂量的 NP_nEO 不会长期抑制硝态氮的生成，对农作物的生长不会造成长期的不利影响。外源添加高剂量 NP_nEO 则会显著抑制硝态氮的生成，对农作物的生长极其不利。

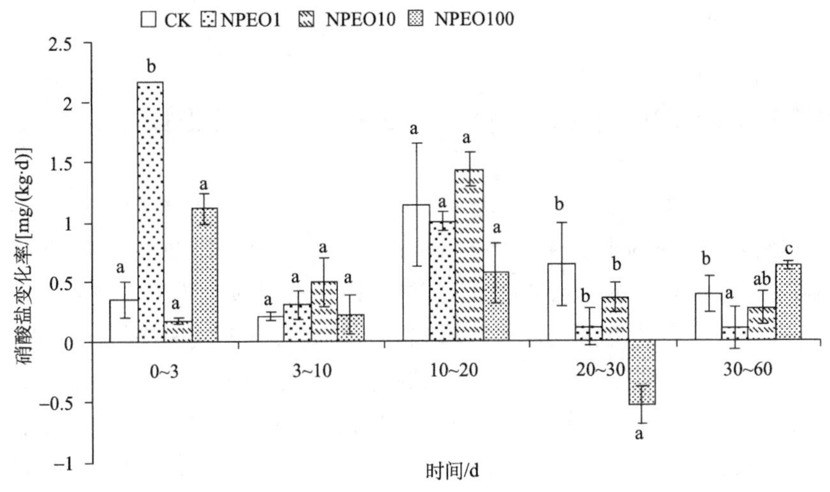

图 4-45　NP_nEO 对土壤硝酸盐含量的影响

每一处理设置三个重复

4.4　NP_nEO 及 NP 对小麦种子生长的影响

小麦经常被用来作为研究污染物对植物生态毒性的模式植物，本节利用小麦作为受试对象，评价了 NP、NP_4EO、$NP_{10}EO$ 三种助剂对小麦的生态毒性。

4.4.1 材料与方法

1. *材料*

1）小麦品种

鲁原 502，购自某种子公司；NP、NP_4EO、$NP_{10}EO$，均购自成都某化工股份有限公司。

2）小麦水培养体系营养液

大量元素溶液：硝酸钾 0.126g，硝酸钙 0.246g，硫酸镁 0.090g，磷酸二氢钾 0.087g，乙二胺四乙酸铁钠 0.026g，硅酸钠 0.012g，蒸馏水 1000mL。

微量元素溶液：氯化钾 3.727g，硫酸锰 1.690g，硼酸 3.091g，硫酸锌 0.323g，硫酸铜 0.235g，钼酸铵 0.013g，蒸馏水 1000mL。

2. *研究方法*

1）浓度设置

设置 0.2mg/L、0.5mg/L、1mg/L、5mg/L、10mg/L 五组处理，同时设置空白对照。

2）小麦种子的生长条件和处理

挑选饱满、均一的小麦种子，把挑选出来的小麦种子用 70%的乙醇溶液进行表面消毒 1min。然后用蒸馏水冲洗多次。准备 15 个分别装有不同浓度 NP、NP_4EO、$NP_{10}EO$ 的小麦培养营养液的烧杯，再准备一个装有营养液的烧杯，把选好的小麦种子平均浸在每个烧杯中。小麦种子放在黑暗中室温下培养 12h，营养液每 4h 更换一次。经过 12h 后再挑选出 60 粒粒大饱满的小麦种子放在铺有三层脱脂棉纱布的 9cm 口径的培养皿里。这些培养皿中都添加有 15mL 不同浓度不同药品的小麦培养营养液，并保持每粒种子的湿润。营养液每天早晚各更换一次。为了保持不同浓度不同药品的浓度稳定，这些培养皿分别需要用相同浓度的培养液冲洗 3 次。将小麦种子放在 25℃黑暗条件下 3 天，以促进萌发。将幼苗放在拥有 200μmol/(m^2·s) 内源性光源的生化培养箱里进行培养，用白荧光灯和自然光照射。第 4 天开始，将生化培养箱的温度控制在白天 22℃（14h）、夜晚 18℃（10h），同时将相对湿度控制在 35%～45%。每个处理重复 3 次。在培养期间的第 7、10、13 天时，随机抽取小麦幼苗进行不同指标的分析。

4.4.2 结果与分析

1. NP_nEO 及 NP 对小麦发芽率和根长的影响

NP_nEO 及 NP 对小麦生长的影响结果见图 4-46 及表 4-37。在第 3 天和第 7 天时不同浓度（0～10mg/L）的 $NP_{10}EO$ 几乎不会对小麦发芽及生长造成任何不利影响；小麦发芽率受 NP_4EO 和 NP 的显著抑制，且随着浓度的升高，抑制作用增强。在同一浓度下，NP 对小麦发芽的抑制率要高于 NP_4EO。在 1mg/L NP 胁迫下，和对照相比小麦发芽率抑制率在第 3 天和第 7 天时分别达到了 43.4%和 45.7%。类似的，NP、NP_4EO 及 $NP_{10}EO$ 在第 7、10 和 13 天也对小麦的芽长和根长造成了不同程度的抑制作用。

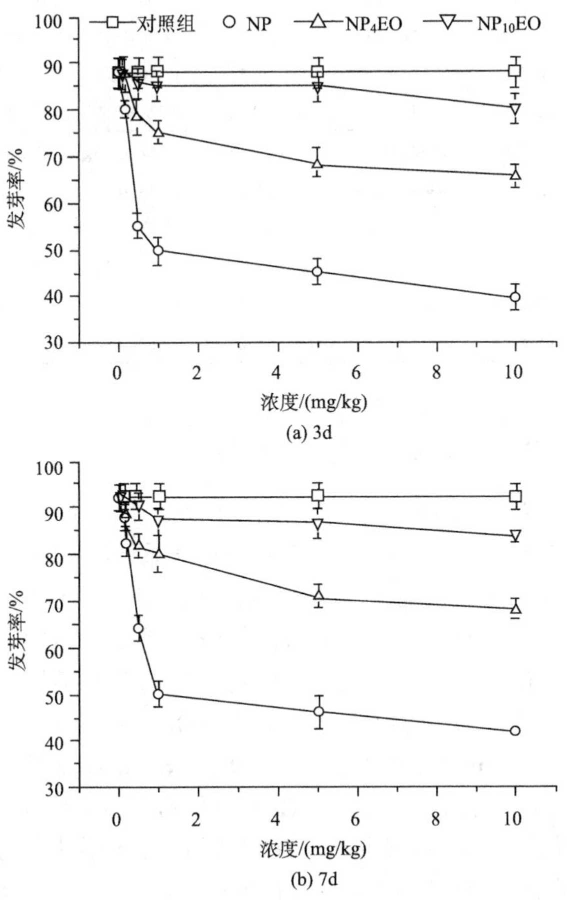

图 4-46　NP_nEO 及 NP 对小麦发芽率的影响

表 4-37　NP、NP_4EO 和 $NP_{10}EO$ 对小麦芽长和根长的影响

时间/d	浓度/（mg/L）	NP		NP_4EO		$NP_{10}EO$	
		芽长/cm	根长/cm	芽长/cm	根长/cm	芽长/cm	根长/cm
7	0	8.73±0.26	7.33±0.31	8.73±0.26	7.33±0.31	8.73±0.26	7.33±0.31
	0.2	6.57±0.25	6.31±0.17	8.33±0.35	7.17±0.15	8.67±0.21	7.27±0.35
	0.5	6.17±0.15	6.23±0.21	8.27±0.31	7.07±0.15	8.57±0.15	7.23±0.25
	1.0	5.67±0.25	6.23±0.05	8.17±0.32	6.77±0.15	8.37±0.15	7.07±0.32
	5.0	5.42±0.20	5.17±0.15	7.77±0.15	6.67±0.25	7.67±0.17	6.97±0.15
	10.0	5.13±0.21	4.53±0.15	7.43±0.25	6.37±0.15	7.47±0.25	6.93±0.32
10	0	15.97±0.21	13.16±0.35	15.97±0.21	13.16±0.35	15.97±0.21	13.16±0.35
	0.2	12.50±0.32	9.53±0.21	15.77±0.15	13.10±0.10	16.07±0.25	13.27±0.25
	0.5	12.60±0.14	9.33±0.15	15.53±0.21	13.03±0.25	16.12±0.37	13.13±0.21
	1.0	12.33±0.31	9.16±0.15	15.23±0.15	12.80±0.10	15.91±0.26	13.11±0.30
	5.0	12.17±0.15	8.33±0.32	14.83±0.15	12.30±0.20	15.63±0.25	12.92±0.10
	10.0	11.82±0.21	7.47±0.21	14.27±0.25	10.70±0.2	15.33±0.35	12.80±0.36
13	0	17.23±0.15	16.62±0.26	17.23±0.15	16.62±0.26	17.23±0.15	16.62±0.26
	0.2	14.27±0.25	10.04±0.31	16.93±0.35	16.33±0.25	17.20±0.17	16.57±0.38
	0.5	14.20±0.25	9.76±0.21	16.71±0.20	15.43±0.38	17.13±0.12	16.53±0.29
	1.0	13.77±0.17	9.43±0.15	16.36±0.42	14.63±0.31	16.87±0.25	16.43±0.35
	5.0	13.27±0.15	9.03±0.12	16.15±0.18	14.33±0.25	16.70±0.20	16.33±0.35
	10.0	12.73±0.13	8.67±0.15	15.82±0.20	13.12±0.14	16.43±0.25	16.31±0.17

2. NP_nEO 及 NP 对小麦抗氧化酶活性的影响

根据发芽率、芽长和根长实验，选定 0.2mg/L、1.0mg/L、5mg/L 三个浓度测定第 10 天时 NP_nEO 及 NP 对小麦叶绿素和抗氧化系统的影响。如图 4-47（a）所示，小麦组织内 SOD 活性随着 NP 浓度的增大而升高，且和对照相比当 NP 浓度大于 1mg/L 时，SOD 活性显著提高，说明小麦受到了严重的氧化胁迫。NP_4EO 处理组中，仅最高浓度（5mg/L）处理组小麦组织内 SOD 活性有显著的提高。在受试浓度范围内，$NP_{10}EO$ 不会对小麦组织内 SOD 活性产生任何影响。与 SOD 活性结果相比，在 1～5mg/LNP 胁迫下，小麦组织内 CAT 活性显著降低了。和对照相比，NP_4EO 和 $NP_{10}EO$ 处理组 CAT 活性没有显著变化[图 4-47（b）]。从图 4-47（c）可以看出，POD 活性的变化趋势与 SOD 活性变化类似，仅高浓度 NP 和 NP_4EO 处理组 POD 活性和对照相比显著提高了。从图 4-47（d）可以看出，1mg/L NP 处理组 GST 活性显著提高了，然而随着浓度的提高，5mg/L NP 处理组 GST 活性却受到了显著的抑制。高浓度（5mg/L）NP_4EO 会导致小麦组织内 GST

活性的显著提高，受试浓度范围内 $NP_{10}EO$ 不会对 GST 活性产生影响。结合图 4-47 的结果，可以看出 NP 对于小麦组织内抗氧化酶活性影响最大。

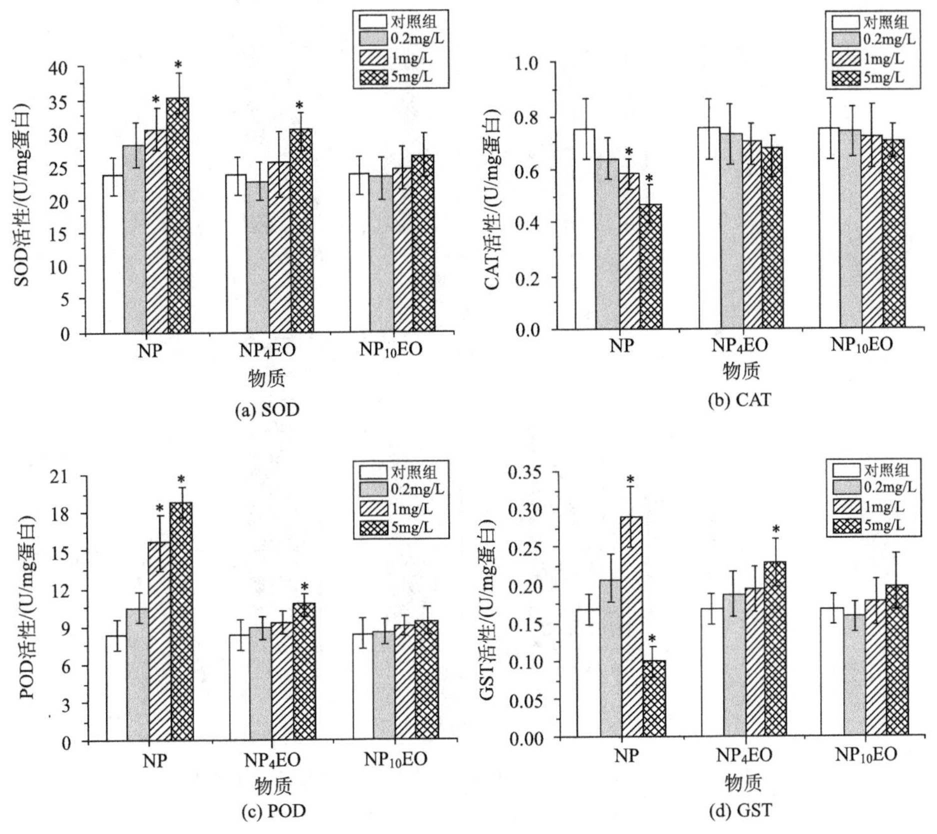

图 4-47　NP_nEO 及 NP 对小麦抗氧化酶活性的影响

*表示 $P<0.05$；**表示 $P<0.01$

3. NP_nEO 及 NP 对小麦组织内叶绿素及脂质过氧化的影响

NP_nEO 及 NP 对小麦组织内叶绿素及脂质过氧化（MDA）的影响试验结果见图 4-48。

如图 4-48（a）所示，在 1mg/L 和 5mg/L NP 处理组，小麦叶片内叶绿素在第 10 天时显著降低了，可见 NP 可以影响小麦的光合作用。在 1mg/L 和 5mg/L NP 和 5mg/L NP_4EO 处理组可以显著诱导小麦组织内 MDA 含量的积累[图 4-48(b)]。在受试浓度范围内 $NP_{10}EO$ 不会造成小麦叶片组织内叶绿素及 MDA 含量的显著变化。

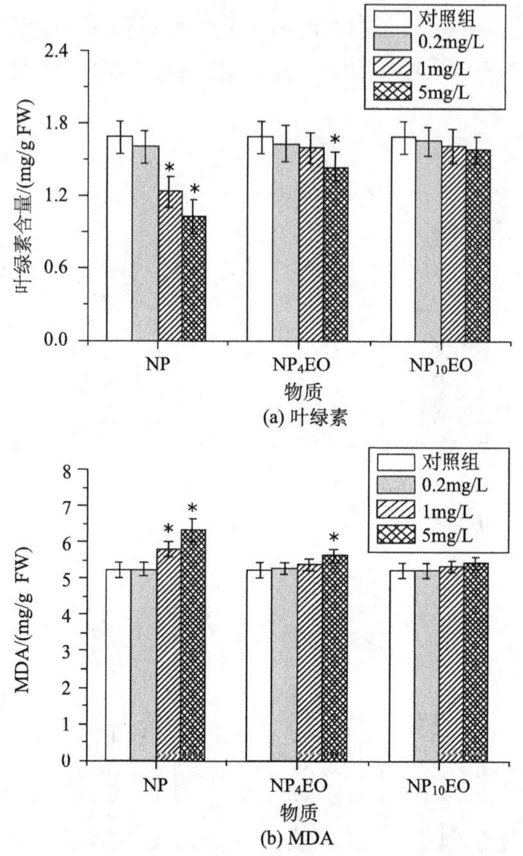

(a) 叶绿素

(b) MDA

图 4-48　NP$_n$EO 及 NP 对小麦叶绿素及脂质过氧化的影响

*表示 $P<0.05$；**表示 $P<0.01$；FW 表示估测的重量

4. NP$_n$EO 及 NP 对小麦组织内抗氧化基因相对表达量的影响

为明确三种助剂胁迫下抗氧化酶活性的改变是否由小麦中相关基因所调控，本书利用定量 PCR 技术测定了与 SOD 和 CAT 活性相关的 *SOD-Cu/Zn* 和 *CAT* 基因的表达情况，结果如图 4-49 所示。

由图 4-49 可以看出，在 1mg/L 和 5mg/L NP 处理组小麦叶片中 *SOD-Cu/Zn* 基因相对表达量显著提高了，为对照的 1.38 倍和 1.69 倍，表现出和 SOD 酶活性相似的变化趋势。同样，*CAT* 基因表达量变化也和 CAT 酶活性变化趋势类似，在 1mg/L 和 5mg/L NP 处理组 *CAT* 基因表达量分别下降了 14.97%和 37.57%。5mg/L NP$_4$EO 处理组 *SOD-Cu/Zn* 基因相对表达量显著提高。在供试浓度范围内，NP$_{10}$EO 不会显著诱导小麦叶片组织中 *SOD-Cu/Zn* 和 *CAT* 基因表达量的变化。

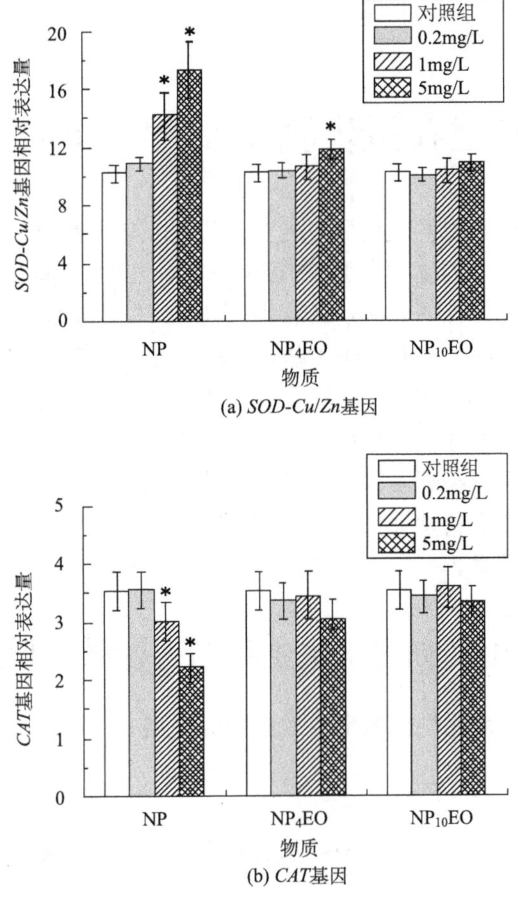

(a) *SOD-Cu/Zn*基因

(b) *CAT*基因

图 4-49　NP_nEO 及 NP 对小麦抗氧化基因表达量的影响

*表示 $P<0.05$；**表示 $P<0.01$

4.4.3　小结

本节利用小麦作为受试对象，评价了 NP、NP_4EO、$NP_{10}EO$ 三种助剂对小麦的生态毒性，得出：NP、NP_4EO 和 $NP_{10}EO$ 三种助剂对小麦的生长毒性为 $NP>NP_4EO>NP_{10}EO$；三种助剂中 NP 对于小麦组织内抗氧化酶活性影响最大；NP 可通过降低叶绿素水平影响小麦的光合作用，5mg/L NP_4EO 处理可以显著诱导小麦组织内 MDA 含量的积累，但在受试浓度范围内 $NP_{10}EO$ 不会造成小麦叶片组织内叶绿素及 MDA 含量的显著变化。

第5章 典型农药助剂对水生生物生态效应研究

农药助剂随农药在田间使用后可通过多种途径进入地表水体中，水生生物是最易暴露在农药助剂中的生物类群（Vitali et al.，2004）。本章对目前已开展的常用助剂对水生生物的毒性研究报道进行调研总结，并以典型农药助剂 NP_nEO 及其代谢物 NP 为受试物质，系统地研究它们对鱼、溞、藻三类水生生物的毒性效应，包括对斑马鱼胚胎的毒性效应、对斑马鱼的内分泌干扰效应、对大型溞的急性毒性和慢性毒性、对大型溞抗氧化酶系的影响、对小球藻的急性抑制效应、对小球藻的光合毒性效应及对小球藻的氧化胁迫效应。研究一方面可为这些典型农药助剂的环境安全评价提供科学证据，另一方面对于农药助剂水生生态效应的系统评估具有重要的参考意义。

5.1 常用助剂对水生生物的毒性效应研究进展

5.1.1 溶剂类助剂对水生生物的毒性效应研究进展

1. 急性毒性研究

表 5-1 总结了常用溶剂类农药助剂对水生生物（包括藻类、大型溞和鱼类）的急性毒性数据。

表 5-1 常用溶剂对水生生物（包括藻类、大型溞和鱼类）的急性毒性数据

溶剂	试验生物	浓度/（mg/L）	终点	参考文献
甲苯 toluene	*Scenedesmus obliquus*	124	96h EC_{50}	王宏等，2003
	Isochrysis galbana	12.88～37.66	24～72h EC_{50}	王摆等，2014
	Nitzschia closterium	0.68～20.87	24～72h EC_{50}	王摆等，2014
二甲苯 xylene	*Scenedesmus obliquus*	18.3	96h EC_{50}	王宏等，2003
	Isochrysis galbana	0.27～47.16	24～72h EC_{50}	王摆等，2014
	Nitzschia closterium	0.38～18.36	24～72h EC_{50}	王摆等，2014
丙酮 acetone	*Daphnia magna*	2618.678	48h EC_{50}	李秀环，2013
甲醇 methanol	*Daphnia magna*	1474.140	48h EC_{50}	李秀环，2013

续表

溶剂	试验生物	浓度/（mg/L）	终点	参考文献
乙醇 ethanol	*Daphnia magna*	1422.437～9248	48h EC_{50}	李秀环，2013 Cowgill 和 Milazzo，1991
乙二醇 ethylene glycol	*Daphnia magna*	661.837～46300	48h EC_{50}	李秀环，2013 Gersich 等，1986
正丁醇 *N*-butanol	*Daphnia magna*	590.293	48h EC_{50}	李秀环，2013
二甲基甲酰胺 DMF	*Daphnia magna*	439.836～4346	48h EC_{50}	李秀环，2013 张彤和金洪钧，1998
乙腈 acetonitrile	*Daphnia magna*	125.320～3562	48h EC_{50}	李秀环，2013 张彤和金洪钧，1998
二甲基亚砜 dimethyl sulfoxide	*Daphnia magna*	28.589	48h EC_{50}	李秀环，2013
大豆油 soybean oil	*Daphnia magna*	749.076	48h EC_{50}	李秀环，2013
环己酮 cyclohexanone	*Daphnia magna*	370.771	48h EC_{50}	李秀环，2013
甲苯 toluene	*Daphnia magna*	328.339～520	48h EC_{50}	李秀环，2013
二甲苯 xylene	*Daphnia magna*	117.949～353	48h EC_{50}	李秀环，2013
生物柴油 biodiesel	*Daphnia magna*	29.260	48h EC_{50}	李秀环，2013
油酸甲酯 methyl oleate	*Daphnia magna*	4.493	48h EC_{50}	李秀环，2013
甲苯 toluene	*Xiphophorus helleri* *Brachydanio rerio*	104 77.479	96h LC_{50} 96h LC_{50}	王摆等，2014 范亚维和周启星，2009
二甲苯 xylene	*Xiphophorus helleri* *Brachydanio rerio*	29.2 34.799	96h LC_{50} 96h LC_{50}	王摆等，2014 范亚维和周启星，2009
乙腈 acetonitrile	*Hypophthalmichthys molitrix*	5665	96h LC_{50}	张彤和金洪钧，1998
	Parabramis pekinensis	3593	96h LC_{50}	张彤和金洪钧，1998
	Ctenopharyngodon idellus	6346	96h LC_{50}	张彤和金洪钧，1998
	Tilapia mossambica	5503	96h LC_{50}	张彤和金洪钧，1998
	Aristichthys nobilis	3963	96h LC_{50}	张彤和金洪钧，1998
	Cyprinus carpio	3454	96h LC_{50}	张彤和金洪钧，1998
	Carassius auratus gebilio	3679	96h LC_{50}	张彤和金洪钧，1998
	Carassius auratus	3528	96h LC_{50}	张彤和金洪钧，1998

续表

溶剂	试验生物	浓度/（mg/L）	终点	参考文献
二甲基甲酰胺 DMF	*H. molitrix*	10756	96h LC_{50}	张彤和金洪钧，1998
	P. pekinensis	6551	96h LC_{50}	张彤和金洪钧，1998
	C. idellus	11931	96h LC_{50}	张彤和金洪钧，1998
	T. mossambica	10929	96h LC_{50}	张彤和金洪钧，1998
	A. nobilis	8419	96h LC_{50}	张彤和金洪钧，1998
	C. carpio	16194	96h LC_{50}	张彤和金洪钧，1998
	C. auratus gebilio	11328	96h LC_{50}	张彤和金洪钧，1998
	C. auratus	11328	96h LC_{50}	张彤和金洪钧，1998

注：EC_{50} 指引起 50%个体有效的药物浓度。

在表面活性剂对大型溞的 48h 急性毒性测定中，极性溶剂的毒性相对较低。丙酮的毒性最低，可认为是原药毒性测定时的理想助溶剂。而甲苯、二甲苯对大型溞呈现出中等毒性。二甲基亚砜、乙醇、甲醇等对斑马鱼、水生无脊椎生物等环境生物的毒性较低。

2. 慢性毒性研究

Giesy 等（2000）研究了甲醇对黑头软口鲦（fathead minnow）幼鱼的毒性效应发现，100μL/L 的甲醇对雄性黑头软口鲦的卵黄蛋白原（VTG）水平并无明显影响。Halm 等（2002）研究发现，100μL/L 的甲醇对黑头软口鲦的睾丸生长和细胞色素 P450 芳香化酶的表达均有促进作用。Zhang 和 Baer（2000）研究发现，在正常光照（16d∶8n）条件下，当投喂水平较低时，0.01ml/L 乙醇处理组中大型溞的胎数和雌性幼溞数均有明显提高；当投喂水平较高时，乙醇处理对胎数并无影响，但会导致雌性幼溞数明显减少。在光照条件不充分的情况下（8d∶16n），当投喂水平较低时，乙醇处理组中大型溞的胎数和雌性幼溞数明显增加；但当投喂水平较高时，乙醇处理组中大型溞的繁殖能力明显减弱。Cowgill 和 Milazzo（1991）研究丙酮对大型溞的 11d 慢性毒性效应发现，大型溞在丙酮中的存活 NOEC<403mg/L，繁殖 NOEC 介于 3110～5184mg/L。此外，LeBlanc 和 Surprenant（1983）研究丙酮对大型溞的 28d 慢性毒性效应发现，大型溞在丙酮中的存活最大允许毒物浓度（MATC）介于 1400～2800μL/L。由此可推断，依据现今浓度标准进行实验操作，丙酮对大型溞的生殖指标影响较小。Zheng 和 Li（2009）研究发现，在正常光照条件下（16d∶8n），当投喂丙酮水平较高时，大型溞的繁殖能力较强，且无雄体产生，相反，当投喂水平较低时，大型溞的繁殖能力较低，且会发育出少量雄体。在投喂水平较低时，丙酮明显提高了大型溞的胎数和幼溞（雌雄均有）数；在投喂水平较高时，丙酮对大型溞的胎数并无明显影响，但雌性幼

溞数明显增加。Maes 等（2012）研究发现，相较于斑马鱼幼鱼，斑马鱼胚胎对丙酮具有更强的耐受性，卵裂期的胚胎在 2%的丙酮中发育正常，但 7-DPF（days post-fertilization）的幼鱼经 0.5%的丙酮处理后出现明显异常。

Yan 等（2002）研究两种绿藻对二甲基甲酰胺（DMF）不同的敏感度发现，原核小球藻（*Chlorella protothecoides*）暴露于浓度高于 500μL/L 的二甲基甲酰胺 7d 后，生长出现明显抑制，且浓度越高，抑制程度越明显；但较低浓度的二甲基甲酰胺（0.05%和 0.20%处理组）会对蛋白核小球藻（*Chlorella pyrenoidosa*）产生生长促进作用，0.5%处理组与空白组无明显差异，更高浓度的 DMF 则会对蛋白核小球藻的生长产生抑制。LeBlanc 和 Surprenant（1983）研究 DMF 对大型溞 28d 慢性毒性效应发现，大型溞在 DMF 中存活和繁殖的 MATC 介于 1200～2500μL/L。由此推断，依据现今浓度标准进行实验操作，DMF 对大型溞的生殖指标影响较小。

El Jay（1996）研究二甲基亚砜（DMSO）与阿特拉津（atrazine）的联合作用时发现，DMSO 对羊角月牙藻（*Selenastrum capricornutum*）和普通小球藻（*Chlorella vulgaris*）的生长并无影响，但其会增强阿特拉津对这两种藻类的毒性；10μL/L 的 DMSO 对黑头软口鲦的繁殖和生物标记指标均无影响，但会导致平均产卵量降低约 50%。

5.1.2　表面活性剂类助剂对水生生物的毒性效应研究进展

表面活性剂可渗透进细胞浆的类脂层和蛋白质中，改变细胞膜通透性，造成细胞内容物外渗，蛋白质凝固，结构蛋白和活性酶变性，由此破坏细胞的正常代谢活动，最终导致细胞死亡。不同表面活性剂在结构、极性、对膜的亲和性与渗透性方面的差异造成了其在水溶液中毒性高低的不同（戴媛媛和牛海凤，2012）。

1. 离子型表面活性剂对水生生物的急性毒性研究概述

表 5-2 列出了已开展的离子型表面活性剂及其他表面活性剂对水生生物的急性毒性效应实验结果。

表 5-2　阴离子、阳离子型及其他表面活性剂对水生生物的急性毒性

类型	表面活性剂	试验生物	浓度/（mg/L）	终点	参考文献
阴离子型表面活性剂	500	*D. magna*	5.65	48h EC_{50}	李秀环等，2013
	DBS	*D. magna*	1.75	48h EC_{50}	李祥英等，2012
	SDS	*D. magna*	6.86～8.590	24/48h EC_{50}	陈清香和吕军仪，2010
	SDBS	*D. magna*	1.54～2.40	24/48h EC_{50}	陈清香和吕军仪，2010
	木质素磺酸钙	*D. magna*	3.03～70.52	48h EC_{50}	李秀环等，2013
	NNO	*D. magna*	0.17	48h EC_{50}	李秀环等，2013

续表

类型	表面活性剂	试验生物	浓度/（mg/L）	终点	参考文献
阳离子型表面活性剂	1227	*D. magna*	1.11	48h EC_{50}	李秀环等，2013
		S. obliquus	0.223～0.448	24～264h EC_{50}	李祥英等，2012
	1427	*D. magna*	0.97	48h EC_{50}	李秀环等，2013
	C8-10	*D. magna*	1.07	48h EC_{50}	李秀环等，2013
		S. obliquus	0.068～0.188	24～168h EC_{50}	李祥英等，2012
其他表面活性剂	APG	*D. magna*	81.28～105.43	24/48h EC_{50}	宋伟华等，2014
	有机硅助剂 Break-Thru S240	*D. magna*	0.796～2.766	24～96h LC_{50}	李秀环等，2013

由表 5-2 可见，在列举的几种代表性表面活性剂对大型溞的 48h 急性毒性测定中，阳离子型表面活性剂毒性总体上较高，毒性多在剧毒范围内；阳离子型表面活性剂 1227 和 C8-10 对斜生栅藻（*Scenedesmus obliquus*）的毒性也较高；而阴离子型表面活性剂对大型溞的毒性相对较低，除了 NNO 表现出对大型溞具有较高的活动抑制毒性，其余多为中毒或低毒，其中钠盐对大型溞的毒性略高于钙盐。

烷基苯磺酸盐是一种常见的人工合成阴离子型表面活性剂，以钠盐存在形式较多，其结构简式为 $R\text{-}C_6H_4\text{-}SO_3Na$。作为常见的洗涤剂，其有硬性和软性两类。前者烷基 R 有支链，简称为 ABS，不易被生物降解；后者 R 为直链，简称为 LAS，易发生 β-氧化而被逐步降解，最后苯环被破坏。有些国家已停止生产硬性洗涤剂。洗涤剂随污水排入水体，对水生生物尤其是鱼类，有严重的危害。其泡沫覆盖于水面，减少了水中的溶解氧；还会破坏鱼的味蕾组织，使其味觉迟钝，丧失觅食与避开毒物的能力。烷基苯磺酸盐也是常见的农药助剂，目前已有大量针对直链烷基苯磺酸盐进行的详尽毒性研究。

总结归纳可得，市售的典型直链烷基苯磺酸盐（$C_{11.6}$～$C_{11.8}$）对鱼类、大型溞和藻类的最低急性毒性指标 $LC_{50}/EC_{50}/ErC_{50}$[①]分别为 1.67mg/L、1.62mg/L 和 29.0mg/L。LAS 的生物降解中间产物较之母体，毒性明显降低，对鱼类和大型溞的 LC_{50}/EC_{50} 值均大于 1000mg/L。根据符合标准的直链烷基苯磺酸盐对水生生物的慢性毒性试验（鱼类：28～30d；无脊椎动物：21d；藻类：3～4d）数据总结可得，鱼类、大型溞和藻类的 NOEC 值范围分别为 1mg/L、1.18～3.25mg/L 和 0.4～18mg/L。研究表明，随着疏水性增强，LAS 毒性也增强。随碳链长度的增长，LAS 同系物的整体疏水性增加，毒性也会随之升高。针对十二烷基硫酸钠（SDS）对斑马鱼的毒性效应的研究表明，SDS 对斑马鱼胚胎和幼

① ErC_{50} 指生长率抑制半效应浓度。

鱼发育及成鱼生长均有明显的抑制作用，可导致个体生长缓慢，体长体重增长率明显降低。

2. 非离子型表面活性剂对水生生物的急性毒性研究概述

表 5-3 列出了目前非离子型表面活性剂对水生生物的急性毒性研究数据。

表 5-3 非离子型表面活性剂对水生生物的急性毒性

类型	非离子型表面活性剂	试验生物	浓度/（mg/L）	终点	参考文献
烷基酚聚氧乙烯醚系列	TX-50	*D. magna*	53.14	48h EC_{50}	李秀环，2013
	TX-40	*D. magna*	38.42	48h EC_{50}	李秀环，2013
	TX-18	*D. magna*	17.43	48h EC_{50}	李秀环，2013
	TX-8	*D. magna*	4.28	48h EC_{50}	李秀环，2013
	TX-10	*D. magna*	1.99	48h EC_{50}	李秀环，2013
	OP-10	*D. magna*	5.19	48h EC_{50}	李秀环，2013
	OP-10	*Brachydanio rerio*	21.13	120h LC_{50}	刘迎等，2014
	NP-4	*Gambusia affinis*	2.05～2.63	24～96h LC_{50}	李正等，2013
	NP-7	*D. magna*	6.09	48h EC_{50}	李秀环，2013
	NP-10	*D. magna*	4.67～10.0	24～96h LC_{50}	吴伟等，2003
	NP-10	*S. obliquus*	10～18	48/96h LC_{50}	吴伟等，2003
	NP-10	*G. affinis*	9.65～13.13	24～96h LC_{50}	李正等，2013
脂肪醇聚氧乙烯醚系列	MOA-20	*D. magna*	13.58	48h EC_{50}	李秀环，2013
	MOA-9	*D. magna*	2.86	48h EC_{50}	李秀环，2013
	MOA-7	*D. magna*	1.78	48h EC_{50}	李秀环，2013
	MOA-5	*D. magna*	1.47	48h EC_{50}	李秀环，2013
	MOA-4	*D. magna*	1.32	48h EC_{50}	李秀环，2013
	AEO-7	*D. magna*	0.82	48h EC_{50}	李秀环，2013
	AEO-5	*D. magna*	0.97	48h EC_{50}	李秀环，2013
聚醚系列	F68	*D. magna*	132.48	48h EC_{50}	李秀环，2013
	L65	*D. magna*	97.97	48h EC_{50}	李秀环，2013
	L64	*D. magna*	61.42	48h EC_{50}	李秀环，2013
	L44	*D. magna*	43.73	48h EC_{50}	李秀环，2013
	L62	*D. magna*	37.47	48h EC_{50}	李秀环，2013
	L61	*D. magna*	30.40	48h EC_{50}	李秀环，2013
	F6	*D. magna*	16.38	48h EC_{50}	李秀环，2013
	F38	*D. magna*	8.97	48h EC_{50}	李秀环，2013
	L35	*D. magna*	1.46	48h EC_{50}	李秀环，2013

续表

类型	非离子型表面活性剂	试验生物	浓度/（mg/L）	终点	参考文献
苯酚衍生物聚氧乙烯醚系列	600-1	*D. magna*	36.13	48h EC_{50}	李秀环，2013
	600-2	*D. magna*	27.94	48h EC_{50}	李秀环，2013
	600-3	*D. magna*	16.40	48h EC_{50}	李秀环，2013
	1601	*D. magna*	16.70	48h EC_{50}	李秀环，2013
	1602	*D. magna*	6.46	48h EC_{50}	李秀环，2013
	1603	*B. rerio*	109.90	120h LC_{50}	刘迎等，2014
	宁乳 34	*B. rerio*	12.82	48h EC_{50}	李秀环，2013
	农乳 602	*B. rerio*	84.46	120h LC_{50}	刘迎等，2014
	农乳 700	*B. rerio*	55.86	120h LC_{50}	刘迎等，2014
	宁乳 33	*B. rerio*	120.08	120h LC_{50}	刘迎等，2014
蓖麻油聚氧乙烯醚系列	EL-20	*D. magna*	47.28	48h EC_{50}	李秀环，2013
	EL-40	*D. magna*	22.48	48h EC_{50}	李秀环，2013
	EL-60	*D. magna*	18.37	48h EC_{50}	李秀环，2013
	EL-12	*D. magna*	15.05	48h EC_{50}	李秀环，2013
	EL-80	*D. magna*	13.65	48h EC_{50}	李秀环，2013
Tween 和 Span 系列	T-20	*D. magna*	26.17	48h EC_{50}	李秀环，2013
	T-40	*D. magna*	98.47	48h EC_{50}	李秀环，2013
	T-80	*D. magna*	34.46	48h EC_{50}	李秀环，2013
	SP-80	*D. magna*	20.57	48h EC_{50}	李秀环，2013

由表 5-3 可见，非离子型表面活性剂毒性大小顺序大致可排列为：脂肪醇聚氧乙烯醚系列>聚醚系列和烷基酚聚氧乙烯醚系列>苯酚衍生物聚氧乙烯醚、Tween 和 Span 系列及蓖麻油聚氧乙烯醚系列。其中脂肪醇聚氧乙烯醚系列中大部分助剂为中等和高等毒性，苯酚衍生物聚氧乙烯醚、Tween 和 Span 系列及蓖麻油聚氧乙烯醚系列均为低毒。

脂肪醇聚氧乙烯醚（AEOs）是非离子型表面活性剂（NIS）中的一类。大量基于不同水生生物（包括藻类、大型溞、多种淡水及咸水鱼类）的研究表明，相较于无脊椎动物和鱼类，藻类对脂肪醇聚氧乙烯醚类物质较为敏感。在碳链长度和环氧乙烷加成数相同的情况下，直链与有支链的 AEOs 具有相似的毒性。在保证 AEOs 可溶于水的情况下，其对水生生物的急性毒性高低随环氧乙烷加成数的增多而降低，随碳链长度的增长而升高。

表 5-4 中归纳了不同碳链长度与环氧乙烷加成数的非离子脂肪醇聚氧乙烯醚（AE）对藻类、水生无脊椎动物及鱼类的慢性毒性数据。由表 5-4 中数据可知，与 AE 对水生生物的急性毒性相似，在保证 AE 可溶于水的情况下，其对水生生

物的慢性毒性高低随环氧乙烷加成数的增多而降低，随碳链长度的增长而升高。

表 5-4　AE 对藻类、水生无脊椎动物及鱼类的慢性毒性数据（Anon，2009）

水生生物类别	受试生物/测试指标	终点	范围/（mg/L）
藻类	栅列藻/生长速率 羊角月牙藻/生长速率	EC_{10}	0.03 （$C_{12}EO_2$）～9.791（$C_{8\sim10}$ EO_5）
水生无脊椎动物	溞类/繁殖 钩虾/幼体存活	LC_{10}	0.082（$C_{12\sim15}EO_6$）～3.882（$C_{9\sim11}EO_6$）
鱼类	虹鳟/鱼卵至孵化阶段增重 蓝鳃太阳鱼/幼体存活	LC_{10}	0.079（$C_{12\sim15}EO_9$）～8.983（$C_{9\sim11}EO_6$）

在 AEOs 中，APEO 因其代谢产物毒性较高而引起研究者的广泛注意，其中又以 NP_nEO 使用量最大（占 80%～85%）。研究发现，$NP_{10}EO$ 及其代谢产物 NP 均可对多刺裸腹溞的生长繁殖过程产生毒害效应，导致其首次生殖时间出现延后，母体体长减小，初生幼体体长减小及首次生殖数量降低。大量实验研究表明，NP 可对水生生物的生殖产生影响，包括改变大菱鲆的雌雄激素水平；使青鳉和斑马鱼的配子数减少，降低其受精率；降低虹鳟鱼胚胎的孵化率；改变牡蛎的后代性别比例；诱导鳟鱼、鲤科鱼和青蛙产生间性体。表 5-5 中总结了 NP 和 OP 对不同水生生物卵黄蛋白原（VTG）水平的影响，由此可见，NP 与 OP 对水生生物具有雌激素效应，且不同物种对 NP 的敏感性不同（van den Belt et al.，2003；Jobling et al.，1996；Lech et al.，1996；Thorpe et al.，2000；Kwak et al.，2001）。

表 5-5　NP 和 OP 对不同水生生物卵黄蛋白原（VTG）的影响

受试物质	受试物种	雄/雌/幼鱼	试验时间	试验条件	暴露浓度/（mg/L）	LOEC
NP	虹鳟	雄性	3 周	流态	0～54.3	VTG 诱导：20.3mg/L
		雄性/雌性幼鱼	72h	流态	0～150	VTG cDNA：10mg/L
		雌性幼鱼	14d	流态	0～52.7	VTG 诱导：16mg/L
		幼鱼	3 周	半静态	0～500	VTG 诱导：100mg/L
	绵鳚	雌性	3 周	半静态	0～1000	VTG 诱导：100mg/L
	剑尾鱼	雌性/雄性	3d	半静态	0～100	VTG mRNA 表达：4mg/L
	斑马鱼	雄性	3 周	半静态	0～500	VTG 诱导：500mg/L
OP	虹鳟	雄性	3 周	流态	0～43.9	VTG 诱导：4.8mg/L
		雄性	3 周	流态	0～100	VTG 诱导：10mg/L
		幼鱼	3 周	半静态	30	VTG 诱导：≤30mg/L
	拟鲤	雄性	3 周	流态	0～100	VTG 诱导：100mg/L
	斑马鱼	雄性	3 周	半静态	0～100	无明显影响

注：LOEC 为最低有影响浓度。

Ackermann 等（2002）以虹鳟鱼幼鱼为试验对象，研究长期暴露于 NP 对其性腺发育和多个典型雌激素作用生物标志物的影响。研究人员将虹鳟鱼幼鱼暴露于 NP 中一年后，对其性别比率、性别分化及与雌激素介导机制直接相关的生物标志物进行测量。到目前为止，外源性雌激素导致性别转化和性发育损伤的机理尚未得出定论。作为雌激素受体诱导剂的典型标志物之一，外源性雌激素对卵黄蛋白原（VTG）水平的影响备受研究人员的关注。实验研究表明，多个物种通过多种途径暴露于推定的雌激素受体诱导剂后，其雄鱼及幼鱼血液样本中的卵黄蛋白原水平均有提高（Yadetie et al.，1999）。Jobling 等（1998）发现，卵黄蛋白原水平提高与雌雄同体现象（出现卵巢空洞或/及雄性性腺中出现初级卵母细胞）会相伴发生。由此推断，卵黄蛋白原水平能够一定程度地反映性腺的组织学状况。但短期暴露于雌激素中，卵黄蛋白原的表达水平同样会提高。因此，卵黄蛋白原水平的提高可能只与短期内外界雌激素水平相关，而非发育更早期时性别分化受损造成雌雄同体现象的直接反映。为证明这一推论，Ackermann 等（2002）同时对卵黄蛋白原和卵壳蛋白（ZRP）水平及雌雄同体现象进行了研究，发现相比于雌雄同体现象的发展形成，卵黄蛋白原及卵壳蛋白水平更能直接反映鱼类在 NP 中的暴露情况。另外，结合前人相关结论，Ackermann 等（2002）认为卵黄蛋白原可作为雌激素作用的敏感生物标志物之一，其在 NP 浓度低至 1μL/L 时，依旧能够发生变化。在以大西洋鲑鱼为研究对象的试验中，Arukwe 等（1997）却发现相比卵黄蛋白原，卵壳蛋白对 NP 的反应更为灵敏。这可能与物种差异、暴露时间长短及卵黄蛋白原和卵壳蛋白的不同表达机制均相关。除了卵黄蛋白原和卵壳蛋白，VTG mRNA 也常被作为雌激素作用的生物标志物，这一标志物主要用于体型较小的幼鱼甚至鱼类胚胎等体积有限的样本。但由于除了提高特定基因的转录水平，类固醇激素还能够通过提高 mRNA 的稳定性影响细胞，卵黄蛋白原表达量与 VTG mRNA 水平的变化并不一定相符（Sachs and Messenger，1993）。

除此之外，NP 也被认为能够影响虹鳟鱼幼鱼血浆里的性激素雌二醇（E2）和睾酮（T）的浓度。研究人员推测可能是与类固醇生成及代谢相关酶的变化造成了性激素浓度的变化，其中多种酶属于细胞色素 P450（CYP）家族（Naderi，et al.，2013）。类固醇生成快速调节蛋白（StAR）和 CYP450 介导的胆固醇侧链裂解酶（P450scc）是类固醇生物合成过程中的两种关键酶。Kortner 和 Arukwe（2007）发现 NP 对 StAR 蛋白表达和 P450*scc* 基因表达具有双向作用，在低浓度时起诱导作用，反之在高浓度时起抑制作用。另外，NP 还能够影响 CYP1A 和 CYP3A 亚家族成员。以大西洋鳕鱼（*Gadus morhua*）幼鱼和黑虾虎鱼（*Gobius niger*）为研究对象的实验表明，NP 会降低 CYP1A 酶和 CYP3A 酶的活性（Maradonna et al.，2004；Sturve et al.，2006）。这几种酶均与类固醇代谢相关，其活性的降低会导致血浆中激素水平的提高。NP 还会影响鱼类脑部和性腺中芳香化酶

P450arom mRNA 的表达水平，由此影响雌鱼雌二醇和雄鱼睾酮的转化过程，但 NP 影响虹鳟鱼类固醇水平的机理仍有待后续研究。

5.2　NP_nEO 及 NP 对斑马鱼毒性效应研究

5.2.1　NP_nEO 对斑马鱼胚胎的毒性效应研究

目前，国内外已对 NP_nEO 降解产物——NP 开展了多项毒性效应研究，而对 NP_nEO 的研究较少。因此本节以水生生物斑马鱼（*Danio rerio*）为实验材料，研究 NP_nEO 的生态毒理效应，为评价该类非离子型表面活性剂产生的环境风险提供基础实验数据和理论依据。

1. 材料与方法

1）试验试剂

试剂：NPEO（CAS：9016-45-9，Aladdin Chemistry Company）。

仪器：体视显微镜（Leica S8APO）、光照培养箱、6 孔细胞培养板等。

2）供试生物的准备

斑马鱼来自某研究所，平均体长（3.25±0.35）cm。实验前一天傍晚，挑选外观正常、个体均匀、头小体阔、鳞片完整、反应灵敏的雌、雄斑马鱼，按 1∶1 的比例放入繁殖盒中，隔夜自然交配产卵，次日收集正常发育的受精卵开始暴露试验。

3）溶液的配制与浓度设置

NPEO 较难溶于水，需以丙酮作为助溶剂。配制成的母液浓度为 500mg/L（丙酮：2μL/L）。由于丙酮的毒性较大，因此设置一组溶剂对照组。依据文献对不同水生生物的急性毒性研究成果，设置 6 组 NPEO 溶液的浓度：1mg/L、2mg/L、4mg/L、6mg/L、8mg/L、10mg/L，以及空白对照组和溶剂对照组（丙酮）。

4）暴露处理

暴露实验所采用的研究方法依照国家标准《化学品　鱼类胚胎和卵黄囊仔鱼阶段的短期毒性试验》（GB/T 21807—2008）。实验时将母液用蒸馏水稀释成浓度为 1mg/L、2mg/L、4mg/L、6mg/L、8mg/L、10mg/L 的溶液，充分曝气以保证水体中的溶解氧浓度。每个浓度设 3 组平行，每组平行含 30 枚受精卵。以 6 孔细胞培养板作为培养容器，每孔中加入 10mL 的测试液和 5 枚受精卵，并置于光照培养箱中，控制温度在 28.5℃，光照时间为日∶夜=14h∶10h。每隔 24h 需更换一次测试液。

每天通过体视显微镜观察受精卵并记录生长状况，及时挑出死亡胚胎，避免对其他胚胎造成影响，并统计相关数据。

5）数据处理

实验数据通过 SPSS 19.0 统计软件计算 LC_{50} 及进行单因素 ANOVA 检验（$P<0.05$ 为具有显著差异，$P<0.01$ 为具有极为显著的差异），并用 SigmaPlot 作图。

2. 结果与分析

1）NPEO 对斑马鱼的致死效应

实验结果如表 5-6 所示：随着暴露时间的延长，各浓度的死亡率均呈上升趋势，且浓度越高胚胎的死亡率越高。其中，暴露至 72h、10mg/L NPEO 中的胚胎死亡率接近 100%。在暴露 72h 时，浓度为 4mg/L、6mg/L、8mg/L 和 10mg/L 的组与空白对照组胚胎死亡率之间存在明显的差异（图 5-1）。通过计算，得到 NPEO 对斑马鱼胚胎 24h、48h 和 72h 的 LC_{50} 分别为 9.85mg/L、5.08mg/L 和 2.12mg/L。

表 5-6　NPEO 的致死效应及 LC_{50} 值

处理	24h		48h		72h	
	死亡率/%	LC_{50}/（mg/L）	死亡率/%	LC_{50}/（mg/L）	死亡率/%	LC_{50}/（mg/L）
空白对照	22.22±0.06	9.85	22.22±0.06	5.08	27.78±0.06	2.12
溶剂对照（丙酮）	17.78±0.01		21.11±0.01		36.67±0.07	
1mg/L	25.56±0.06		31.11±0.04		37.78±0.02	
2mg/L	27.78±0.01		30.00±0.02		43.33±0.05	
4mg/L	20.00±0.02		32.22±0.07		54.44±0.08	
6mg/L	40.00±0.04		54.44±0.03		74.44±0.07	
8mg/L	45.56±0.02		56.67±0.02		86.67±0.00	
10mg/L	63.33±0.05		71.11±0.09		97.78±0.02	

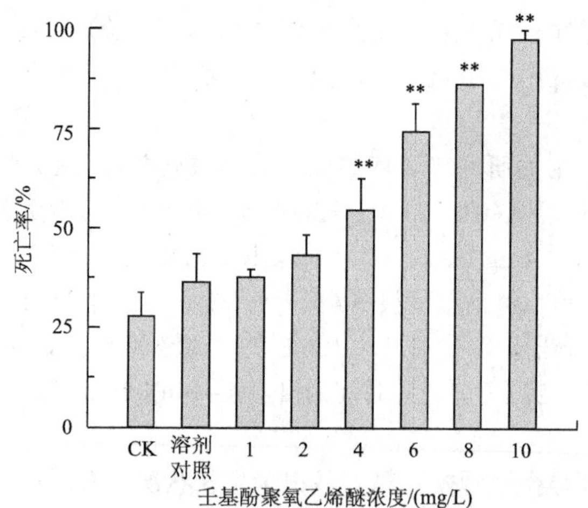

图 5-1　不同浓度的 NPEO 处理 72h 的死亡情况

**表示 $P<0.01$

利用单因素 ANOVA 检验对各浓度的 NPEO 中胚胎的死亡率进行两两比较，发现一定浓度范围的死亡率无明显的统计学差异。如表 5-7 所示，相邻浓度间只有 4mg/L 和 6mg/L 间具有明显差异，结果可间接说明，在 4mg/L 和 6mg/L 浓度范围内的 NPEO 对斑马鱼胚胎的毒性作用开始明显加强，从而导致死亡率的大幅度增长。

表 5-7　各浓度 NPEO 溶液间的统计学差异情况

	1mg/L	2mg/L	4mg/L	6mg/L	8mg/L	10mg/L
1mg/L			*	*	*	*
2mg/L				*	*	*
4mg/L				*	*	*
6mg/L						*
8mg/L						
10mg/L						

*具有显著差异。

2）NPEO 对胚胎孵化的影响

图 5-2 为暴露 48h 后，一系列浓度的 NPEO 溶液对胚胎孵化率的影响。从图中可以清楚地看到，与空白对照组相比，低浓度的 NPEO 对胚胎的孵化具有明显的促进作用。随着浓度的升高，孵化率也相应提高，暴露在 2mg/L 的 NPEO 溶液中的胚胎孵化率最高。而随着 NPEO 浓度的继续升高，胚胎的孵化率急剧下降，与空白对照组相比，NPEO 对胚胎孵化产生明显的抑制作用。48h 后 4mg/L、6mg/L、8mg/L 和 10mg/L 中的胚胎均未孵化，72h 后，4mg/L 中只有少数孵化。将其置于体视显微镜下观察，发现大部分胚胎出现未发育或发育阻滞现象（图 5-3）。

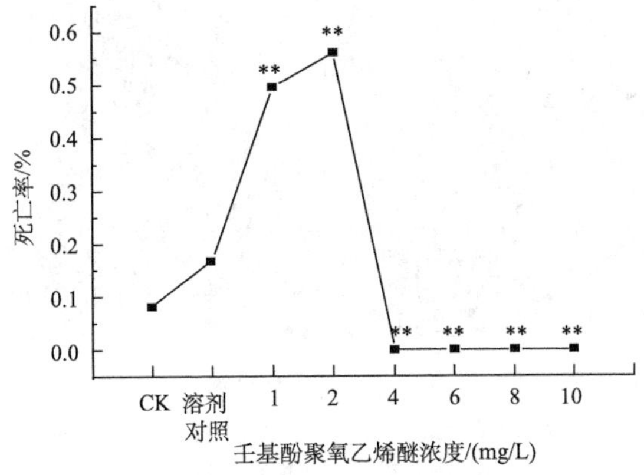

图 5-2　暴露 48h 后不同浓度的 NPEO 溶液对孵化率的影响

**表示 P<0.01

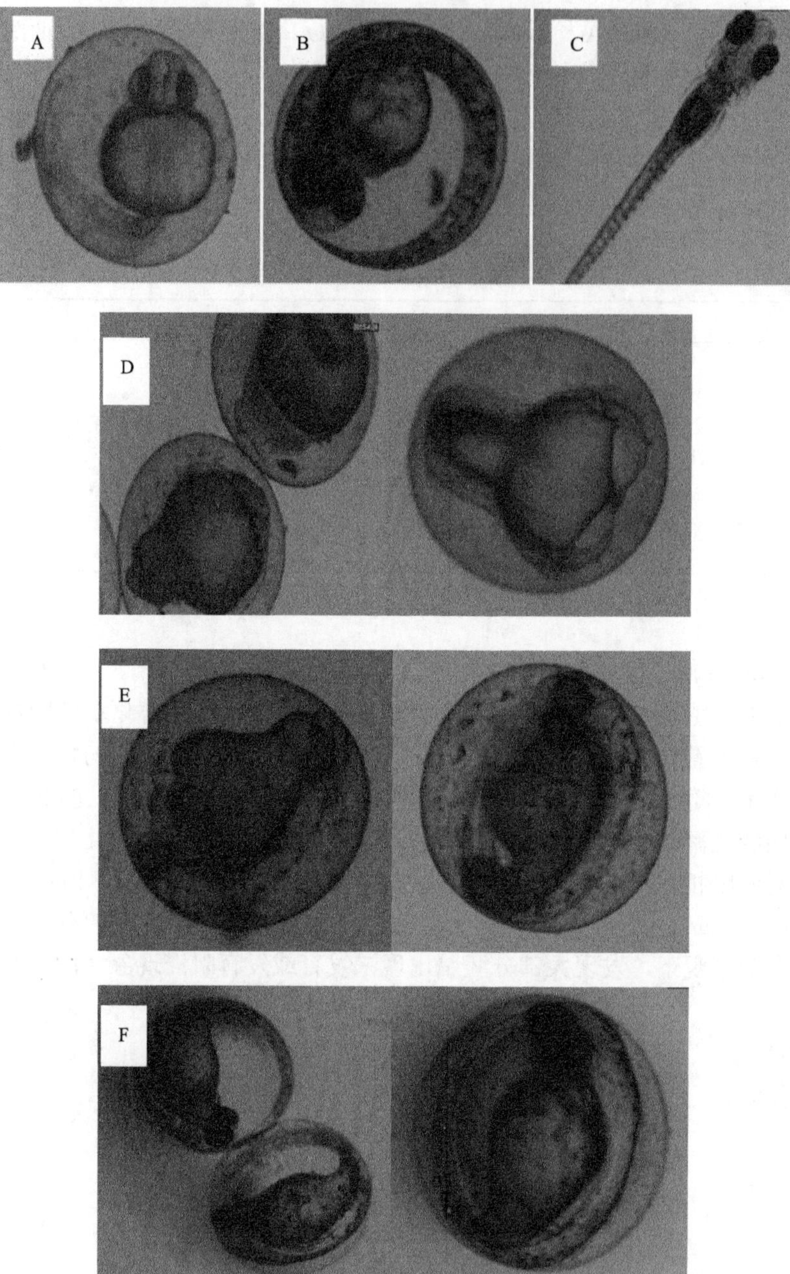

图 5-3 发育对比图

A：正常发育的 24h 胚胎；B：正常发育的 48h 胚胎；C：正常发育的 96h 胚胎；D：24h 卵凝结的胚胎；E：48h 发育阻滞的胚胎；F：96h 发育阻滞的胚胎

3）NPEO 的致畸效应

实验过程中可观察到，暴露在不同浓度 NPEO 溶液中的斑马鱼胚胎相继出现尾部畸形、心包囊肿、脊柱弯曲等畸形现象（图 5-4）。

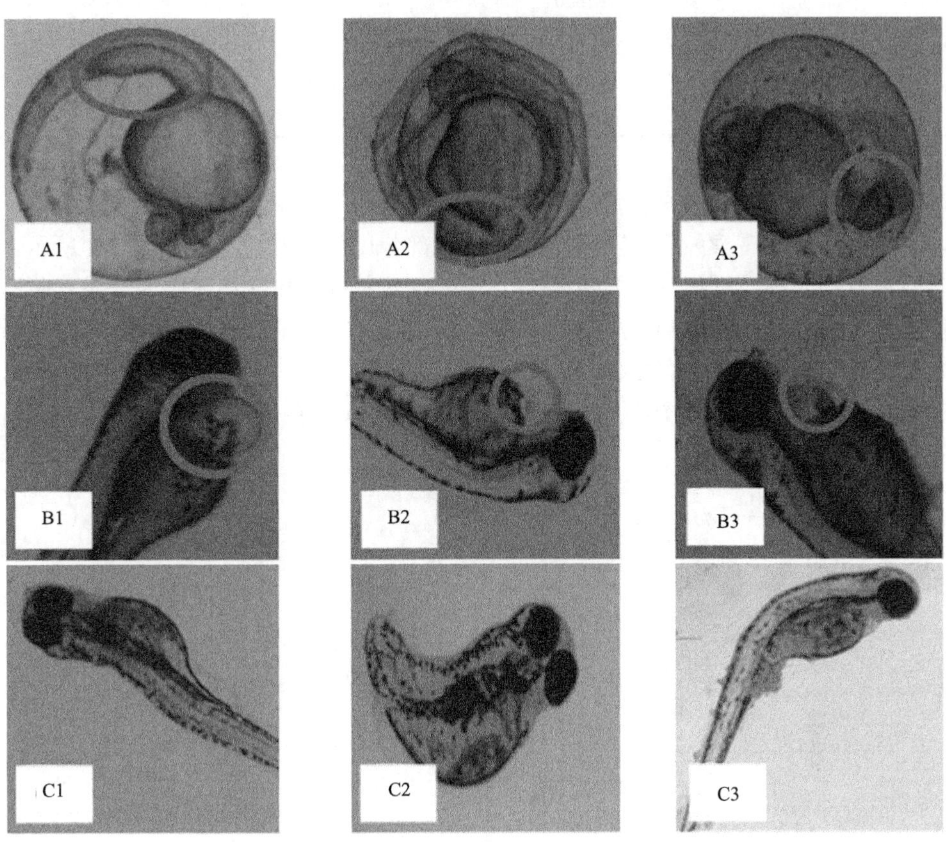

图 5-4　斑马鱼胚胎畸形情况

A1～A3：24h 尾部畸形的胚胎；B1～B3：96h 心包囊肿的幼鱼；C1～C3：96h 脊柱弯曲的幼鱼

从表 5-8 中可看出，斑马鱼畸形的概率与 NPEO 浓度呈正相关关系。需要特别说明的是，由于 NPEO 的浓度设置较高，从 4mg/L 开始，斑马鱼胚胎未孵化率及死亡率均较高，部分数据只统计到 2mg/L。

表 5-8　NPEO 的致畸效应

NPEO 溶液	尾部畸形率/%	患心包囊肿率/%	体长/mm	30s 心跳数
空白对照	0.00±0.00	0.00±0.00	3.73±0.04	82.60±0.50
溶剂对照（丙酮）	8.11±0.02	5.94±0.01	3.30±0.03	61.27±0.44
1mg/L	22.57±0.03	29.04±0.03	3.30±0.01	54.33±1.55

续表

NPEO 溶液	尾部畸形率/%	患心包囊肿率/%	体长/mm	30s 心跳数
2mg/L	32.25±0.04	29.94±0.03	3.38±0.02	54.80±1.20
4mg/L	43.10±0.02	—	—	—
6mg/L	53.70±0.04	—	—	—
8mg/L	71.24±0.03	—	—	—
10mg/L	65.92±0.06	—	—	—

4）NPEO 对斑马鱼胚胎尾部畸形的影响

暴露 24h 后观察发现，处理组胚胎出现部分尾部畸变情况，如表 5-8 所示，随着浓度的升高，尾部畸形率也随之上升（高浓度的 NPEO 溶液中因有发育阻滞情况，只统计准确观察到的尾部畸形的个数）。畸形率=畸形数量/24h 各平行存活数量×100%。通过单因素 ANOVA 检验发现，空白对照组与溶剂对照组间 P=0.38，而与各 NPEO 溶液间的 P<0.01（图 5-5），说明 NPEO 能显著地导致胚胎尾部畸变。

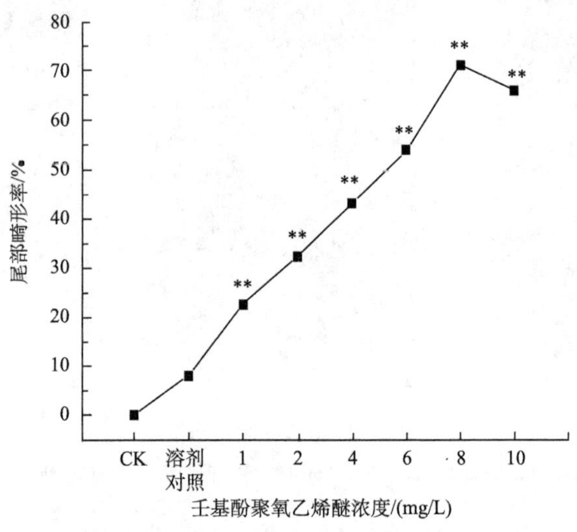

图 5-5　不同浓度的 NPEO 对尾部畸形率的影响

**表示 P<0.01

5）NPEO 对斑马鱼幼鱼患心包囊肿的影响

当胚胎仍旧被绒毛包裹时，不易观察到心包囊肿的情况，而孵化一段时间后可直接通过肉眼观察到心包囊肿情况，有心包囊肿的幼鱼几乎没有主动运动，且均呈侧躺的姿势。从图 5-6 可看出 NPEO 浓度越高，幼鱼患心包囊肿的概率越大。（比例=患心包囊肿的幼鱼数/96h 各平行存活数量×100%）。通过单因素 ANOVA 检验发现，空白对照组与溶剂对照组间 P=0.126，而与 NPEO 溶液间的 P<0.01，说

明 NPEO 是导致幼鱼患心包囊肿的主要原因，且 NPEO 能显著地使幼鱼患上心包囊肿。

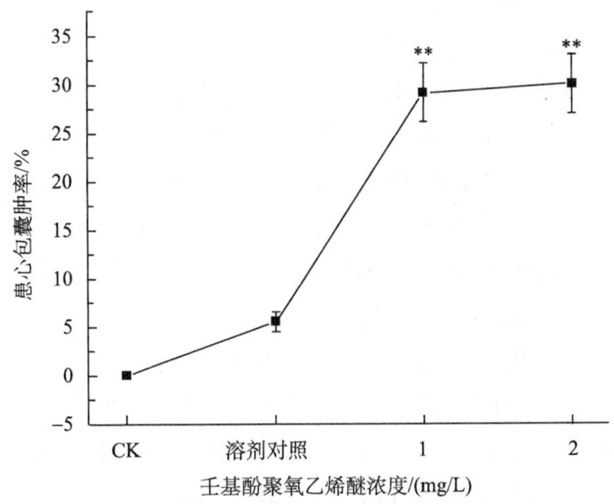

图 5-6　不同浓度的 NPEO 对患心包囊肿率的影响

**表示 $P<0.01$

6）NPEO 对幼鱼体长及 30s 心跳数的影响

暴露至 96h 后，从各浓度的 3 组平行中随机选取 5 尾幼鱼，分别测量其体长并计算 30s 心跳，结果见图 5-7。由于两组实验所用的为不同批次的胚胎，因此

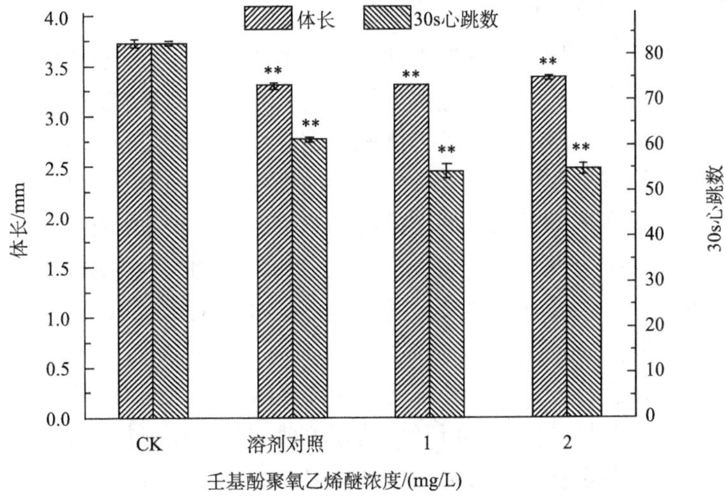

图 5-7　不同浓度的 NPEO 对体长和心跳的影响

**表示 $P<0.01$

未经处理的胚胎孵化出的幼鱼在体长和 30s 心跳数上也存在一定的差异，总的来说，体长均长于 3.7mm，心跳数也都快于经过处理的幼鱼。经过 NPEO 处理的幼鱼平均体长在 3.30～3.40mm，30s 平均心跳近 55 次。同时也可以看出助溶剂丙酮对其体长和心跳也存在一定的影响。

同时，实验中测量了 4mg/L NPEO 溶液中孵出及 96h 仍未孵化的胚胎的 30s 心跳数（存活数量较少），最低的为 17 次，最高也仅有 26 次，这与其畸形程度高、发育阻滞有很大关系。测量结果也表明，心包囊肿对其心跳数有一定影响，相比之下，患心包囊肿的幼鱼其 30s 心跳数更少，且心包囊肿越严重，心跳越缓慢。

通过单因素 ANOVA 检验发现，空白对照组与其他各浓度测试液间的 $P<0.01$，说明丙酮和 NPEO 对幼鱼体长和心跳都有不利影响。

从以上实验研究结果可看出，一定浓度的 NPEO 溶液对鱼类胚胎有致死作用，随着浓度的升高，致死作用增强。本次试验研究设置的浓度较高，主要观察的是短期内对于其体型等方面的影响。NPEO 对斑马鱼的尾部形态、体长、心跳都造成比较大的影响。暴露 24h 后已经可以从未孵化的胚胎中观察到尾部畸形的现象，且畸形率随浓度升高而呈现递增的趋势，推断 NPEO 能够透过绒毛膜直接作用于胚胎。较低浓度的 NPEO 能起到促进孵化的作用，而过高浓度会抑制其孵化，致使卵凝结、胚胎滞育。King-Heiden 等（2009）研究发现，膜脂质的过氧化、孵化酶的作用等均会使胚胎出膜。因此，低浓度的 NPEO 可能对膜脂质产生影响，但这一结论还需要进一步的研究。

5.2.2 4-NP 对斑马鱼胚胎的毒性效应研究

斑马鱼作为模式生物，具有以下几个显著的优点：世代周期短，能够明显缩短实验周期；一次产卵数多，可提供大量的实验样本；对环境激素敏感；胚胎透明，易于在显微镜下观察其生长发育情况。因此斑马鱼被广泛运用于早期胚胎发育基因表达控制的研究和化学混合物的急慢性毒性检测及重金属的生物累积效应研究。有研究以斑马鱼为供试生物得出成鱼对 $NP_{10}EO$ 和 NP 的 96h LC_{50} 值分别为 11.84mg/L 和 0.96mg/L，并通过 NP 对不同水生生物（大型溞、斑马鱼、斜生栅藻、假单胞菌）的急性毒性实验，探究出不同水生生物对 NP 的敏感性顺序：枝角类＞鱼类＞藻类＞微生物。

NP 的作用机理十分复杂，目前还没有完善的实验方法能够说明其对人体的危害。不仅如此，在目前国内外所开展的相关研究中，所采用的模型化合物大都是自然环境中并不存在的直链 NP，对于其实际的风险评价无太大的指导意义。本小节选用 4-NP 对斑马鱼胚胎发育进行毒性研究，以了解 NP 对鱼类的生态毒理效应，为评价该类环境激素产生的环境风险提供基础实验数据和理论依据，同时为进一步的污染治理方面的研究和应用打下一定基础。

1. 材料与方法

1）供试试剂

4-NP（Aladdin Chemistry Company）和供试生物斑马鱼的准备同 5.2.1 节。

2）溶液的配制与浓度设置

以乙醇作为助溶剂，配制的 4-NP 母液浓度为 500μg/L（乙醇：55mL/250mL）、100μg/L（乙醇：11mL/250mL）。经预试验证明乙醇作为助溶剂在上述浓度范围内对斑马鱼胚胎无毒，正式试验不再设置对照组。

设置 6 组不同浓度的 4-NP 溶液，为 2μg/L、5μg/L、10μg/L、25μg/L、50μg/L 和 125μg/L 及空白对照组。

3）暴露处理方法

暴露实验所采用的研究方法依照国家标准《化学品　鱼类胚胎和卵黄囊仔鱼阶段的短期毒性试验》（GB/T 21807—2008）。

实验中主要记录：死亡数、孵化数、24h 尾部畸形的胚胎数、96h 胚胎的心包囊肿的情况、6h 胚胎的 30s 心跳数及体长，从而计算相应的死亡率、孵化率、畸形率、心率及生长抑制情况。

4）数据处理

实验数据在 Excel 中进行简单处理，通过 SPSS 19.0 统计软件计算 LC_{50} 及进行单因素 ANOVA 检验（$P<0.05$ 为具有显著差异，$P<0.01$ 为具有极为显著的差异）并用 SigmaPlot 12.0 作图。

2. 结果与分析

1）4-NP 的致死效应

4-NP 对斑马鱼胚胎的毒性试验结果见表 5-9。由表 5-9 可知，斑马鱼胚胎暴露在不同浓度的 4-NP 溶液 48h、72h 和 96h 的 LC_{50} 分别为 131.4μg/L、47.2μg/L 和 26.8μg/L。可见，LC_{50} 随着暴露时间的增加而降低。

图 5-8 显示，将斑马鱼胚胎暴露在含有 4-NP 的溶液中 120h，其胚胎死亡数与空白组对比存在明显的差异性（$P<0.01$），其中，125μg/L 的 4-NP 溶液中的胚胎几乎全部死亡，中间浓度之间的死亡数量则差异较小。

图 5-9 显示了斑马鱼胚胎在不同浓度的 4-NP 溶液中暴露一段时间后，死亡数量的变化情况。可以看到随暴露时间增加，处理组的胚胎死亡数总体呈上升趋势，且处理组的胚胎死亡数较空白组高。其中在暴露 96h 后，各处理组均出现了死亡数量大幅增长的情况，这可能是因为畸形幼鱼生命力较弱、不易存活。

表 5-9　4-NP 的致死效应及 LC_{50} 值

处理	48h		72h		96h	
	死亡率/%	LC_{50}/（μg/L）	死亡率/%	LC_{50}/（μg/L）	死亡率/%	LC_{50}/（μg/L）
空白对照	33.33±0.03		33.33±0.03		33.33±0.03	
2μg/L	38.89±0.07		42.22±0.06		42.22±0.06	
5μg/L	34.44±0.08		35.56±0.09		35.56±0.09	
10μg/L	34.44±0.02	131.4	44.44±0.03	47.2	47.78±0.04	26.8
25μg/L	52.22±0.07		54.44±0.08		56.67±0.09	
50μg/L	42.22±0.05		45.56±0.07		46.67±0.06	
125μg/L	51.11±0.03		54.44±0.02		57.78±0.04	

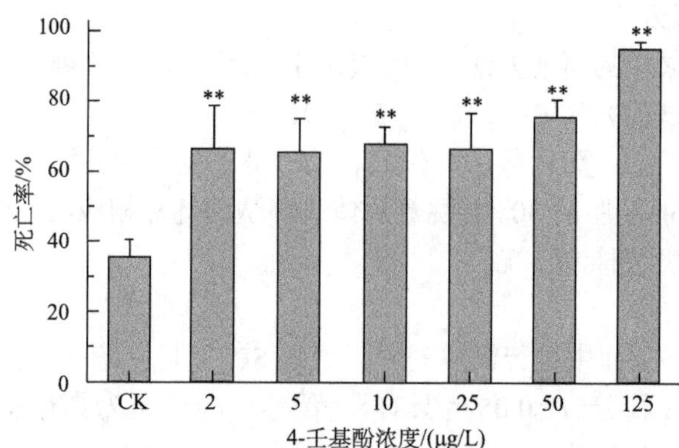

图 5-8　不同浓度 4-NP 处理 120h 的死亡情况

**表示 $P<0.01$

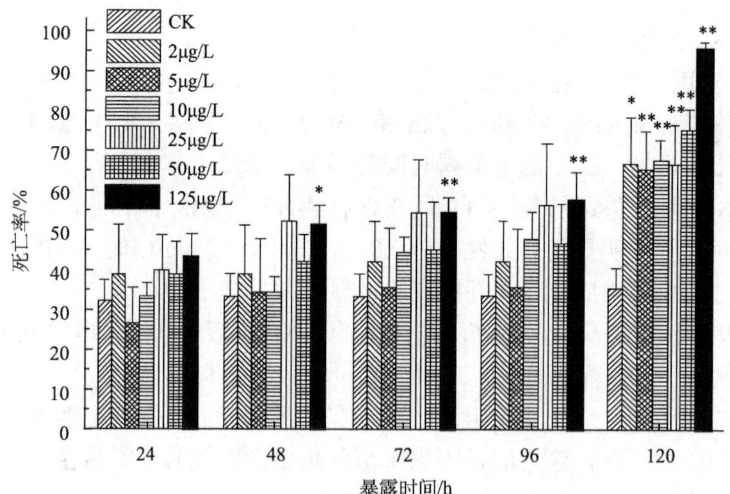

图 5-9　不同浓度 4-NP 处理 120h 内死亡数量的增加情况

*表示 $P<0.05$；**表示 $P<0.01$

2）4-NP 对斑马鱼胚胎孵化的影响

图 5-10 为暴露 48h 后，不同浓度 4-NP 溶液对胚胎孵化率的影响。从图 5-10 中可以清楚地看到，空白对照组的孵化率最高，随着 4-NP 的浓度增大，孵化率呈现一定的波动，25μg/L 的 4-NP 溶液中斑马鱼胚胎的孵化率最低。图 5-11 为不同暴露时间 4-NP 对胚胎发育的影响。

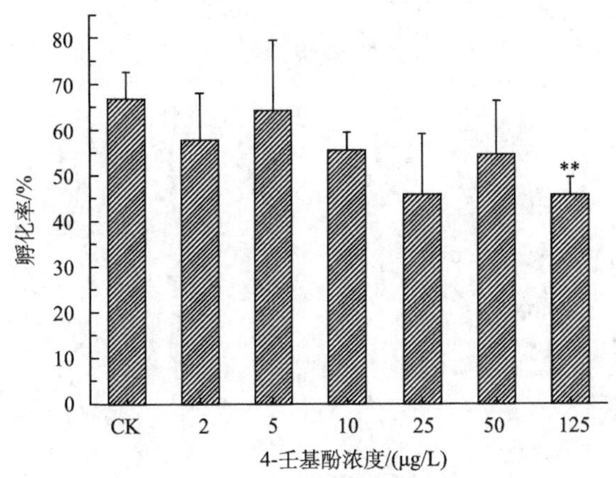

图 5-10 不同浓度的 4-NP 溶液对孵化率的影响

**表示 $P<0.01$

3）4-NP 的致畸效应

在实验中，相继观察到了尾部畸形、心包囊肿、脊柱弯曲等畸形现象，且畸形率与浓度呈正相关关系，同时通过测量体长和计数 30s 心跳，发现空白对照组及处理组之间存在明显的差异。处理组斑马鱼的体长明显缩短且心跳速率降低，结果参见图 5-12。

4）壬基酚对斑马鱼胚胎的致畸影响

研究中观察、统计了空白对照组和处理组斑马鱼胚胎尾部畸形率、心包囊肿率、体长和 30s 心跳数情况，统计结果见表 5-10。

暴露 24h 后观察发现，处理组胚胎出现部分尾部畸变情况，随着浓度的升高，尾部畸形率上升。畸形率=畸形数量/24h 各平行存活数量×100%。通过单因素 ANOVA 检验（图 5-13）发现，在 4-NP 的毒性实验中，空白对照组与最低浓度 2μg/L 间的 P=0.389，无明显差异，而与其他浓度间的 P<0.01，可见空白对照组与 5μg/L、10μg/L、25μg/L、50μg/L、125μg/L 浓度间具有极为显著的差异。

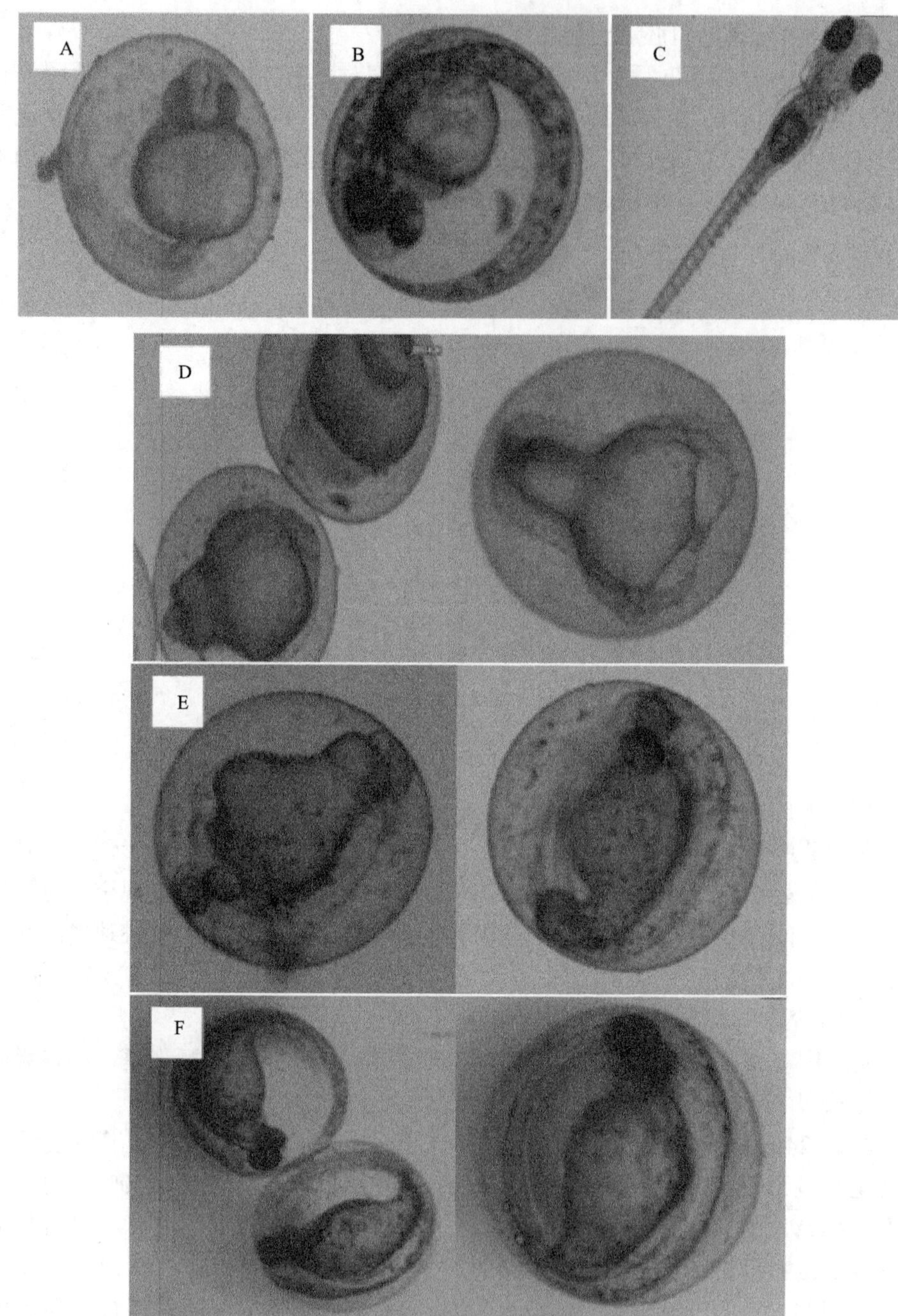

图 5-11　斑马鱼胚胎发育对比图

A：正常发育的 24h 胚胎；B：正常发育的 48h 胚胎；C：正常发育的 96h 胚胎；D：24h 卵凝结的胚胎；E：48h 发育阻滞的胚胎；F：96h 发育阻滞的胚胎

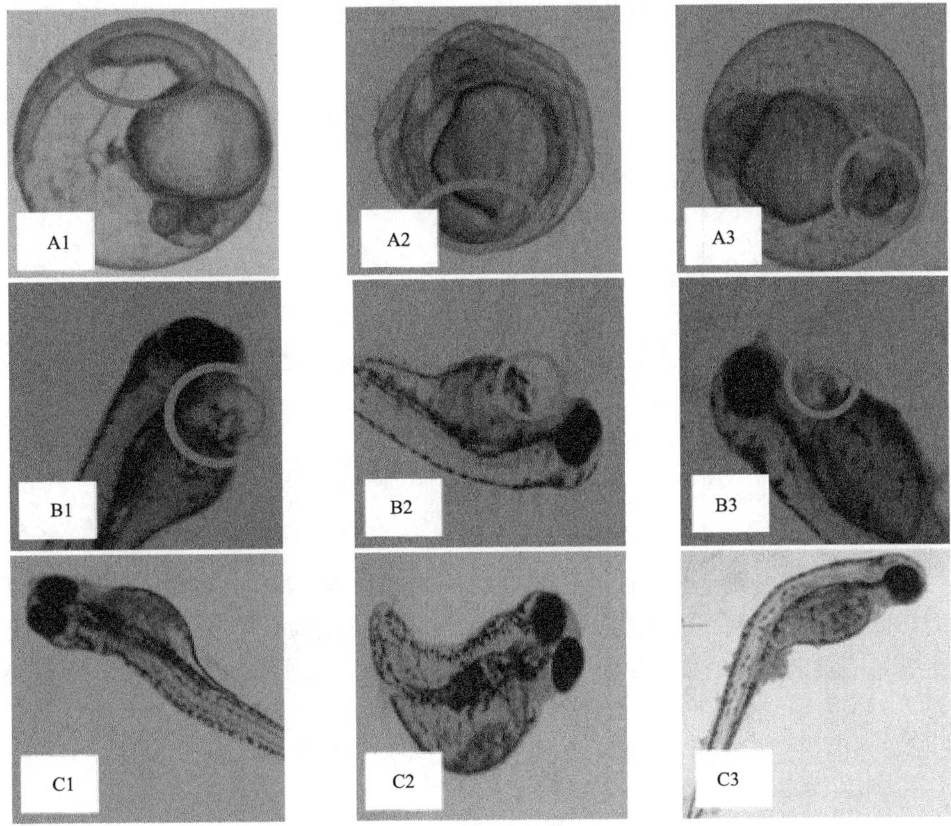

图 5-12　斑马鱼胚胎畸形情况

A1～A3：24h 尾部畸形的胚胎；B1～B3：96h 心包囊肿的幼鱼；C1～C3：96h 脊柱弯曲的幼鱼

表 5-10　NP 对斑马鱼致畸的影响

NP 溶液	尾部畸形率/%	心包囊肿率/%	体长/mm	30s 心跳数
空白对照	0.00±0.00	0.00±0.00	3.84±0.02	67.87±0.93
2μg/L	4.05±0.02	26.59±0.04	3.29±0.11	56.80±1.22
5μg/L	16.60±0.04	26.36±0.03	3.37±0.05	54.93±0.81
10μg/L	28.38±0.02	30.05±0.03	3.31±0.02	50.47±0.70
25μg/L	38.92±0.01	42.59±0.07	3.34±0.04	57.20±0.83
50μg/L	46.00±0.05	34.90±0.07	3.36±0.02	56.00±1.29
125μg/L	49.45±0.04	79.44±0.12	3.25±0.04	51.87±4.37

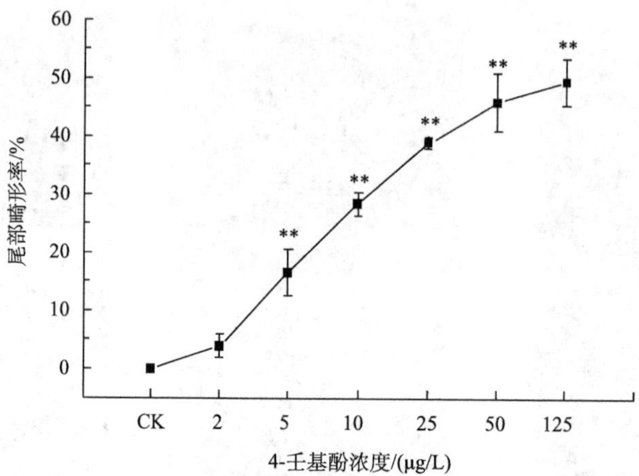

图 5-13　不同浓度的 4-NP 对尾部畸形率的影响

**表示 $P<0.01$

当胚胎仍旧被绒毛包裹时，不易观察到心包囊肿的情况，而孵化一段时间后可直接通过肉眼观察到。有心包囊肿的幼鱼几乎没有主动运动，且均呈侧躺的姿势（比例=患心包囊肿的幼鱼数/96h 各平行存活数量×100%）。通过单因素 ANOVA 检验（图 5-14）发现，在 4-NP 的毒性实验中，空白与 4-NP 所有浓度间的 $P<0.01$，具有非常显著的差异，说明 4-NP 可显著导致处理组幼鱼患上心包囊肿。

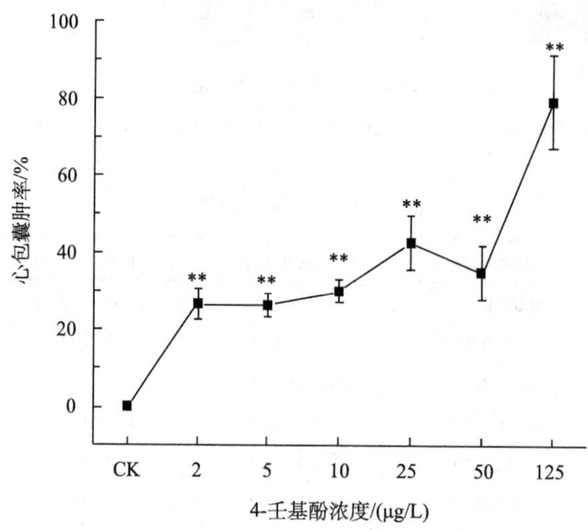

图 5-14　不同浓度的 4-NP 对心包囊肿率的影响

**表示 $P<0.01$

暴露至 96h 后，从各浓度的 3 组平行中随机选取 5 尾幼鱼，分别测量其体长并计算 30s 心跳。总的来说，未经处理的幼鱼体长均长于 3.7mm，经过 4-NP 暴露的幼鱼的平均体长则在 3.2～3.4mm（图 5-15）；未经处理的幼鱼心跳数明显多于经过处理的幼鱼，处理组幼鱼 30s 平均心跳数为 50～60 次（图 5-16）。心跳的快慢在一定程度上反映了血流量的大小，心跳速率也间接反映出 4-NP 对斑马鱼血流量的影响。通过单因素 ANOVA 检验也发现，在实验中，空白对照组与其他各浓度测试液间的 $P<0.01$，具有非常显著的差异，可见 4-NP 能显著地削弱幼鱼的心跳速率。测量结果也表明，心包囊肿对其心跳数有一定影响。相比之下，患心包囊肿的幼鱼 30s 心跳数更少且心包囊肿越严重，心跳越缓慢。

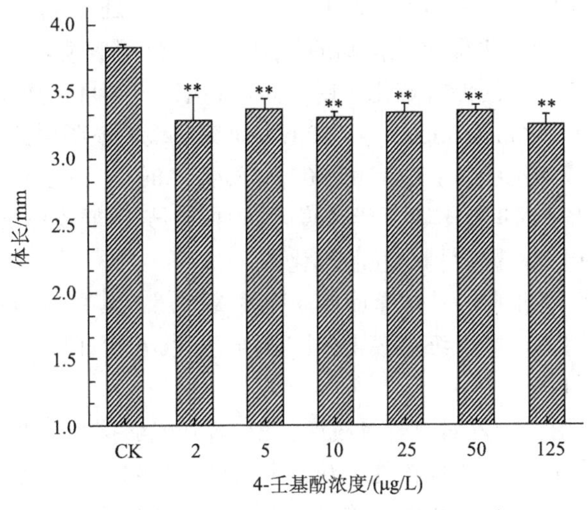

图 5-15　不同浓度的 4-NP 对体长的影响

**表示 $P<0.01$

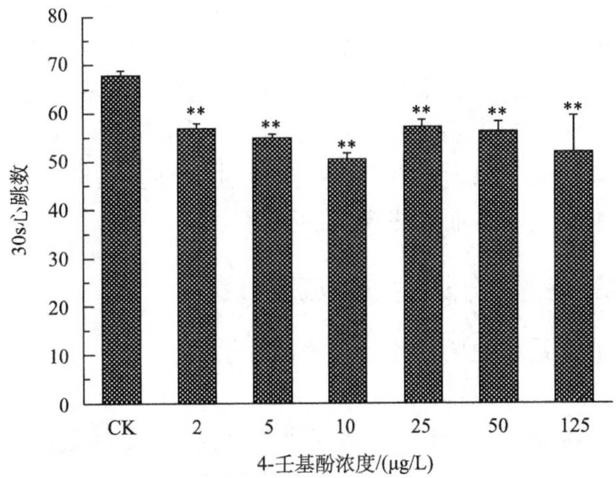

图 5-16　不同浓度的 4-NP 对心跳的影响

**表示 $P<0.01$

本书主要观察的是短期内 4-NP 对于其体态特征等方面的影响。从上述的结果分析中可以发现，4-NP 溶液对斑马鱼的体态特征等方面会造成比较大的影响，与空白对照组相比 $P<0.01$，差异极为显著，能显著地导致斑马鱼畸形、罹患心包囊肿、体长缩短、心跳减缓。

斑马鱼暴露在 4-NP 中 24h 后已经可以从未孵化的胚胎中观察到尾部畸形的现象，且畸形率随浓度升高而呈现递增的趋势，可以大胆地推断，NPEO 及其降解产物——壬基酚能够透过绒毛膜直接作用于胚胎。

正常的斑马鱼胚胎在受精后 48h 开始孵化，一般 72h 后可全部出膜，而外界化合物的刺激可能会产生促进或抑制的作用。研究结果表明，较低浓度的 4-NP 溶液能够起到一定程度的促进孵化作用，而过高浓度会抑制受精卵的孵化，导致卵凝结、胚胎滞育。King-Heiden 等（2009）研究发现，膜脂质的过氧化、孵化酶的作用等均会使胚胎出膜。Yao 等（2006）发现，50μg/L 的 NP 溶液会使卵膜变薄，而起到缩短孵化时间的作用；当浓度升高时，则会降低机体抗氧化酶的活性，导致脂质过氧化损伤，因此抑制胚胎孵化。

NP 可通过影响细胞信号传递途径从而发挥作用。其具有脂溶性，因此能够嵌入细胞膜内并蓄积，降低细胞膜上的 Ca^{2+}泵活性。而有研究表明，Ca^{2+}通路紊乱可导致脊柱弯曲。

NP 的毒性作用之一是对血管系统产生影响，它能够抑制 L 型 Ca^{2+}通道的 Ca^{2+}内流，从而引起冠脉血管内皮松弛。观察中发现，各浓度的处理组中均出现了心包囊肿的情况，且与浓度呈正相关关系。而心包囊肿会直接导致心跳数的减少，相同浓度的处理组间，患心包囊肿的幼鱼的心跳数也明显少于其他幼鱼。

本书并未从其他层次对 NP 的毒性进行评估。但实际上，研究人员已经在美国、日本等国家的水域中发现由于 NP 污染所导致的鱼类雌性化及精巢异常的现象。这些实际的案例说明，长期暴露在低浓度的毒性环境中对鱼类性别分化、内分泌相关指数会有较大的影响，可以从此方面入手进行更深入的实验。

结合本书结果及相关报道可知，4-NP 可对生物体基因造成影响，导致某些基因的过度表达或不表达，从而产生表型的变化。

5.2.3　NP$_n$EO 对斑马鱼内分泌干扰效应研究

鱼体内分泌干扰系统主要由如下五个部分组成。

（1）下丘脑-垂体-性腺轴。

鱼类感受外部刺激，促使下丘脑分泌促性腺激素释放激素（gonadotropin releasing hormone, GnRH），GnRH 的释放会激发脑垂体合成并释放促性腺激素（gonadotropin hormone, GTH），GTH 包括促卵泡激素（follicule-stimulating hormone, FSH）和黄体生成素（luteinizing hormone, LH），它们通过血液循环到达

性腺，促使性腺产生性类固醇激素，进而影响配子的发育，调节生殖行为。同时性激素也可以反馈给下丘脑和垂体，脑中相应部位接收到反馈调节信号后会自我调节，以应对外部环境对机体产生的刺激。如此，反馈与负反馈调节着鱼类的生殖和繁殖活动。这就是调控鱼类配子形成和性腺成熟的下丘脑-垂体-性腺轴（hypothalamic-pituitary-gonadal axis，HPG 轴）。

（2）促性腺激素释放激素及其受体。

促性腺激素释放激素（GnRH）是一种十肽菌素，是控制繁殖的主要神经激素。GnRH 与垂体前叶的促性腺激素分泌细胞处的受体 GnRHR 结合，从而调节促性腺激素的合成和分泌。根据国际通用标准，GnRH 区分为 GnRH1（GnRH Ⅰ）、GnRH2（GnRH Ⅱ）和 GnRH3（GnRH Ⅲ）三种类型。斑马鱼中只有 GnRH2 和 GnRH3 两个亚型。

GnRHR 是与促性腺激素释放激素（GnRH）结合的受体，参与信号传导作用，属于 G 蛋白偶联受体家族。一般认为鱼类中存在 2 种甚至更多的 GnRHR，迄今为止尚没有研究表明某一类型的 GnRH 是否有无特异的 GnRHR。在鱼类中主要表达 GnRHR 基因的组织有下丘脑、垂体、眼和性腺等。

（3）促性腺激素及其受体。

促性腺激素是由脊椎动物垂体前叶细胞合成、分泌的一种糖蛋白激素，包括促卵泡激素（FSH）和黄体生成素（LH），作用于性腺，主要生理作用是刺激生殖细胞的生长、发育、成熟和排出。在雄鱼中，FSH 决定精巢支持细胞的增殖及促进精子细胞的成熟，而 LH 则作用于精巢中的间质细胞，调节精子发生的最后阶段。在硬骨鱼中发现的两种促性腺激素最初命名为 GTH Ⅰ 和 GTH Ⅱ，通过比对分析硬骨鱼类与其他脊椎动物的两种 GTHβ 亚基编码区的核酸序列及相应的氨基酸序列发现，鱼类 GTH Ⅰ β 亚基与哺乳动物的 FSHβ 亚基接近，而 GTH Ⅱ β 亚基与 LHβ 亚基接近。Bogerd 等提议将鱼类的 GTH Ⅰ 和 GTH Ⅱ 分别命名为 FSH 和 LH，得到了广泛的认可。

FSHR 是 FSH 的特异性受体，FSHR 属于 G 蛋白偶联受体家族中的成员，通过环磷酸腺苷（cAMP）通路介导 FSH 的信号转导。FSH 与受体结合后产生两种作用，一方面活化芳香化酶，另一方面诱导 LH 受体形成。在鱼类中，FSHR 基因分布在卵黄生成期卵母细胞的膜细胞层和颗粒细胞层、排卵前期卵母细胞的膜细胞层及精子生成各个时期精巢的细胞中，而促黄体素受体（LHR）基因只分布在排卵前期卵母细胞的颗粒细胞层和排精期精巢的细胞中。

（4）性类固醇激素及其受体。

类固醇激素，又称甾体激素，是在促性腺激素的作用下，由性腺特化的组织和细胞分泌产生的。脊椎动物的类固醇激素分为肾上腺皮质激素和性激素，性激素分为雌激素和雄激素两类。雌激素和雄激素二者均由胆固醇衍生而来，可以在体内相互转变，机体内两种性激素维持着一种平衡，雌性动物体中含有雌激素多，雄性动物中含有雄激素多。性激素能够促进生殖细胞的发生、发育和成熟，通过正、负反馈调节协调 HPG 轴各部分的功能，使整个的性腺发育成熟过程有序进行。

所有的类固醇激素都由一个共同的前体——胆固醇经不同的类固醇类合成酶催化产生，胆固醇首先在 P450 胆固醇侧链裂解酶（P450scc）的作用下转化为孕烯醇酮，孕烯醇酮在一系列的异构化酶和羟基化酶的作用下形成孕酮和肾上腺皮质激素，接着孕酮经过细胞色素 P450c17 酶作用转换成睾酮，再在 11β-HSD 作用下形成 11-KT。随后雄激素在芳香酶的作用下转换成雌激素。

雌激素的信号通路由雌激素受体介导，雌激素与雌激素受体（estrogen receptor, ER）特异性结合，进入细胞核，作用于靶基因相关的调控元件，调节靶基因的转录水平，发挥雌激素功能。大多数鱼类中有 ERα、ERβ1 和 ERβ2 三种亚型，ERα 可以诱导 E2 敏感基因的表达，ERβ 的表达量很少或无法检测出来。性腺中 ER 的高表达与性腺正常功能的发挥和精子、卵子发生作用相关；脑中的 ER 表达可能与 HPG 轴负反馈相关。

雄激素与雄激素受体（androgen receptor, AR）结合维持精原细胞活性和增殖潜能，其促进精母细胞减数分裂。

（5）细胞色素 P450 酶。

细胞色素 P450 酶（cytochrome P450，CYP450）是一组结构和功能相关的超家族基因编码的含铁血红素同工酶，是生物体内的主要代谢酶。

细胞色素 P450 芳香化酶（CYP19a）是雌激素合成过程中的限速酶，它能催化雄激素向雌激素转化，这一过程在鱼类性腺发育中是必不可少的。鱼类的 P450 芳香化酶具有 CYP19ala 和 CYP19alb 两种结构不同的亚型，它们之间的相似性有 60%。*CYP19ala* 基因主要在卵巢中表达，而 *CYP19alb* 基因则主要在脑组织中表达。

CYP17 基因编码的细胞色素 P45017α-羟化酶是类固醇激素生成过程中的重要酶，是体内雄激素合成的限速酶，所以 CYP17 在雄激素的生物合成过程中非常重要。其分布于肾上腺和性腺的间质细胞中。

CYP11B 基因参与调控睾酮 11-KT 和皮质醇的信号通路，编码的酶可以将 T 转化为 11-KT。

环境内分泌干扰物具有类雌激素作用，在达到一定浓度时，能够与靶细胞上的雌激素受体 ER 结合，形成配体受体复合物发生构型变化，复合物再结合到细胞核 DNA 结合域的雌激素反应元件上，诱导或抑制有关调节细胞生长和发育的靶基因的转录，模拟或拮抗雌激素的生理作用，改变靶器官的生长、发育及生理功能。

本节在基因转录水平上研究 NPEO 对斑马鱼的影响，用石蜡切片法探究受试鱼的精巢组织结构的变化，用荧光定量 PCR 的方法检测受试鱼下丘脑-垂体-性腺轴（HPG 轴）相关基因的表达，以期通过相关基因表达的差异找到其可能的作用机制。

1. 材料与方法

1）实验材料

受试斑马鱼（*Danio rerio*）购自南京市花鸟市场，为性成熟雄性个体，平均体重（0.315±0.064）g，在实验室驯养 2 周后进行暴露实验，驯养鱼用水为曝气除氯后的自来水。

2）实验设计

NPEO 暴露设计：设置 5 个 NPEO 试验浓度组，分别为 0.001mg/L、0.01mg/L、0.1mg/L、1mg/L、10mg/L，设置一个雌二醇（E2：80μg/L）实验组和一个空白对照组。实验在 10L 的玻璃缸中进行，每个浓度随机放入实验用鱼 40 尾。实验期间每天喂食 3 次，采用半静态实验，48h 更换一次试液，持续增氧，水温控制在（25±2）℃，光照周期 14h∶10h，暴露周期为 21d。在 21d 时取样，取样时将斑马鱼置于冰上，冻僵后分别取脑和精巢，过液氮，放在–80℃冰箱中保存待用；精巢组织学研究的样品用 4%多聚甲醛固定待用。

3）实验方法

（1）斑马鱼脑和精巢中相关基因的实时定量 PCR。

①总 RNA 的提取与质量检测。用高纯总 RNA 快速抽提试剂盒（离心柱型）提取雄性斑马鱼脑和性腺组织总 RNA，用于 qRT-PCR。提取总 RNA 操作过程中所用枪头和离心管均为 RNase-free 的产品，金属器械和玻璃器皿经 180℃干烤 6h，具体步骤如下。

A. 匀浆处理：取出经液氮冷冻过的斑马鱼组织样品倒入 RNase-free 离心管中，取 1.5mL 的裂解液注入离心管中利用组织匀浆机匀浆。

B. 在 15～30℃条件下孵育 5min 以使核蛋白体完全分解。

C. 在 4℃的条件下 12000r/min 离心 10min，取上清液 1mL 转入一个新的 RNase-free 的离心管中。

D. 每 1mL 裂解液加 0.2mL 氯仿。盖紧样品管盖，剧烈振荡 15s 并将其在室温下孵育 3min。

E. 于 4℃ 12000r/min 离心 10min，样品会分成三层：下层为有机相，中间层和上层为无色的水相，RNA 存在于水相中。水相层的容量大约为所加裂解液体积的 60%，把水相转移到新的 RNase-free 的离心管中，约 500～550μL，进行下一步操作。

F. 加入 1 倍体积 70% 乙醇，颠倒混匀，得到的溶液和可能沉淀一起转入吸附柱中（吸附柱套在收集管内）。

G. 10000r/min 离心 45s，弃掉废液，将吸附柱重新套回收集管（分两次进行）。

H. 加 500μL 去蛋白液，12000r/min 离心 45s，弃掉废液。

I. 加入 700μL 漂洗液，12000r/min 离心 60s，弃掉废液。

J. 加入 500μL 漂洗液，12000r/min 离心 60s，弃掉废液。

K. 将吸附柱放回空收集管中，12000r/min 离心 2min，尽量除去漂洗液，以免漂洗液中残留乙醇抑制下游反应。

L. 取出吸附柱，放入一个 RNase-free 离心管中，根据预期 RNA 产量在吸附膜的中间部位加 50μL RNase-free water（事先在 65～70℃水浴中加热效果更好），室温放置 2min，12000r/min 离心 1min。如果需要更多的 RNA，可将得到的溶液重新加入离心吸附柱中，离心 1min，或者另外再加 30μL 的 RNase-free water 离心 1min，合并两次洗脱液；得到的总 RNA 在–80℃保存。

M.微量紫外分光光度计测定样品在 260nm 和 280nm 的吸收值及 OD_{260}/OD_{280} 比值，要求样品 OD_{260}/OD_{280} 比值在 1.8～2.0 之间方可使用，否则重新提取。

②cDNA 的合成。根据 HiScript 1st strand cDNA Synthesis kit 的说明进行反转录，反应体系为 10μL。在一个 RNase-free 离心管里按如下体系加入反应液（10μL）：总 RNA（1pg～500ng）1μL，4×gDNAwiperMix 2μL，RNase-free water 5μL。用移液器轻轻吹打混匀，瞬时离心，PCR 仪上 42℃反应 2min。随即向反应管中直接加入 5×qRT SuperMix Ⅱ 2μL，用移液器轻轻吹打混匀，瞬时离心，按以下程序进行反录反应：25℃ 10min，42℃ 30min，85℃ 5min。所得 cDNA 产物可在–20℃储存或立即用于 qRT-PCR 反应。

③荧光定量 PCR。提取总 RNA 进行实时荧光定量 PCR。实时荧光定量 PCR 反应体系为 20μL：10μL Faststart Universal SYBR Green Master，4μL cDNA 模板（反转录后按 1∶10 稀释），2μL 引物（6mmol/L），4μL RNase-free water。反应条件如下：95℃ 10min，1 个循环；95℃ 10s，55℃ 3s，40 个循环，4℃保存。进行 3 次重复实验以减少误差。

以 *β-actin* 作为实验内参，使用 Rotor-Gene Q Series Software 和 ABI 公司 StepONEPlus Real-Time PCR System 进行荧光定量，目标基因和参照基因扩增效率都接近 100%且相互间效率偏差在 5%以内。

（2）精巢组织石蜡切片。

精巢组织学研究采用常规石蜡切片：取出固定好的肝脏和精巢组织，脱水和透明，石蜡包埋，石蜡切片（厚 5μm），HE 染色。

（3）数据统计分析。

采用操作简便的 $2^{-\Delta\Delta C_t}$ 法进行相对基因表达量计算，其中 $\Delta\Delta C_t$=[（C_{ttarget}, n–

C_{tactin}, n) − ($C_{ttarget}$, c − C_{tactin}, c)]，其中，n 代表实验组，c 代表对照组，C_t 为每个反应管内的荧光信号到达设定阈值时所经历的循环数；$C_{ttarget}$ 为目标基因的 C_t；C_{tactin} 为内参基因 C_t 值。荧光实时定量得到的数据进行单因素方差分析，所有实验数据采用 SPSS 17.0 统计软件处理分析，利用方差分析检验实验组和对照组各组织中不同时间点的数据显著性差异，用 t 检验计算 P 值，当 $P<0.05$ 时认为差异显著，$P<0.01$ 则认为极显著差异。

2. 结果与分析

1）总 RNA 的检测

对提取的斑马鱼脑和性腺组织的总 RNA 进行 1.0%琼脂糖凝胶电泳，结果见图 5-17。可观察到清晰的 28S、18S 和 5S rRNA 条带，说明所提取的总 RNA 完整性较好，可继续进行后续实验。另外，用微量紫外分光光度计测定样品在 260nm 和 280nm 的吸收值及 OD_{260}/OD_{280} 比值，测得比值介于 1.8～2.0，因此可用于后续反转录实验。

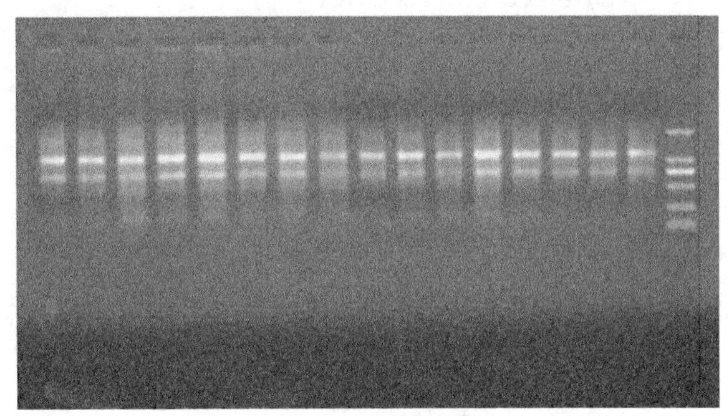

图 5-17　斑马鱼提取 RNA 的电泳图谱

2）基因名称与引物序列

以 *β-actin* 基因作为内参基因，选取了 15 种与内分泌干扰系统相关的基因，检测了其相对表达量。基因名称和引物序列见表 5-11。

表 5-11　基因名称和引物序列

基因名称	引物序列	序列号
β-actin	Forword TGCTGTTTTCCCCTCCATTG Reverse TCCCATGCCAACCATCACT	NM_131031
gnrh2	Forword CTGAGACCGCAGGGAAGAAA Reverse TCACGAATGAGGGCATCCA	AY657018

续表

基因名称	引物序列	序列号
gnrh3	Forword TTGCCAGCACTGGTCATACG Reverse TCCATTTCACCAACGCTTCTT	NM_182887
gnrhr1	Forword ACCCGAATCCTCGTGGAAA Reverse TCCACCCTTGCCCTTACCA	NM_001144980
gnrhr2	Forword CAACCTGGCCGTGCTTTACT Reverse GGACGTGGGAGCGTTTTCT	NM_001144979
gnrhr4	Forword CACCAACAACAAGCGCAAGT Reverse GGCAACGGTGAGGTTCATG	NM_001098193
fshβ	Forword GCTGTCGACTCACCAACATCTC Reverse GTGACGCAGCTCCCACATT	NM_205624
lhβ	Forword GGCTGCTCAGAGCTTGGTTT Reverse TCCACCGATACCGTCTCATTTA	NM_205622
erα	Forword CAGACTGCGCAAGTGTTATGAAG Reverse CGCCCTCCGCGATCTT	NM_152959
ar	Forword TCTGGGTTGGAGGTCCTACAA Reverse GGTCTGGAGCGAAGTACAGCAT	NM_001083123
fshr	Forword CGTAATCCCGCTTTTGTTCCT Reverse CCATGCGCTTGGCGATA	NM_001001812
lhr	Forword GGCCATCGCCGGAAA Reverse GGTTAATTTGCAGCGGCTAGTG	AY424302
cyp11a	Forword GGCAGAGCACCGCAAAA Reverse CCATCGTCCAGGGATCTTATTG	NM_152953
cyp17	Forword TCTTTGACCCAGGACGCTTT Reverse CCGACGGGCAGCACAA	AY281362
cyp19a	Forword GCTGACGGATGCTCAAGGA Reverse CCACGATGCACCGCAGTA	AF226620

3）NPEO 对斑马鱼内分泌相关基因表达量的影响

（1）NPEO 对斑马鱼促性腺激素释放激素基因（*GnRH2* 和 *GnRH3*）及其受体基因（*GnRHR1*、*GnRHR2* 和 *GnRHR4*）mRNA 表达的影响结果见图 5-18～图 5-22。

由图 5-18 可以看出，在 1mg/L 和 10mg/L 的 NPEO 作用下，表达出极显著的影响，但 10mg/L 下的影响又较 1mg/L 的小。总体看来，高浓度的 NPEO 可以使 *GnRH2* 基因的表达量增高，低浓度 NPEO 和 E2 的处理下没有此影响效果。

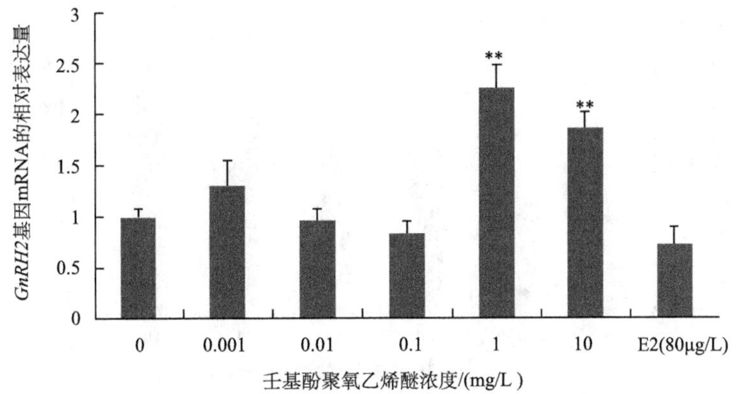

图 5-18　NPEO 对斑马鱼脑中 *GnRH2* 基因 mRNA 表达的影响

**表示 $P<0.01$

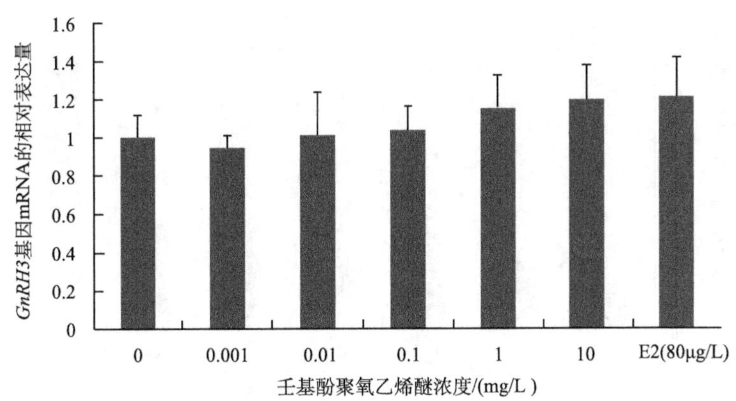

图 5-19　NPEO 对斑马鱼脑中 *GnRH3* 基因 mRNA 表达的影响

由图 5-19 可知，NPEO 对 *GnRH3* 基因的表达影响有略微增加的趋势，但所有浓度和 E2 的作用下影响均不显著。

由图 5-20 可知，斑马鱼 *GnRHR1* 基因表达与 NPEO 的浓度呈明显的正剂量效应关系，0.01mg/L 的 NPEO 作用下，就开始产生显著影响；10mg/L NPEO 和 E2 的作用下，对 *GnRHR1* 基因的表达影响极为显著。

由图 5-21 可知，E2 会增加 *GnRHR2* 基因的表达量，影响极为显著，NPEO 呈现与 E2 相同的影响趋势，在 0.01mg/L 浓度作用下，有显著影响，并且随着浓度的升高，总体影响作用增大，在 1mg/L 和 10mg/L 浓度下具有极显著影响。

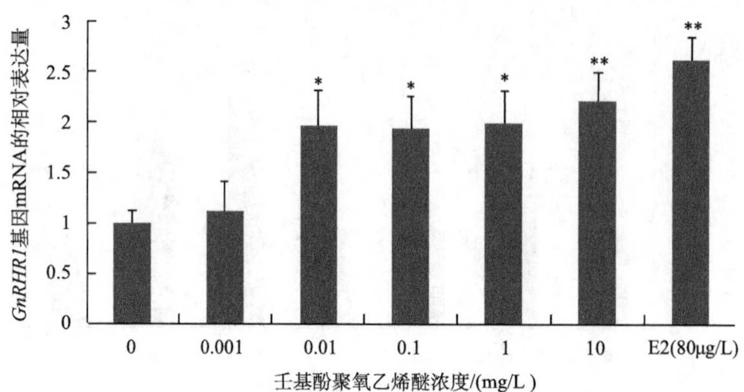

图 5-20　NPEO 对斑马鱼脑中 *GnRHR1* 基因 mRNA 表达的影响

*表示 $P<0.05$；**表示 $P<0.01$，下同

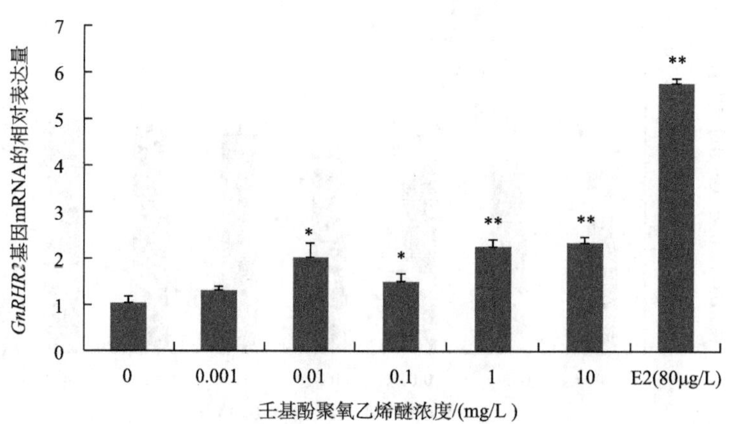

图 5-21　NPEO 对斑马鱼脑中 *GnRHR2* 基因 mRNA 表达的影响

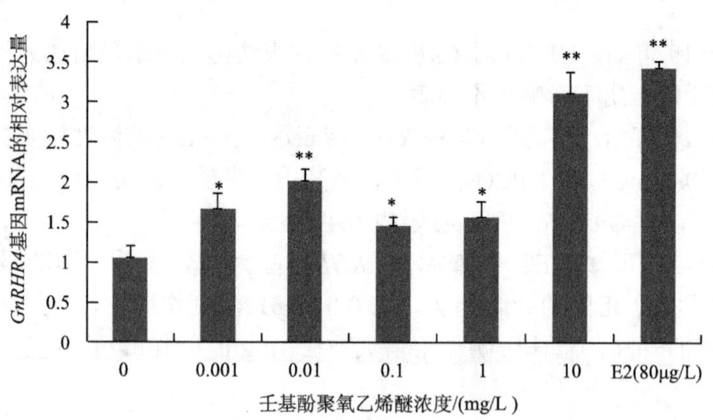

图 5-22　NPEO 对斑马鱼脑中 *GnRHR4* 基因 mRNA 表达的影响

由图 5-22 可知，在 0.001mg/L、0.1mg/L 和 1mg/L 浓度的 NPEO 作用下，对 *GnRHR4* 基因的表达产生了显著升高的影响，在 0.01mg/L、10mg/L 和 E2 的浓度作用下均有极显著升高的影响。

（2）NPEO 对斑马鱼促性腺激素基因（*FSHβ* 和 *LHβ*）及其受体基因（*FSHR* 和 *LHR*）表达的影响见图 5-23～图 5-26。

由图 5-23 可知，E2 和低浓度的 NPEO 作用下，*FSHβ* 基因 mRNA 表达量与对照组相比无明显的影响，仅 10mg/L 下，诱导了 *FSHβ* 基因的表达上调且影响极为显著。

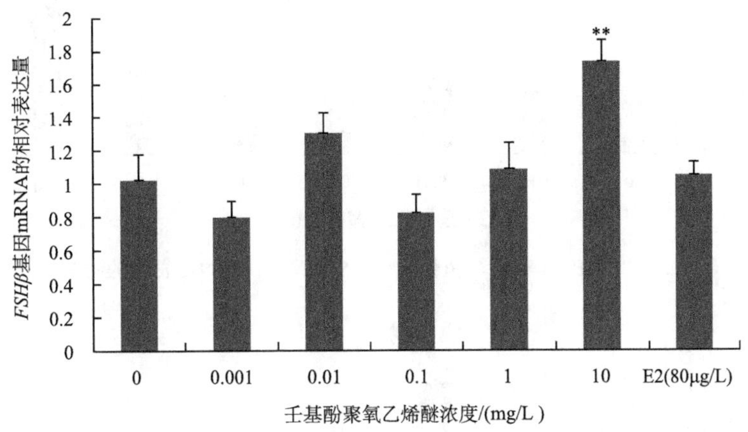

图 5-23 NPEO 对斑马鱼脑中 *FSHβ* 基因 mRNA 表达的影响

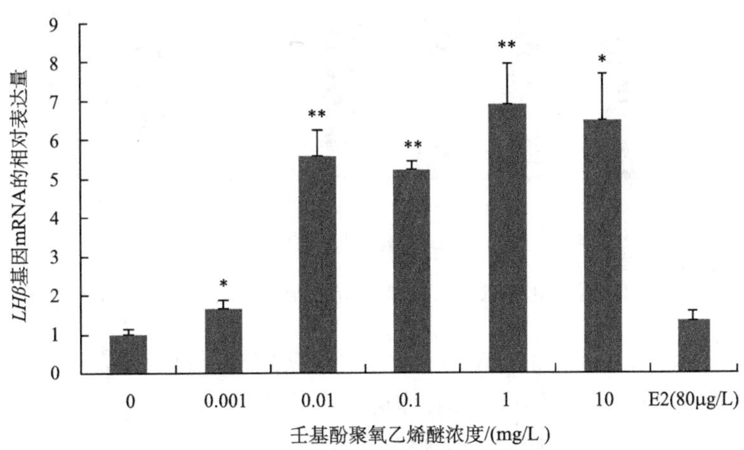

图 5-24 NPEO 对斑马鱼脑中 *LHβ* 基因 mRNA 表达的影响

由图 5-24 可知，NPEO 诱导了 *LHβ* 基因的表达上调，其中 0.001mg/L 和 10mg/L 处理组对 *LHβ* 基因的表达量影响显著，0.01mg/L、0.1mg/L 和 1mg/L 处理组对 *LHβ*

基因的表达量影响极显著。E2 对其无明显影响。

由图 5-25 可知，NPEO 对斑马鱼性腺中 *FSHR* 基因 mRNA 表达无明显影响，但 E2 对其影响极为显著。

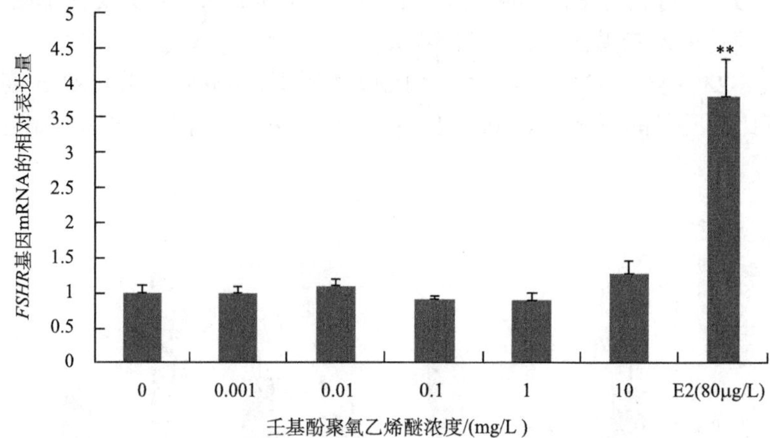

图 5-25 NPEO 对斑马鱼性腺中 *FSHR* 基因 mRNA 表达的影响

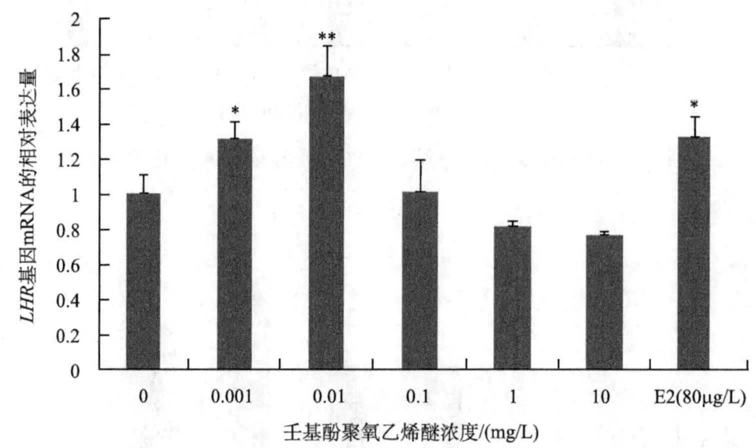

图 5-26 NPEO 对斑马鱼性腺中 *LHR* 基因 mRNA 表达的影响

由图 5-26 可知，NPEO 对斑马鱼性腺中 *LHR* 基因 mRNA 表达量的影响呈先升高后降低的趋势，其中 0.001mg/L 作用下影响显著，0.01mg/L 作用下影响极为显著，高浓度下均无明显影响。E2 则对其有显著影响。

（3）NPEO 对斑马鱼性类固醇激素受体基因（*ERα* 和 *AR*）表达的影响见图 5-27～图 5-30。

由图 5-27 和图 5-28 可知，不同浓度的 NPEO 可以诱导斑马鱼脑中 *ERα* mRNA

表达量的上调，与对照组相比，暴露于 0.01mg/L、0.1mg/L 和 1mg/L 浓度 NPEO 中的斑马鱼脑中 *ERα* 基因 mRNA 的表达量上调显著，10mg/L 和 E2 处理组的上调极为显著。对于斑马鱼脑中 *AR* 基因 mRNA 的表达量，低浓度的 NPEO 对其无显著影响，10mg/L 和 E2 处理组的上调则极为显著。

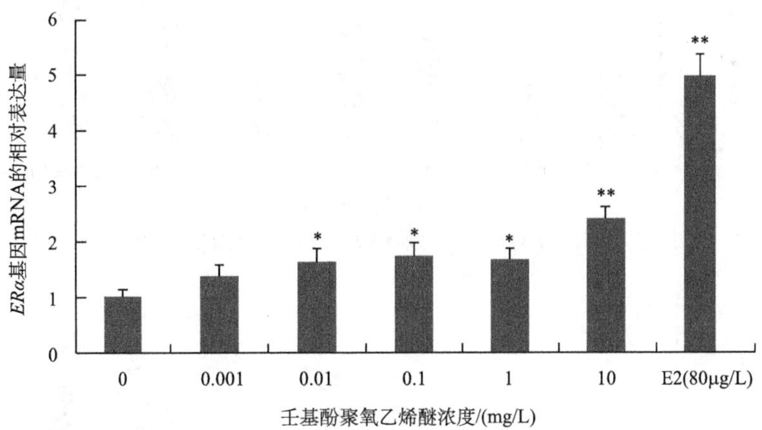

图 5-27　NPEO 对斑马鱼脑中 *ERα* 基因 mRNA 表达的影响

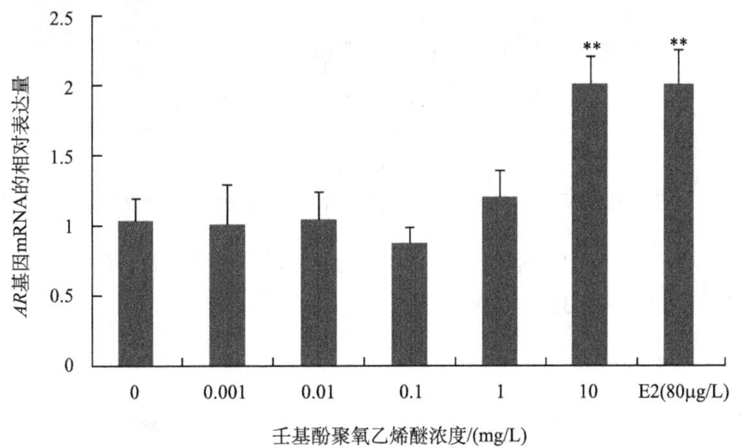

图 5-28　NPEO 对斑马鱼脑中 *AR* 基因 mRNA 表达的影响

由图 5-29 和图 5-30 可知，不同浓度的 NPEO 可以诱导斑马鱼性腺中 *ERα* 和 *AR* mRNA 表达量的上调，与对照组相比，暴露于 0.01mg/L 和 0.1mg/L 浓度 NPEO 中的斑马鱼性腺中 *ERα* mRNA 的表达量上调显著，10mg/L 和 E2 处理组的上调极为显著。NPEO 对斑马鱼性腺中 *AR* mRNA 的表达量在 10mg/L 处理组有显著影响，E2 则对 *AR* 基因 mRNA 的表达量的影响极显著。

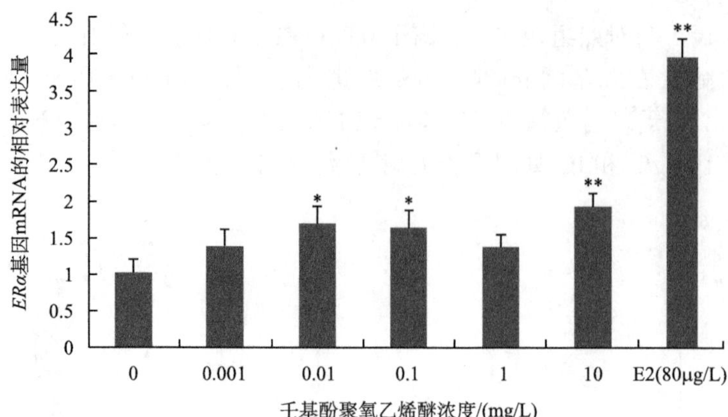

图 5-29　NPEO 对斑马鱼性腺中 *ERα* 基因 mRNA 表达的影响

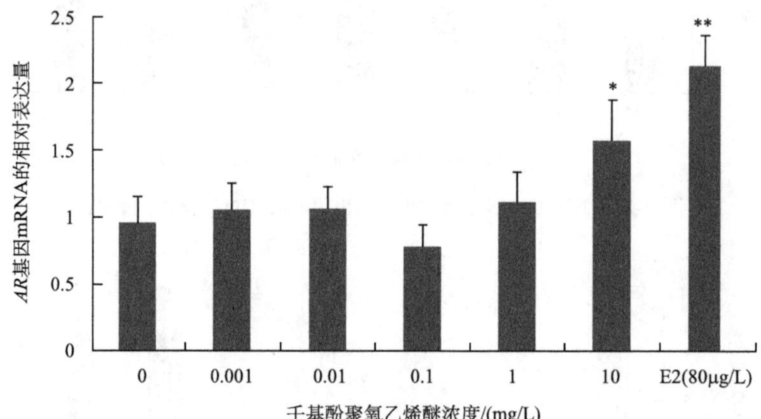

图 5-30　NPEO 对斑马鱼性腺中 *AR* 基因 mRNA 表达的影响

（4）NPEO 对斑马鱼细胞色素 P450 酶相关基因（*CYP11a*、*CYP17* 和 *CYP19a*）表达的影响结果见图 5-31～图 5-33。

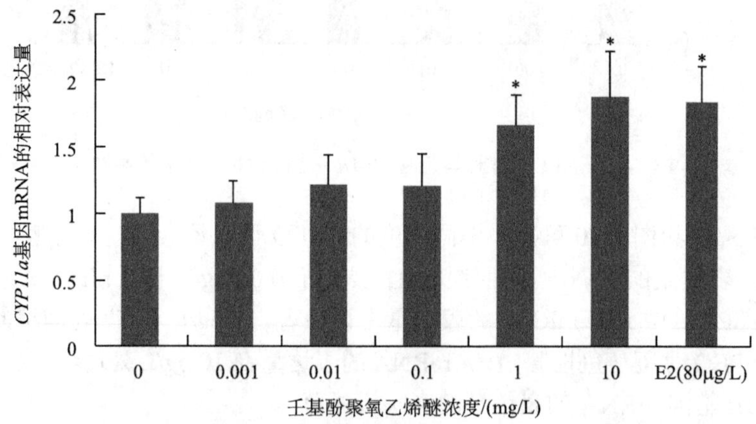

图 5-31　NPEO 对斑马鱼性腺中性激素合成酶基因 *CYP11a* mRNA 表达的影响

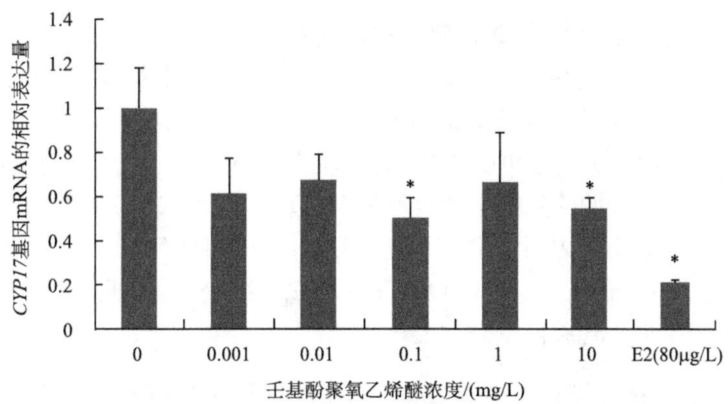

图 5-32　NPEO 对斑马鱼性腺中性激素合成酶基因 *CYP17* mRNA 表达的影响

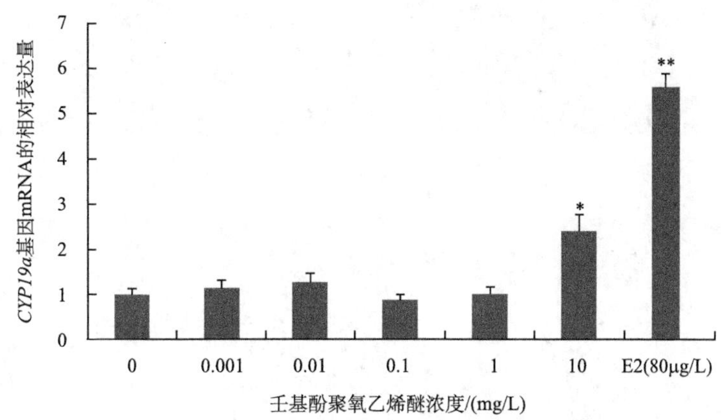

图 5-33　NPEO 对斑马鱼性腺中性激素合成酶基因 *CYP19a* mRNA 表达的影响

由图 5-31 可见，性腺中 *CYP11a* mRNA 的表达量在 NPEO 的影响下呈上调趋势，在 1mg/L 和 10mg/L NPEO 及 E2 的作用下影响显著。

由图 5-32 可以看出 *CYP17* mRNA 的表达量与 NPEO 的浓度存在明显的负剂量效应关系，低剂量无明显作用，在 0.1mg/L 和 10mg/L 浓度下，出现显著影响。

由图 5-33 可以看出，10mg/L 的 NPEO 暴露下，*CYP19a* mRNA 的表达量最高，与对照组相比具有显著差异。

4）NPEO 对斑马鱼精巢影响的组织学观察

正常性成熟的雄性斑马鱼精巢由许多生精小管（ST）组成，管壁围有固有膜，膜内侧衬有不同发育时期的生精小囊，小囊为支持细胞所包被。每个小囊内的生殖细胞由一个精原细胞发育而来，因此处在精子形成的同一阶段，而相邻小囊内的生殖细胞处于不同发育阶段。在组织切片中可以看到同一生精小管内有处于精原细胞（Sg）、初级精母细胞（PS）、次级精母细胞（SS）、精细胞（St）等不同发育时期的生精小囊紧贴管壁相邻排列，而精子（Sp）则均匀分布于管腔。暴露于 NPEO 可导致斑马鱼成体精巢组织结构的改变。不同暴露浓度的 NPEO 对斑马鱼精巢影响的组织学研究结果见图 5-34。处理斑马鱼 21d 后，与对照组相比，0.001mg/L 和 0.01mg/L 处理组的斑马鱼精巢生精小管中，处于精母细胞（PS 和 SS）和精细胞（St）时期的生精小囊数目减少，管腔中精子（Sp）比例增加；0.1mg/L 处理组斑马鱼生精小管内不仅生精小囊数目减少，而且管腔中精子数量也减少，出现非细胞区域；1mg/L 和 10mg/L 处理组及 E2 处理组可见部分个体精子凝聚于生精小管管腔中央，管腔内空隙明显增大。

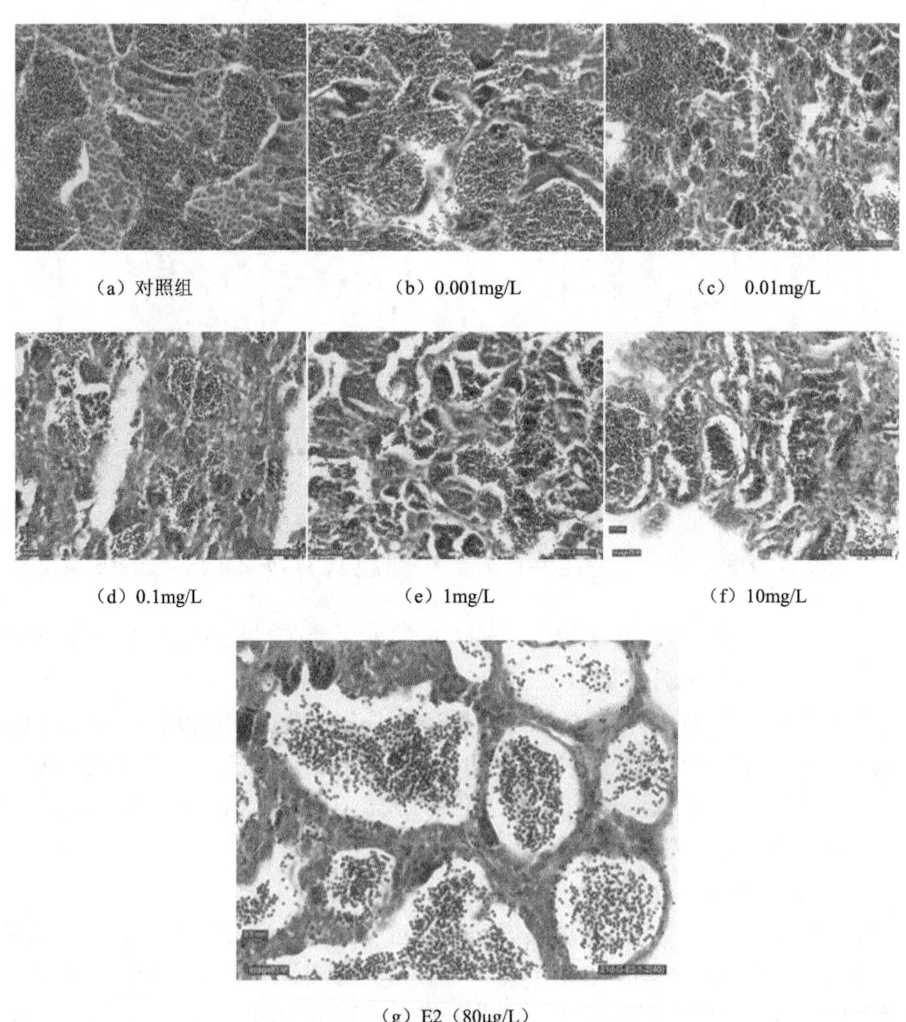

（a）对照组　（b）0.001mg/L　（c） 0.01mg/L

（d）0.1mg/L　（e）1mg/L　（f）10mg/L

（g）E2（80μg/L）

图 5-34　NPEO 对斑马鱼精巢影响的组织学影响

本节研究表明，NPEO 可引起斑马鱼生殖功能障碍，并影响成年雄性斑马鱼相关基因的转录水平，显示出了 NPEO 的类雌激素效应。

下丘脑-垂体-性腺轴控制性类固醇激素的合成，影响激素的释放及其在靶器官的效应，再通过反馈作用影响神经系统。NPEO 促进了脑中 *FSHβ* mRNA 的表达，说明是脑中 FSH 的水平增加，NPEO 通过 ER 起作用，内源雌激素合成增加。斑马鱼性腺中的 *CYP17* mRNA 表达显著下调，预示精巢睾酮生成的减少，分泌性激素能力下降。

综上所述，NPEO 通过抑制 *CYP17* 表达，可能抑制睾酮（T）的合成，通过诱导 *CYP19a* mRNA 的表达，激活了内源雌激素的活性，促进了内源雌激素的合成。NPEO 下调了 *CYP17* mRNA 的表达，说明 NP 抑制了雄激素的合成。所以 NPEO 可导致斑马鱼成体精巢组织结构的改变。

5.3　NP_nEO 及 NP 对大型溞的毒性研究

5.3.1　NP_nEO 及 NP 对大型溞的急性毒性研究

1. 材料与方法

受试生物：大型溞（*Daphnia magna* Straus），由青岛某大学水生生物中心提供。

受试助剂：NP、NP_4EO、$NP_{10}EO$。

参考 OECD（2008）推荐标准实验方法进行。根据预备实验得出的浓度范围，设置 5～7 个系列实验浓度和一个空白对照组，实验用水为曝气大于 24h 的标准水[pH 为 6.8～7.2，COD 为 1.02～1.20mg/L，TOC 为 0.02mg/L，电导率为 160～170μS/cm，硬度为（200±25）mg/L（以 $CaCO_3$ 计，Ca、Mg 比例接近 4∶1）]，配制成不同浓度的实验液，每个浓度 4 个平行组，实验容器为 50mL 烧杯，盛放 40mL 实验溶液，每个烧杯中放 10 只个体均匀的 6～24h 的幼溞，水温为（20±2）℃。用曝气大于 24h 的蒸馏水配制成不同浓度的实验溶液（pH 为 7.8±0.2），保持光照与黑暗比为 16h∶8h，实验期间不饲喂，不更换实验溶液，于 24h、48h 观察大型溞受抑制状况并记录实验结果，对照组抑制率不超过 10%。

2. 结果与分析

三种助剂对大型溞急性毒性的实验结果见表 5-12。从结果可以看出，在两个时间段，三种助剂对大型溞的毒性差异较大，呈现明显的规律性，毒性从高至低依次为 NP>NP_4EO>$NP_{10}EO$，这表明环氧乙烯基（EO）数越多，其对大型溞的毒性越小。

表 5-12 三种农药助剂对大型溞的急性毒性

时间/h	助剂	半数有效浓度 EC_{50} /（mg/L）	95%置信区间 /（mg/L）	毒力方程 $Y=aX+b$
24	NP	0.172	0.129～0.210	$Y=3.443X+2.634$
	NP_4EO	1.833	1.382～2.429	$Y=2.576X-0.678$
	$NP_{10}EO$	3.497	2.714～4.453	$Y=2.949X-1.603$
48	NP	0.071	0.052～0.096	$Y=2.431X+2.792$
	NP_4EO	1.376	1.027～1.798	$Y=2.688X-0.372$
	$NP_{10}EO$	2.956	2.249～3.789	$Y=2.81X-1.322$

5.3.2 NP_nEO 及 NP 对大型溞的慢性毒性研究

1. 材料与方法

受试生物为大型溞，三种助剂类型同 5.3.1 节。

参照 EPA 方法，以 24h 时的 LC_{50} 为一个毒性单位（1TU），在 1/50～1/10TU 之间设置 5 个浓度梯度，同时设置空白对照。每个浓度设置 3 次重复。

2. 结果与分析

1）三种助剂对首次生殖时母体体长的影响

从图 5-35 可以看出供试 1/40～1/10TU 浓度范围内，NP 会对大型溞首次生殖

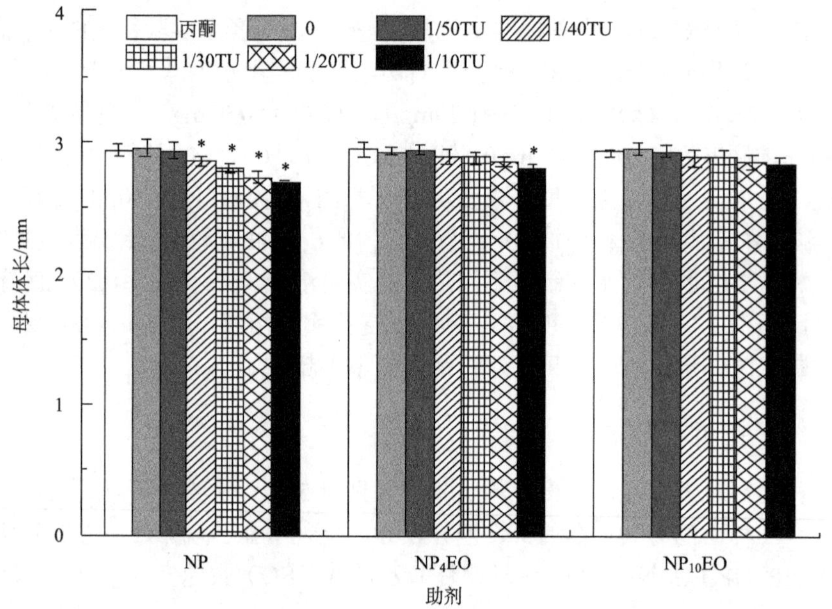

图 5-35 不同质量浓度下三种农药助剂对大型溞首次生殖时母体体长的影响

时母体体长产生显著的抑制效应。仅最大供试浓度 1/10TU NP_4EO 会对大型溞首次生殖时母体体长产生显著的抑制作用。供试浓度范围内 $NP_{10}EO$ 不会对大型溞首次生殖时母体体长产生不利影响。该实验结果和急性毒性实验结果相同，NP 对大型溞首次生殖时母体体长影响最大，NP_4EO 次之，$NP_{10}EO$ 几乎不会产生任何影响。

2）三种助剂对大型溞初生幼体体长的影响

如图 5-36 所示，三种助剂对大型溞初生幼体体长的影响与母体体长结果类似。表现为高浓度的 NP 及 NP_4EO 对幼体体长有显著的抑制作用，但 NP 对初生幼体体长的抑制作用要大于 NP_4EO，而 $NP_{10}EO$ 对初生幼体体长无显著影响。

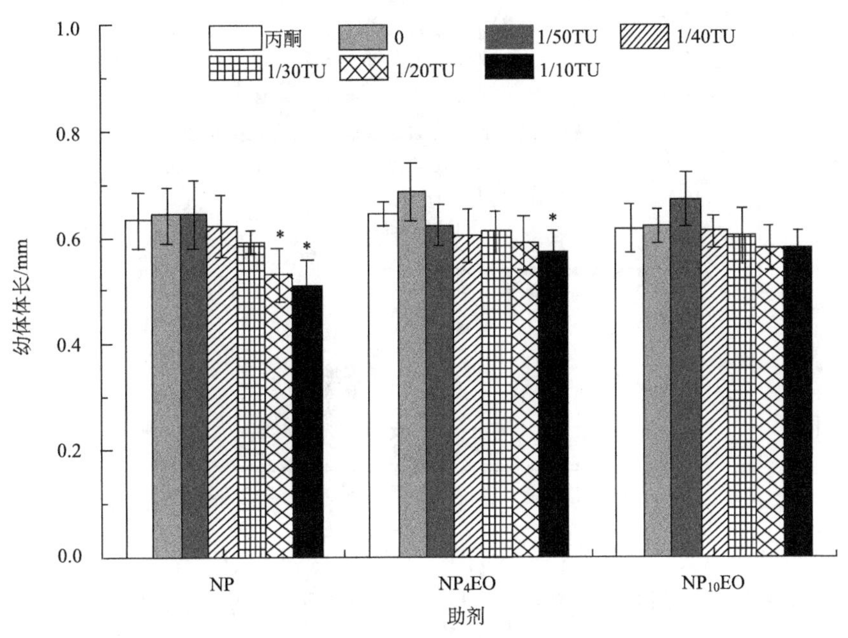

图 5-36　不同质量浓度下三种农药助剂对大型溞初生幼体体长的影响

3）三种助剂对大型溞存活率的影响

如图 5-37 所示，实验期间，与空白对照相比，在 0.5‰丙酮助溶剂处理组中大型溞存活率与空白对照无明显差异。不同浓度 NP 处理下，在 1/50TU 浓度下，大型溞的存活率便明显降低，随着 NP 浓度的升高，大型溞存活率逐渐降低；NP_4EO 处理下，自 1/30TU 浓度开始，大型溞存活率便显著降低；与之相比，在 $NP_{10}EO$ 处理下，大型溞存活率显著降低的起始浓度提高为 1/20TU。从大型溞存活率这个指标也可以看出三种壬基酚助剂的毒性大小为 $NP>NP_4EO>NP_{10}EO$。

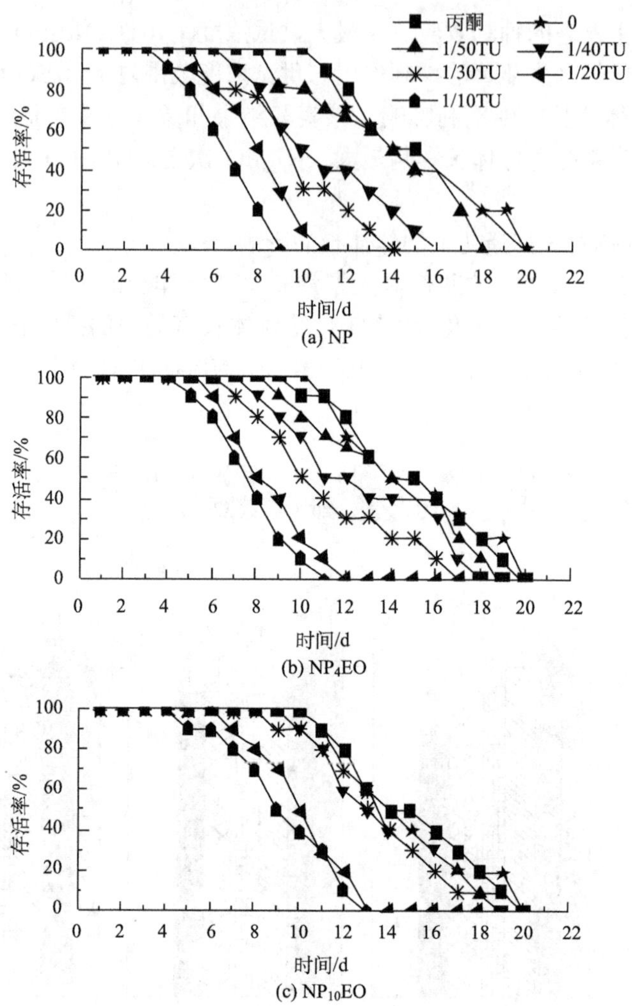

图 5-37　不同质量浓度 NP、NP$_4$EO、NP$_{10}$EO 处理下对大型溞存活率的影响

4）三种助剂对大型溞首次繁殖幼体数量的影响

不同质量浓度下三种助剂对大型溞首次繁殖幼体数量的影响如图 5-38 所示。从图 5-38 中可以看出，1/30TU、1/20TU 和 1/10TU 浓度 NP 处理组大型溞幼体数量明显少于对照组，且浓度越大，幼体数量越少。1/20TU 和 1/10TU 浓度的 NP$_4$EO 及 NP$_{10}$EO 也会明显抑制大型溞初次生殖时的幼体数量。

5）三种助剂对大型溞平均繁殖次数的影响

从图 5-39 中可以看出，NP 对大型溞的平均繁殖次数有明显的影响，和对照组相比，随着浓度的升高，平均繁殖次数逐渐降低，在 1/10TU 浓度时和对照组相比减少了约 39%。NP$_4$EO 及 NP$_{10}$EO 对大型溞平均繁殖次数的影响明

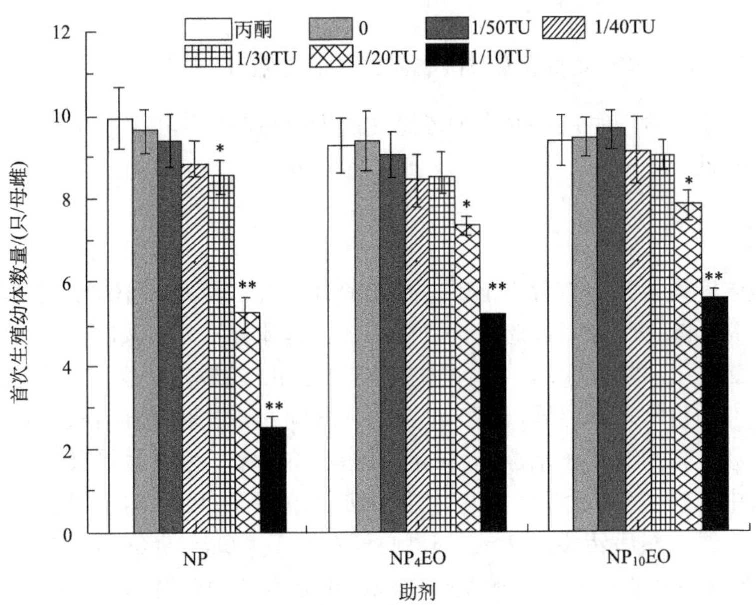

图 5-38　不同质量浓度下三种助剂对大型溞首次繁殖时幼体数量的影响

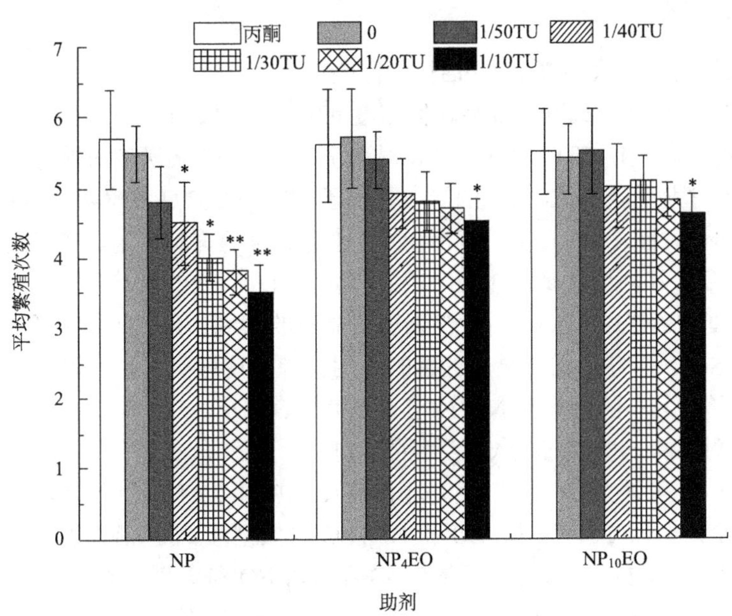

图 5-39　不同质量浓度下三种助剂对大型溞平均繁殖次数的影响

显小于 NP，两者仅在 1/10TU 浓度时对大型溞平均繁殖次数产生了明显的抑制效应。

5.3.3 NP$_n$EO 及 NP 对大型溞对抗氧化酶系的影响

为进一步明确三种助剂对大型溞毒性的影响机制，本书从抗氧化酶的角度进行分析及确证。

1. 研究方法

实验浓度设置为急性毒性 LC_{50} 的 1/40TU、1/20TU 和 1/10TU 三个浓度，时间段为培养 24h 和 48h，以此进行取样测定。具体方法为：选取符合实验标准的幼溞置于 250mL 的烧杯中，每个烧杯装有 200mL 培养液，含 70 只溞。温度、光照等条件与日常培养相同，共持续 48h。分别在 24h 和 48h 后从所有的处理组中吸取幼溞。使用去离子水漂洗 30s，用滤纸将多余的水分尽量吸干。之后收集到研磨器中，按质量体积比 1∶9 的比例加入预冷的 0.9%的生理盐水，快速充分研磨至匀浆，然后转移到 2mL 的离心管中，在 4℃、3500r/min 的条件下离心 10min，取出的上清液即为酶的粗提取液，于冰水浴中暂时保存，利用南京建成生物工程研究所提供的试剂盒测定 SOD、CAT、MDA。

2. 结果与分析

1）三种助剂对大型溞 SOD 活性的影响

由图 5-40 可知，处理 24h 后，低浓度 NP 对 SOD 活性具有显著的诱导作用，随着浓度的升高，1/10TU 浓度的 NP 对 SOD 活性产生显著的抑制作用。NP_4EO 和 $NP_{10}EO$ 对大型溞 SOD 活性的影响要弱于 NP，1/20TU 浓度对 SOD 活性有显著的刺激作用，而 1/10TU 浓度对 SOD 活性有显著的抑制作用。随着培养时间的延长，48h 后，和对照相比 $NP_{10}EO$ 对大型溞 SOD 活性的影响已无显著差异；仅 1/10TU 浓度 NP_4EO 对 SOD 活性仍表现出显著的抑制作用；1/20TU 和 1/10TU 浓度 NP 对 SOD 活性仍然有显著的抑制作用。综合比较得出，三种助剂对大型溞 SOD 活性影响大小的顺序为 NP>NP_4EO>$NP_{10}EO$。

2）三种助剂对大型溞 CAT 活性的影响

由图 5-41 可知，处理 24h 后，不同浓度 NP 对 CAT 活性均有显著的诱导作用，而仅高浓度（1/10TU）NP_4EO 和 $NP_{10}EO$ 对大型溞 CAT 活性表现出显著的诱导作用；随着时间的延长，48h 后 NP_4EO 和 $NP_{10}EO$ 对大型溞 CAT 活性的影响和对照相比已无显著差异，但是高浓度（1/10TU）NP 反而表现出对 CAT 活性具有显著的抑制作用。

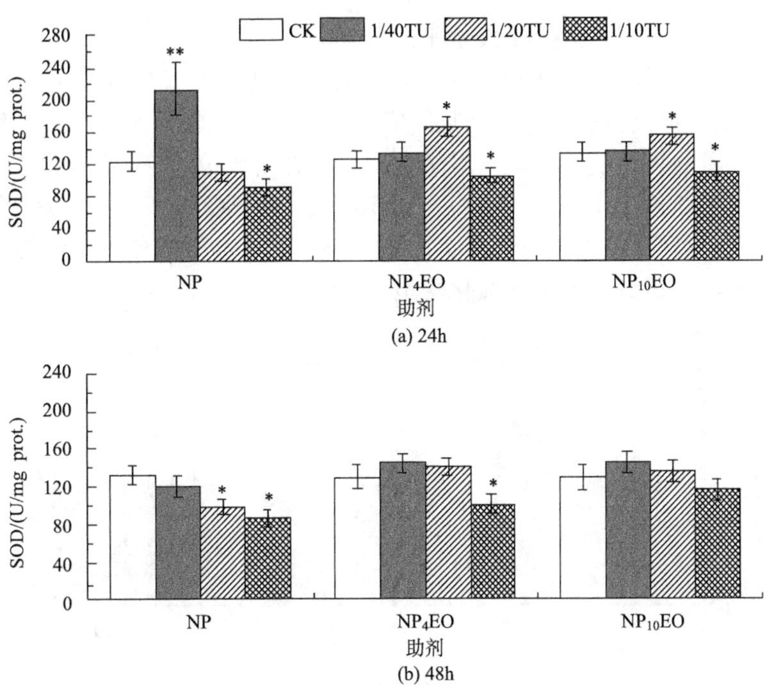

图 5-40　不同质量浓度下三种助剂对大型溞 SOD 活性的影响

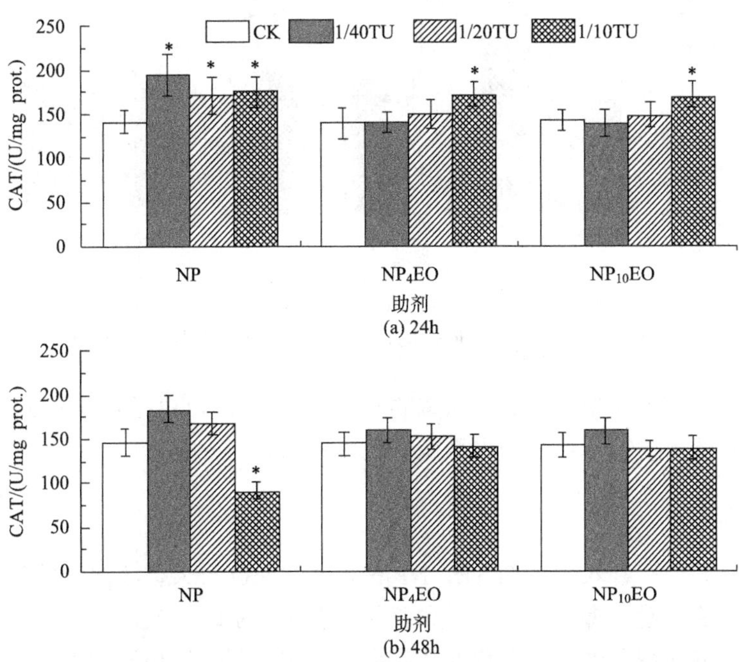

图 5-41　不同质量浓度下三种助剂对大型溞 CAT 活性的影响

3）三种助剂对大型溞 MDA 水平的影响

由图 5-42 可知，三种助剂处理 24h 后，高浓度 NP（1/10TU）显著诱导了 MDA 的产生，对大型溞产生了严重的氧化胁迫；NP_4EO 和 $NP_{10}EO$ 则不会对大型溞产生明显的氧化胁迫，这与对 SOD 和 CAT 活性的影响结果基本一致。随着处理时间的延长，48h 后，高浓度（1/10TU）NP_4EO 处理组中，大型溞 MDA 含量有了显著的提高；而 1/20TU 和 1/10TU 浓度 NP 会继续使大型溞的 MDA 含量不断积累，从而造成严重的氧化胁迫。

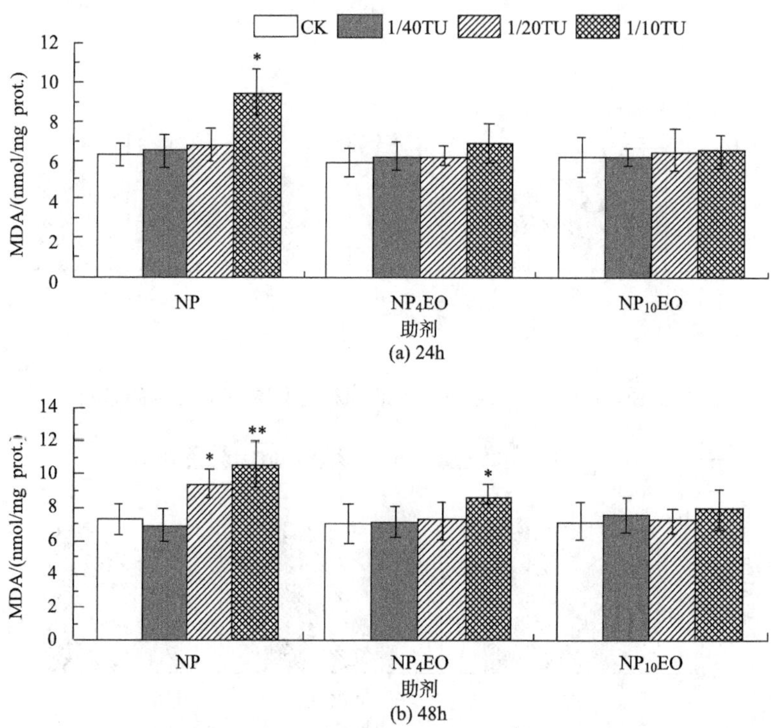

图 5-42　不同质量浓度下三种助剂对大型溞 MDA 含量的影响

从三种助剂对大型溞抗氧化系统的影响结果来看，可以推断 NP_nEO 对大型溞的毒性与其体内抗氧化系统失去平衡有直接关系。

5.3.4　小结

本节研究了三种农药助剂 NP、NP_4EO、$NP_{10}EO$ 对大型溞的毒性效应，包括急性毒性效应、慢性毒性效应及对大型溞抗氧化酶系的影响，结果显示：

（1）三种助剂对大型溞的毒性从高至低依次为 NP>NP_4EO>$NP_{10}EO$。

（2）NP 对大型溞首次生殖时母体体长影响最大，NP_4EO 次之，$NP_{10}EO$ 几乎不会产生任何影响；高浓度的 NP 及 NP_4EO 对初生幼体体长有显著的抑制作用，NP 的抑制作用要大于 NP_4EO，$NP_{10}EO$ 则对初生幼体体长无显著影响；对大型溞存活率的影响为 NP＞NP_4EO＞$NP_{10}EO$；三种助剂对大型溞首次生殖时的幼体数量及大型溞平均繁殖次数均有抑制。

（3）三种助剂对大型溞 SOD 活性抑制作用从高到低依次为 NP＞NP_4EO＞$NP_{10}EO$；高浓度 NP 对 CAT 活性具有显著的抑制作用；高浓度 NP 和 NP_4EO 可诱导大型溞 MDA，对大型溞产生严重的氧化胁迫。

5.4　NP 对小球藻的生长影响研究

5.4.1　材料与方法

1. *材料*

小球藻（*Chlorella vulgaris*）藻种取自青岛农业大学海洋科学与工程学院藻种室。

2. *方法*

1）生长抑制实验

小球藻的培养采用 BG-11 培养液，置于人工气候培养箱中培养，培养温度为（25±1）℃，光照强度设为 3000lx，光暗比为 12h：12h。整个操作过程中，各操作步骤均进行灭菌处理。以 1‰丙酮作为助溶剂，设置 NP 浓度为 0.1mg/L、0.2mg/L、0.4mg/L、0.8mg/L、1.6mg/L、3.2mg/L、6.4mg/L 和 12.8mg/L，同时设置空白对照，每个处理设置 3 个重复，初始小球藻密度控制在 10×10^4 个/ mL 左右，分别于处理后利用血球板计数法记录 24h、48h、72h、96h、120h 的藻液密度，并利用直线内插法计算 EC_{50}。

2）光合毒性实验

根据生长抑制实验结果，设置实验浓度为 0.4mg/L、0.8mg/L、1.6mg/L、3.2mg/L，测定染毒 96h 后其对小球藻的光合毒性。同时设置空白对照，染毒方法同“生长抑制实验”。光合色素含量测定方法：振荡培养 96h 后，取 20mL 藻液，4000r/min 离心 10min，去上清液，加入 5mL 80%的丙酮，摇匀，使其充分混合，在黑暗处抽提 24h。然后以 10000r/min 离心 10min，取上清液置于 96 孔酶标板中，以 80%丙酮为参比，于酶标仪下测定 663nm、645nm、470nm 波长下抽提液的吸光值。光合色素含量计算公式如下：

$$C_a=12.21OD_{663}-2.81OD_{645}$$

$$C_b=20.13OD_{645}-5.03OD_{663}$$

$$C_k=（1000OD_{470}-3.27C_a-104C_b）/22$$

式中，C_a、C_b和C_k分别代表叶绿素 a、叶绿素 b 和类胡萝卜素含量；OD_{663}、OD_{645}和OD_{470}分别表示在 663nm、645nm 波长下测得的吸光度。

3）氧化胁迫毒性实验

NP 浓度设置和生长抑制实验一致，染毒后分别于 24h、48h 和 96h 测定小球藻 SOD、CAT、POD 活性和 MDA 含量。酶液的制备：振荡培养 24h、48h 和 96h 后，取 20mL 藻液于冰浴中超声破碎 30min，于 4℃10000r/min 离心 10min，上清液即为酶液。蛋白质含量测定采用考马斯亮蓝法，SOD 活性测定采用氮蓝四唑法，CAT 活性测定采用紫外吸收法，POD 测定采用愈创木酚法，MDA 含量测定采用硫代巴比妥酸法。

5.4.2　结果与分析

1. NP 对小球藻的生长抑制作用

NP 对小球藻的生长影响如图 5-43 所示。和对照相比，NP 对小球藻的生长有明显的抑制作用。在整个暴露过程中 0.1mg/L 和 0.2mg/L 处理组和对照相比无显著差异，但随着 NP 浓度越大，对小球藻生长的抑制作用越强。培养时间与 NP 对小球藻生长的抑制也存在关系，通过图 5-43 可知，随着培养时间的延长，小球藻对 NP 的耐受性逐渐增强。通过计算，NP 在 48h、72h 和 96h 对小球藻的 EC_{50} 分别为 0.73mg/L、1.16mg/L 和 3.74mg/L。

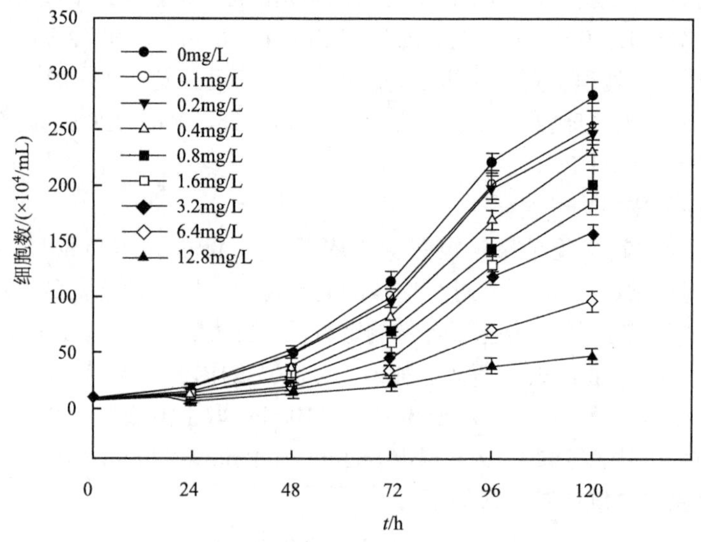

图 5-43　不同浓度 NP 对小球藻生长的抑制影响

2. NP 对小球藻的光合毒性效应

由图 5-44 可知，暴露 96h 后随着 NP 浓度的上升，小球藻叶绿素 a 含量呈下降趋势。0.4mg/L 和 0.8mg/L NP 处理组中小球藻叶绿素 a 和对照相比虽有下降趋势，但差异不显著。当 NP 浓度为 1.6mg/L 和 3.2mg/L 时，和对照相比，叶绿素 a 含量有显著差异（$P<0.05$，$P<0.01$），叶绿素 a 含量分别下降了 35.21%和 48.21%。

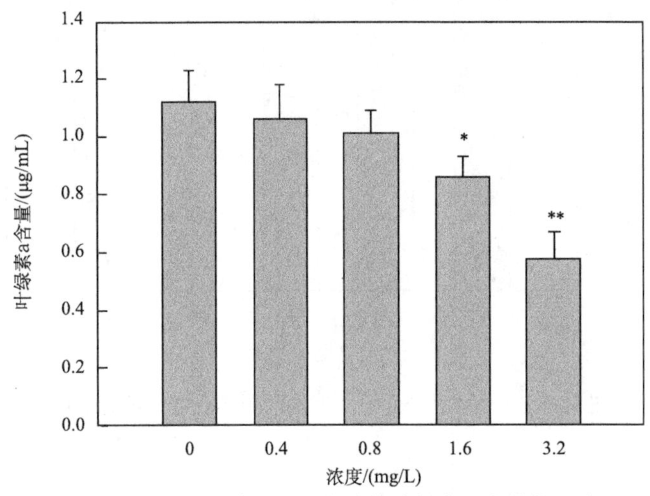

图 5-44　不同浓度 NP 对小球藻叶绿素 a 含量的影响

NP 对小球藻叶绿素 b 含量的影响（图 5-45）和对叶绿素 a 含量影响类似，随着 NP 浓度的升高，小球藻叶绿素 b 含量逐渐降低。和对照相比，1.6mg/L 和 3.2mg/L 处理组叶绿素 b 含量有显著性差异（$P<0.05$）。

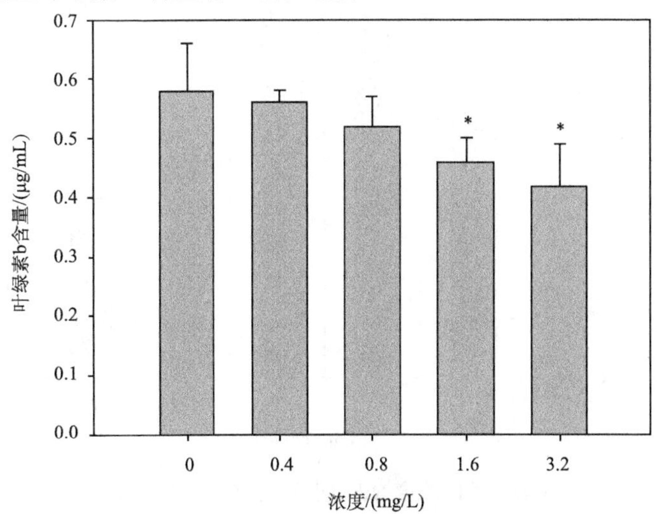

图 5-45　不同浓度 NP 对小球藻叶绿素 b 含量的影响

由图 5-46 可以看出，随 NP 浓度的升高，小球藻类胡萝卜素含量逐渐下降，在浓度≥1.6mg/L 时，与对照组相比类胡萝卜素含量有显著差异(P<0.05，P<0.01)。

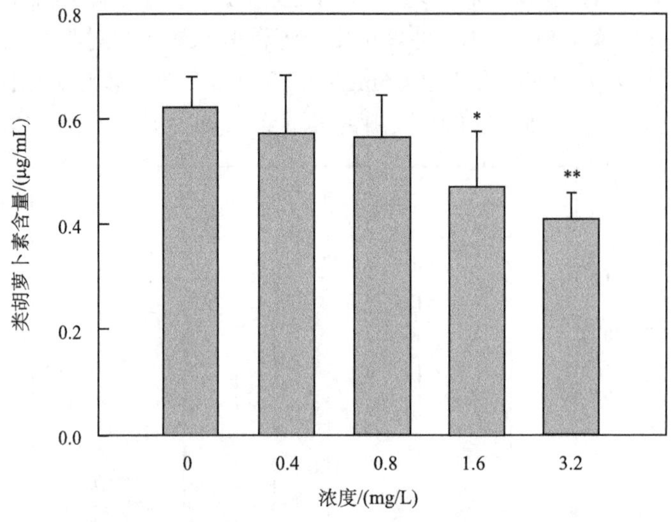

图 5-46　不同浓度 NP 对小球藻类胡萝卜素含量的影响

3. NP 对小球藻的氧化胁迫效应

NP 对小球藻 SOD 活性的影响见图 5-47。

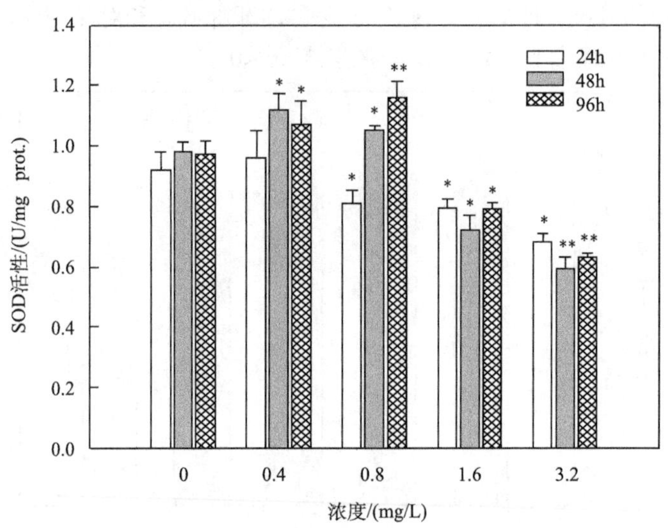

图 5-47　不同浓度 NP 对小球藻 SOD 活性的影响

由图 5-47 可知，与对照相比，0.4mg/L NP 处理组在暴露 48h 和 96h 时小球藻 SOD 活性显著上升，0.8mg/L 的 NP 处理组 SOD 活性表现出先抑制后刺激的变化趋势，高浓度 1.6mg/L 和 3.2mg/L 处理组在暴露 96h 内一直对小球藻 SOD 活性有显著的抑制作用（$P<0.05$，$P<0.01$）。

NP 对小球藻 CAT 活性的影响见图 5-48。

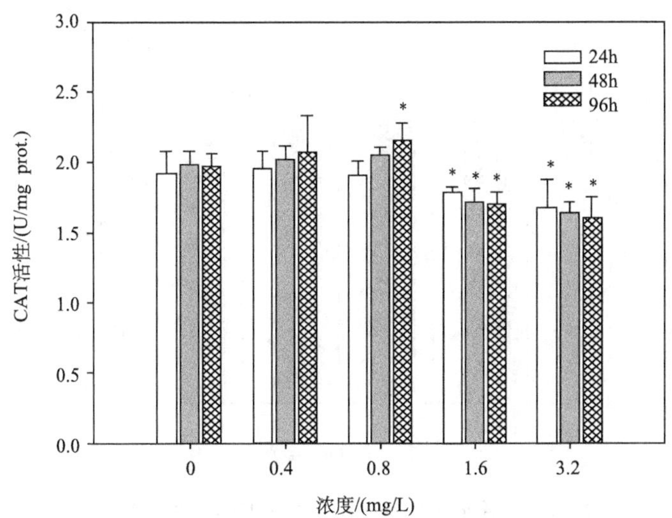

图 5-48　不同浓度 NP 对小球藻 CAT 活性的影响

由图 5-48 可知，随着 NP 浓度的变化和暴露时间的不同，小球藻 CAT 活性表现出不同的变化趋势。和对照相比，0.4mg/L 的 NP 在三个暴露时间均对小球藻 CAT 活性没有显著影响；0.8mg/L 的 NP 处理组，随着暴露时间的延长在 96h 时小球藻 CAT 活性显著提高（$P<0.05$）；1.6mg/L 和 3.2mg/L 的 NP 处理组小球藻 CAT 活性变化趋势和 SOD 活性变化趋势一致，在三个暴露时间其活性均受到显著抑制（$P<0.05$）。

NP 对小球藻 POD 活性的影响见图 5-49。

由图 5-49 可知，NP 胁迫下，小球藻 POD 活性与 CAT 活性变化不同。和对照相比，0.4mg/L 和 0.8mg/L 的 NP 处理组小球藻 POD 活性均显著提高（$P<0.05$）；1.6mg/L 和 3.2mg/L 的 NP 处理组在 24h 时小球藻 POD 活性没有显著变化；但随着暴露时间的延长，在 48h 和 96h 时小球藻 POD 活性明显下降，和对照相比呈显著差异水平（$P<0.05$）。

NP 对小球藻 MDA 含量的影响见图 5-50。

由图 5-50 可知，NP 可造成小球藻脂质过氧化损伤，损伤程度和暴露剂量与暴露时间有关。和对照相比，0.4mg/L 的 NP 不会对小球藻造成脂质过氧化损伤，0.8mg/L 的 NP 仅在暴露 96h 时对小球藻造成明显的脂质过氧化损伤；但是在 1.6mg/L 和 3.2mg/L 的 NP 胁迫下，小球藻 MDA 含量显著上升（$P<0.05$，$P<0.01$），且随着暴露时间的延长 MDA 含量增大。

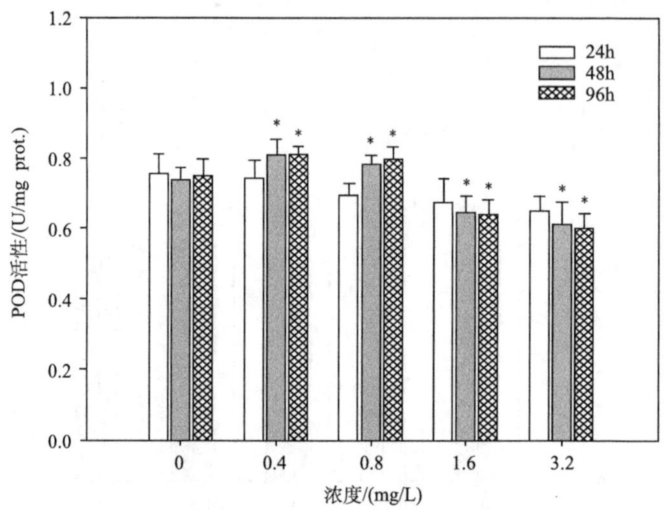

图 5-49　不同浓度 NP 对小球藻 POD 活性的影响

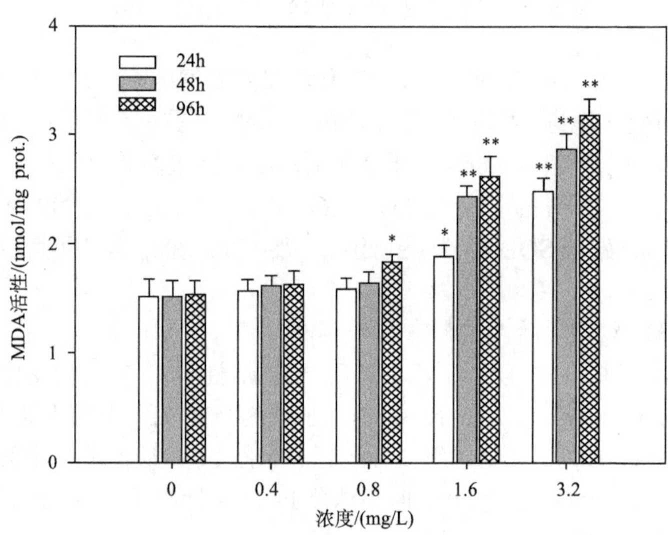

图 5-50　不同浓度 NP 对小球藻 MDA 含量的影响

5.4.3　小结

本节系统研究了 NP 对小球藻生长的影响，结果表明：NP 对小球藻的生长有明显的抑制作用；NP 对小球藻的光合效应影响显示，随着 NP 浓度的增大及暴露作用时间的延长，NP 对小球藻 SOD 活性、CAT 活性和 POD 活性呈先激活后抑制的变化特征；此外，小球藻的 MDA 含量则随着暴露浓度的增加和暴露时间的延长持续上升。

第 6 章　农药助剂信息数据库的构建

农药助剂信息数据库的构建可满足国家和地市管理部门对农药助剂环境风险评估、分类管理和限量管理的需要，通过对用户需求的深入分析，明确了所建数据库需要存储的数据（如助剂理化参数、制造方法、制剂中相关信息、技术参数、毒性信息、管理信息等）、需建立的应用类型、常用的操作及对象（如查询某助剂的理化参数，又如随着毒理研究的推进可能需补充或更新某化学品的毒性参数）等。通过专家咨询法、实地调研和国内外文献调研，获取农药助剂名称、理化性质、作用与用途、使用情况、管理状况等原始数据和信息资料，设计企业管理、产品管理、信息维护和个人管理四个主要的系统功能模块，再基于数据库技术和计算器网络技术，构建具备联机分析处理、数据可视化及数据挖掘等功能的农药助剂信息管理系统，将部分数据录入系统，经过运行和调试，可基本满足用户的需要。本系统的构建可以为国家建立农药助剂环境优先控制品种名录、农药助剂环境安全分级管理制度提供技术支撑。

6.1　农药助剂化学品基础数据库结构设计

通过对用户需求的深入分析，为农药助剂信息管理系统设计了四个功能模块，分别为企业管理、产品管理、信息维护和个人管理。每一功能模块下又细分为几个子模块，企业管理主要是对农药助剂生产企业的信息进行维护；产品管理对涉及农药、农药助剂产品、农药助剂中的化学物质三大类的信息进行维护，并且对农药助剂与地区、农药与农药助剂、农药助剂与化学物质之间的关系进行维护；信息维护主要是对企业、助剂、化学物质中涉及的分类信息、管理员的信息审核及法律法规信息进行管理维护；个人管理提供修改密码与退出功能，便于用户进行个人操作。农药助剂信息管理系统的整体结构如图 6-1 所示。

6.2　农药助剂化学品基础数据库功能设计

6.2.1　系统权限分配

通过对农药助剂信息管理系统用户的调查，明确了不同用户对农药助剂数据的不同需求，因此设计本系统面向三类用户：①科研开发人员和农业行政主管部

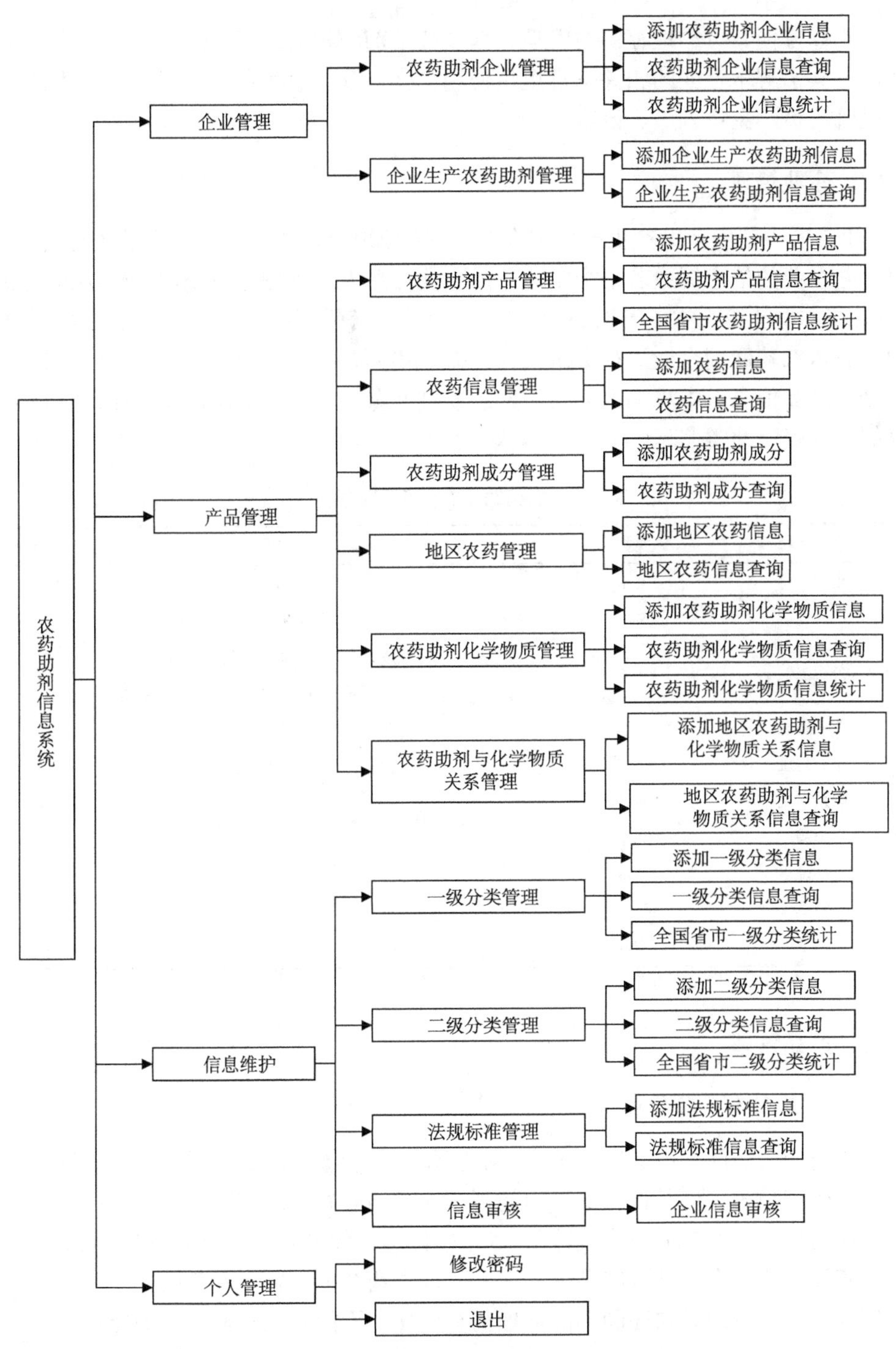

图 6-1　农药助剂信息管理系统结构图

门，可以方便、可靠地存储与管理我国农药助剂的相关信息；②农药助剂生产企业，为其了解本行业的相关信息提供便利；③公众。故将系统权限分为三类，分别是管理员、企业人员、游客。

6.2.2 企业管理

目前，中国农药助剂生产厂家众多，为方便地对这些农药助剂企业进行管理，将这些企业的信息拆成若干个字段形成企业信息表录入信息系统，具体字段见表6-1。在本功能模块中，可以添加、修改、查询、删除企业信息，同时，系统对全国各省市农药助剂企业进行数量统计，以柱状图显示。助剂生产企业还可以在“添加企业产品信息”中添加本公司生产的助剂产量与年产值信息，用户则可以以列表的形式查看此类信息。

表 6-1 农药助剂企业信息数据字典

字段名称	类型	说明
企业名称	文本	无
所属地区	文本	企业所在省市
公司主营	文本	有效成分分散型、增强接触和吸收型、增强和延长药效型、增强安全和方便型
法人代表	文本	无
企业地址	文本	无
联系电话	数字	无
邮箱	文本	无
网址	文本	无
传真	数字	无
公司简介	文本	无

6.2.3 产品管理

1. 农药助剂产品管理

国内的农药助剂产品层出不穷，而乳化剂、润湿分散剂、增效剂是我国农药助剂中生产最多，也是使用最多的类型。通过调研农药助剂企业，了解产品的性质及应用后，为本功能模块设计了 13 个字段，具体见表 6-2。用户可以添加、修改、查询、删除农药助剂产品信息，并可以查询全国各省市农药助剂生产量的对比统计。目前我国对农药助剂的管理仍有欠缺，不能获取农药助剂的年使用量，因此建立农药、农药助剂及使用量之间的关系，通过输入某种农药的年使用量及某种农药助剂占这种农药的百分比，则可以利用换算关系计算出某种农药助剂的年使用量，为今后对我国对农药助剂进行总量管理提供支撑；同时，建立地区和农药助剂产品之间的关系可以方便各省市对农药助剂的管理。

表 6-2　农药助剂产品信息数据字典

字段名称	类型	说明
农药助剂名称	文本	无
性质	文本	有机、无机
形态	文本	单一型、复合型
功能	文本	表面活性剂、非表面活性剂
主要成分	文本	无
用途	文本	无
产品外观	文本	无
pH	数字	无
水分	数字	无
HLB	数字	无
浊点	数字	无
第一分类	文本	有效成分分散型、增强接触和吸收型、增强和延长药效型、增强安全和方便型
第二分类	文本	分散剂、乳化剂、溶剂、稀释剂、填料、载体、润湿剂、展着剂、渗透剂、稳定剂、控制释放剂、增效剂、防飘移剂、防尘剂、药害减轻剂、发泡剂、消泡剂

2. 农药助剂中的化学物质管理

农药助剂的毒性不容忽视，随农药使用后，大部分农药助剂会残留在土壤中，或通过飘移、径流、大气沉降等方式进入地表水体，再通过淋溶进入地下水体，此外，在生产、运输、储存等过程中也会通过大气飘移、沉降进入土壤、水体，对人类的生存环境造成严重污染，从而危害人体健康。管理农药助剂化学成分的各项指标，可以为提出农药助剂优先控制品种名录，建立农药助剂环境安全分级管理制度，淘汰高毒、难降解、高环境危害的助剂化学品，限制生产和使用高环境风险化学品提供依据。参照国际上通用的《化学品安全说明书》（*Material Safety Data Sheet*, MSDS），为本功能模块的数据输入功能设计了 70 多个字段，包括基本理化特性、健康毒性、环境行为特性、生态毒性、处理处置方法、安全注意事项等几大类，详见表 6-3。农药助剂化学成分信息的管理是本信息系统的核心部分，用户除了可以添加、修改、查询、删除信息之外，还可以通过统计功能更加直观地观察数据的变化，这些统计功能有：农药助剂产品中化学成分的统计、助剂化学成分按 EPA 的毒性分类统计、全国各省市助剂生产中化学物质使用量按毒性分类的统计和化学物质的使用量统计。

表 6-3　农药助剂化学成分信息数据字典

字段名称	类型	说明
中文名称	文本	无
英文名称	文本	无
分子式	文本	无
分子量	文本	无
CAS NO	数字	无
毒性分类	选项	1、2、3、4A、4B
是否在中国使用	选项	是、否
是否优先控制	选项	是、否
外观与性状	文本	无
气味	文本	无
气味阈值	文本	无
pH	数字	无
熔点/凝固点	文本	无
起始沸点和沸程	文本	无
闪点	数字	无
蒸发效率	文本	无
易燃性（固体，气体）	文本	无
高的/低的燃烧性或爆炸性限度	文本	无
蒸汽压	文本	无
蒸气密度	文本	无
相对密度	文本	无
水溶性	文本	无
n-辛醇/水分配系数	文本	无
自燃温度	文本	无
分解温度	文本	无
黏度	文本	无
反应性	文本	无
稳定性	文本	无
危险反应的可能性	文本	无
应避免的条件	文本	无
不兼容的材料	文本	无
危险的分解产物	文本	无
急性毒性	文本	无
皮肤刺激或腐蚀	文本	无
眼睛刺激或腐蚀	文本	无
呼吸道或皮肤过敏	文本	无

续表

字段名称	类型	说明
生殖细胞突变性	文本	无
致癌性	文本	无
生殖毒性	文本	无
特异性靶器官系统毒性（一次接触）	文本	无
特异性靶器官系统毒性（反复接触）	文本	无
吸入危险	文本	无
潜在的健康影响	文本	无
接触后的征兆和症状	文本	无
附加说明	文本	无
生态毒性	文本	无
持久存留性和降解性	文本	无
潜在的生物蓄积性	文本	无
土壤中的迁移性	文本	无
PBT 和 VPVB 的评价结果	文本	无
其他不利的影响	文本	无
安全操作的注意事项	文本	无
安全存储的条件	文本	无
特定用途	文本	无
容许浓度	文本	无
眼/面保护	文本	无
皮肤保护	文本	无
身体保护	文本	无
呼吸系统防护	文本	无
废物处理方法	文本	无
受污染的容器和包装	文本	无
一般的建议	文本	无
吸入	文本	无
皮肤接触	文本	无
眼睛接触	文本	无
食入	文本	无
主要症状和影响，急性和迟发效应	文本	无
及时医疗处理和所需特殊处理的说明和指示	文本	无
人员的预防、防护设备和紧急处理程序	文本	无
环境保护措施	文本	无
抑制和清除溢出物的方法和材料	文本	无
EPA 再评估报告	附件	无

注：PBT 指 persistent bioconcentration toxicity；VPVB 指 very persistent very bioconcentration。

6.2.4 信息维护

在本功能模块中可以添加中国、美国、加拿大、欧盟颁布的农药助剂相关法规、相关检测技术方法及农药助剂的管理评述，并可以将相关文件以附件的形式上传，用户可以下载查看。对于企业管理中涉及的一二级分类信息，在本功能模块中也可以进行添加。此功能模块还具有信息审核功能，管理员可以审核企业上传的资料。对于不同权限的用户在这里分配不同的账号密码。

6.2.5 个人管理

个人管理功能模块主要提供修改密码与退出功能，便于用户进行个人操作。

6.3 农药助剂化学品基础数据库系统实现

农药助剂化学品基础数据库系统使用 MyEclipse 作为系统界面开发工具，平台采用 B/S 即浏览器/服务器结构，以 JSP 为 Web 开发语言编程实现数据查询。后台数据库采用 SQL Server 2008 开发设计。整个系统运行在 Windows 操作系统上的 Tomcat 7.0 Web 服务器中。客户端使用 IE 6.0 以上或其他通用浏览器。

6.4 农药助剂化学品基础数据库系统功能展示

6.4.1 系统用户管理

系统面对三类用户，分配不同的用户权限，并设置不同的用户名和密码。具有最高权限的是科研人员及农业行政主管部门，相当于系统管理员，他们可以查看、修改、删除信息系统中的所有数据资料，有权录入资料数据，并且有权限对企业添加的信息进行审核：只有管理员审查通过的信息，才会被显示在系统中。这样可防止企业随意添加信息，造成不正当竞争。第二类用户即助剂生产企业，除了可以查看信息系统中的数据资料，还可以添加企业的信息。第三类用户即公众只有浏览权限。图 6-2 为系统的登录页面。

6.4.2 数据录入功能

系统提供方便灵活的数据录入界面，如图 6-3 所示。同时，带有人性化的自动导入功能，可以将大批量的数据按照一定格式先录入 Excel 中，然后用自动导入功能将若干条数据一并导入数据库，大大提高了批量数据的录入效率。

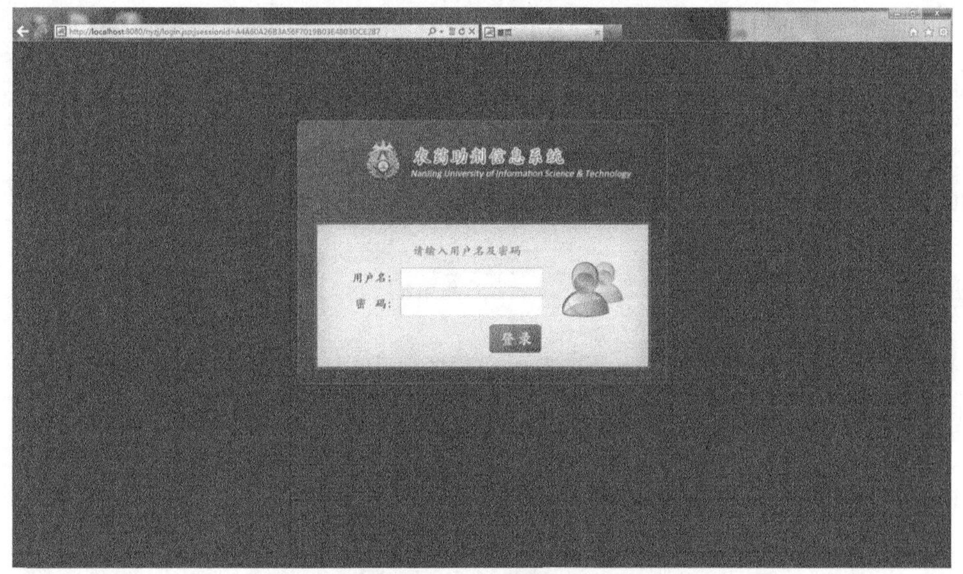

图 6-2　系统登录页面

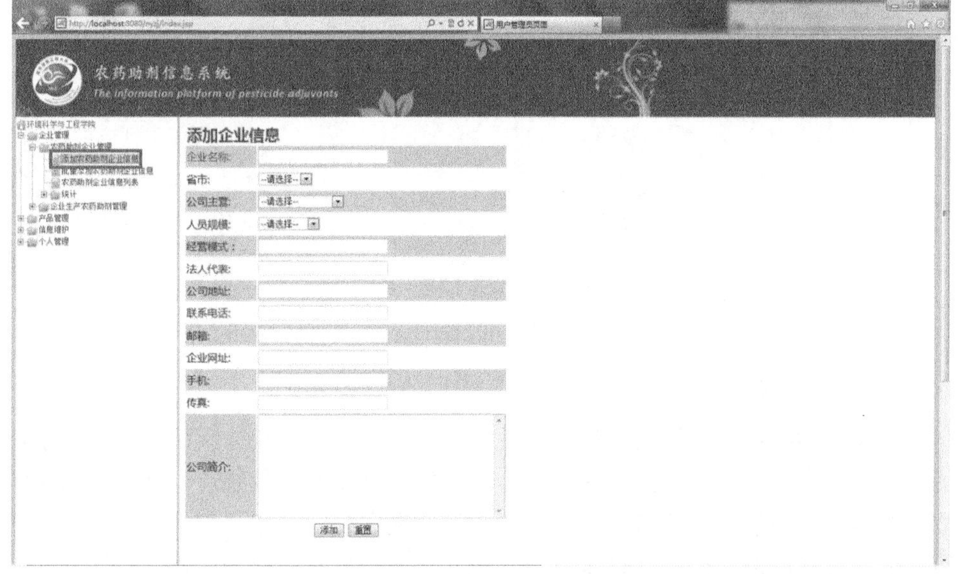

图 6-3　添加企业信息页面

6.4.3　信息查询功能

信息管理系统的建立最主要的目的之一就是通过查询来利用数据。本系统的查询功能采用模糊查询，即输入的关键词不与记录的字段内容完全相同时也能显示数据信息，并可选择不同的字段作为搜索的关键词。以搜索“农乳 600#”这种型号的助剂产品为例：在查询窗体中可以选择在字段“第二分类”中输入“乳化剂”进行模糊搜索，系统会列出所有第二分类字段为“乳化剂”的助剂产品，若对“农乳 600#”这条记录感兴趣，点击“查看”按钮，系统会弹出关于“农乳 600#”的详细信息浏览窗体。查询功能页面见图 6-4。

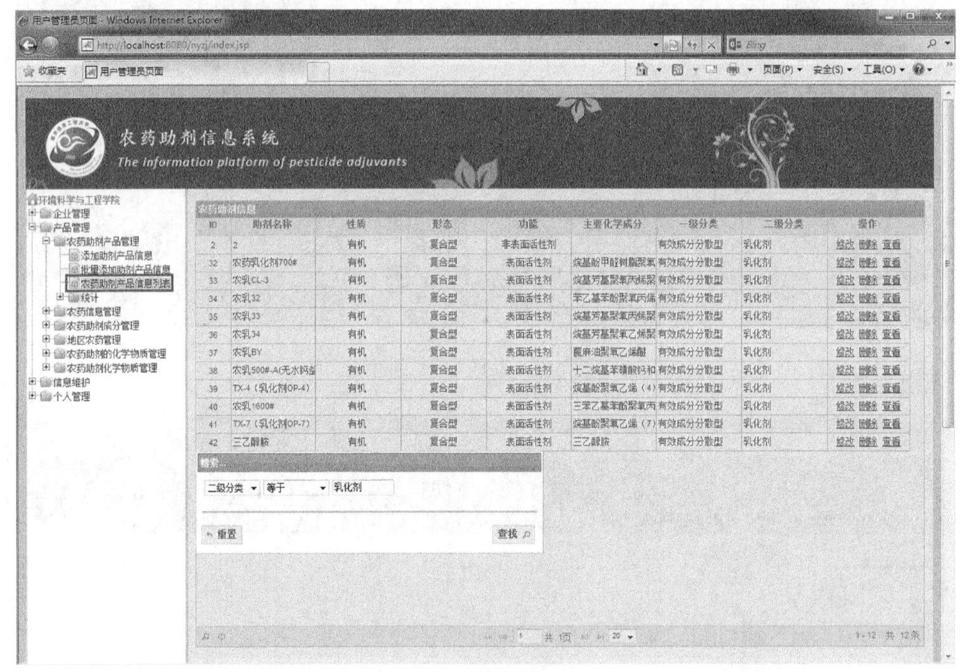

图 6-4　查询信息页面

6.4.4　信息统计功能

本系统的统计功能涵盖系统中的关键信息，包括常规统计和用户自定义条件的统计两种。常规统计包括全国各省市助剂生产企业的数量统计、助剂中的化学物质按毒性分类统计等。自定义条件的统计使数据统计具有更大的灵活性，用户可以通过选择助剂产品的名称来查看全国各省市该种农药助剂产量的对比统计，也可以通过选择一种农药助剂的名称来查看其中化学成分的统计。如对全国各省市农药助剂生产企业的数量统计见图 6-5。

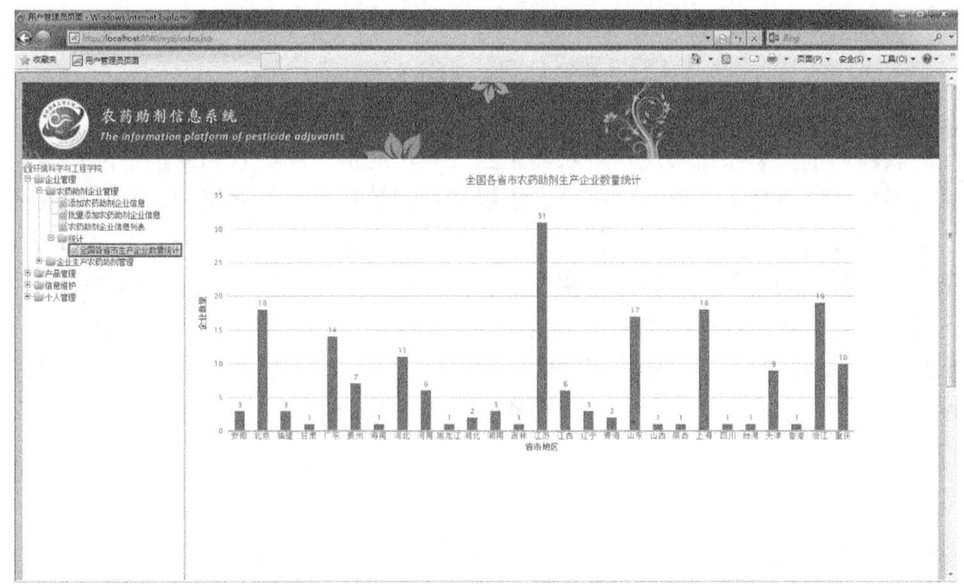

图 6-5　全国各省市农药助剂生产企业数量统计

6.4.5　信息管理功能

本模块的功能是管理员审核、修改、删除上传的数据资料，分配不同用户的权限，修改密码等。企业信息审核功能见图 6-6。

图 6-6　企业信息审核

6.5 小　　结

农药助剂信息系统实现了对农药企业、农药助剂产品、农药助剂中的化学物质的添加、批量导入、修改、删除、编辑和查询等功能，能够切实有效地对农药助剂的相关信息进行管理，维护农药与农药助剂产品、农药助剂产品与化学物质及其他信息之间的关系。该系统实现了农药助剂信息管理的系统化、科学化和现代化，是实现我国农药助剂科学管理的有力工具。同时，农药助剂信息系统是一个开放的系统，具有充分的实用性和可拓展性。目前，系统目录收集录入了 233 种助剂化学品信息，未来该系统可不断收集新的数据资源，提高系统的时效性。

第7章　农药助剂环境污染控制管理策略研究

7.1　农药助剂环境安全管理制度研究进展

农药助剂曾被默认为是对环境和人类健康无害的惰性物质。因此，在过去相当长的时间内，所有国家在农药制剂产品标签中无标注管理的相关要求。20世纪80年代起，以美国为代表的发达国家开始启动农药助剂的环境安全管理与污染控制方面的研究工作。1987年，美国国家环境保护局（USEPA）发布了一份农药助剂清单，该清单是目前为止最为详细的农药助剂管理文件。2005年1月，加拿大卫生部有害生物管理局（PMRA）正式实施农药助剂管理法规，基本参照了USEPA农药助剂清单，对1200种农药助剂依据其毒性和风险性进行分级管理。

7.1.1　美国对农药助剂的管理

美国国家环境保护局专门成立了“Inert Disclosure Stakeholder Workgroup”，由该工作组向“Pesticide Program Dialogue Committee”建议以何种方式让公众对助剂成分获得更多信息。

1987年，美国首先依据危害程度大小对1200种农药助剂进行分类，根据助剂安全评价工作对其实时更新。从1987年USEPA开始关注农药助剂成分到1997年的11年间，农药助剂组分的数量增加了93%，从1200种增加到2311种。尤其是List 3的助剂成分从800种增加到1779种，增长了1.2倍，增长幅度最快。USEPA根据农药助剂组分使用情况的不断变化，及时调整清单中的助剂物质，有些连续几年不用的组分会被删除，新出现的物质也会加入。

2007年，为了进一步加强农药助剂管理，保障农产品质量安全，USEPA在对农药助剂分成4类管理的基础上，又将其分成可以用于食用农产品或农作物的、可以用于非食用农产品或农作物的助剂产品两大类，并且要求对所有用于食用农产品或农作物的助剂制定残留限量或豁免规定，正式公布可以用于食用农产品或农作物的助剂名单、用于食用农产品或农作物以外农药产品的助剂名单、可用于绿色食品上的助剂名单。

List 1类助剂属于已经证实对人类健康和环境存在危害的助剂，主要涉及一些致癌物质、神经毒素和慢性毒性物质、损害生殖系统的物质、对环境有污染的物质等。此类助剂已不允许继续使用。若要登记含此类助剂的产品，需提供该物质没有安全威胁的详细资料。

List 2 类助剂，USEPA 持续对其资料进行评价，以确定是否有足够的数据将其划分在 List 1 类或 List 4 类助剂中。此类助剂大部分需要由美国国家认定的毒理机构或美国其他政府机构进行检测，由 USEPA 对其资料进行评价。如目前有些剂型中使用的甲苯、二甲苯、DMF、正己烷、环己烷、异佛尔酮、乙腈等溶剂类物质均属于该类助剂。加拿大政府同样要求生产商提供支持使用 List 2 类助剂的资料或提供不含 List 2 类助剂的说明。

List 3 类助剂属于未知毒性的化合物，需对其进行毒理学和生态学资料评估；若此类中有些化合物通过试验有足够的资料证实在目前的使用模式下不会产生负面影响的，可以归类到 List 4B 类助剂中。目前尚没有资料证明 List 3 类助剂具有毒性或危害情况，但一旦发现问题随时需要补充资料。补交资料时，List 3 类助剂有可能要求提供与 List 1、List 2 类助剂相同的资料，以支持继续使用或重新注册；如 List 3 类助剂出现任何新的引人注意的信息时，将被要求立即提供适当的资料以支持其继续使用。

List 4 类助剂在一定条件下使用没有风险，若发现有毒性问题，将根据特性列入 List 1、List 2 类中由 List 4 类列入 List 2 类的助剂，如果被发现有严重的毒性问题，同样会被重新列入 List 1 类。1989 年 11 月 22 日，USEPA 对农药助剂分类名单进行了调整。1990 年 8 月 17 日公布了已登记的农药产品中的助剂名单。1995 年 7 月 7 日，又将清单中的部分 List 3 类助剂重新归类为 List 4B 类。

2016 年 12 月，USEPA 从原公布农药助剂名单中剔除了 72 种。如果农药企业仍坚持使用这 72 种农药助剂，则必须提供环境安全数据资料，USEPA 再根据数据资料评估是否批准使用。本次 USEPA 农药助剂名录的修订源于环境健康中心具有社会责任感的医生及其他相关人员申请 USEPA 颁发相关法令披露农药产品中采用的 371 种惰性成分。这项行动将进一步促进 USEPA 评估农药助剂的潜在风险和制定风险消减措施。

在删除的 72 种农药助剂品种（表 7-1）中，有相当一部分是原 371 种助剂名单中具有危害的物质。

表 7-1　从当前批准的农药助剂名单中删除的 72 种化学物质名单

序号	CAS 登记号	英文名称	中文名称
1	109-89-7	diethylamine	二乙胺
2	78-93-3	methyl ethyl ketone	甲基乙基酮
3	109-99-9	tetrahydrofuran	四氢呋喃
4	123-92-2	1-butanol, 3-methyl-, acetate	乙酸异戊酯
5	80-62-6	methyl methacrylate	甲基丙烯酸甲酯

续表

序号	CAS 登记号	英文名称	中文名称
6	100-02-7	*p*-nitrophenol	对硝基苯酚
7	10024-97-2	nitrous oxide（N_2O）	一氧化二氮
8	100-37-8	2-(diethylamino)ethanol	二乙氨基乙醇
9	101-68-8	4,4′-methylene di(phenyl isocyanate)	4,4′-亚甲基双（异氰酸苯酯）
10	106-88-7	1,2-butylene oxide	1,2-环氧丁烷
11	107-18-6	allyl alcohol	烯丙醇
12	107-19-7	propargyl alcohol	炔丙醇
13	108-46-3	resorcinol	间苯二酚
14	110-19-0	isobutyl acetate	乙酸异丁酯
15	110-80-5	ethylene glycol monoethyl ether	乙二醇单乙醚
16	112-55-0	dodecyl mercaptan	十二烷基硫醇
17	117-81-7	1,2-benzenedicarboxylic acid, bis (2-ethylhexyl)ester	1,2-苯二甲酸二（2-乙基己）酯
18	117-84-0	dioctyl phthalate	邻苯二甲酸二正辛酯
19	119-61-9	benzophenone	二苯甲酮
20	121-54-0	benzenemethanaminium, *N*,*N*-dimethyl-*N*-(2-(2-(4-(1,1,3,3-tetramethylbutyl) phenoxy)ethoxy)ethyl)-, chloride	苄索氯铵
21	123-38-6	propionaldehyde	丙醛
22	124-16-3	1-(2-butoxyethoxy)-2-propanol	1-（2-丁氧基乙氧基）-2-丙醇
23	1303-86-2	boron oxide（B_2O_3）	三氧化二硼
24	1309-64-4	antimony trioxide	三氧化二锑
25	131-11-3	dimethyl phthalate	邻苯二甲酸二甲酯
26	131-17-9	diallyl phthalate	邻苯二甲酸二烯丙酯
27	1317-95-9	tripoli	硅藻石
28	1319-77-3	cresol	甲酚
29	1321-94-4	methyl naphthalene	甲基萘
30	1338-24-5	naphthenic acid	环烷酸
31	139-13-9	nitrilotriacetic acid	氨基三乙酸
32	141-32-2	butyl acrylate	丙烯酸丁酯
33	142-71-2	copper acetate	乙酸铜
34	149-30-4	2-mercaptobenzothiazole	2-巯基苯并噻唑
35	150-76-5	*p*-methoxyphenol	对甲氧基苯酚
36	150-78-7	1,4-dimethoxybenzene	对二甲氧基苯
37	16919-19-0	ammonium fluosilicate	氟硅酸铵
38	1762-95-4	ammonium thiocyanate	硫氰酸铵

续表

序号	CAS 登记号	英文名称	中文名称
39	25013-15-4	vinyl toluene	乙烯基甲苯
40	25154-52-3	nonylphenol	壬基酚
41	2761-24-2	amyl triethoxysilane	戊基三乙氧基硅烷
42	28300-74-5	potassium antimonyl tartrate sesquihydrate	酒石酸锑钾
43	50-00-0	formaldehyde	甲醛
44	533-74-4	dazomet	棉隆
45	552-30-7	trimellitic andydride	偏苯三酸酐
46	618-45-1	3-isopropylphenol	间异丙基苯酚
47	71-55-6	1,1,1-trichloroethane	1,1,1-三氯乙烷
48	7440-37-1	argon	氩气
49	74-84-0	ethane	乙烷
50	75-43-4	dichloromonofluoromethane	二氯一氟甲烷
51	75-45-6	chlorodifluoromethane	一氯二氟甲烷
52	75-68-3	1-chloro-1,1-difluoroethane	1-氯-1,1-二氟乙烷
53	75-69-4	trichlorofluoromethane	三氯氟甲烷
54	75-71-8	dichlorodifluoromethane	二氯二氟甲烷
55	76-13-1	1,1,2-trichloro-1,2,2-trifluoroethane	1,1,2-三氟-1,2,2-三氯乙烷
56	7758-01-2	potassium bromate	溴酸钾
57	78-88-6	2,3-dichloropropene	2,3-二氯丙烯
58	79-11-8	monochloroacetic acid	氯乙酸
59	79-24-3	nitroethane	硝基乙烷
60	79-34-5	1,1,2,2-tetrachloroethane	1,1,2,2-四氯乙烷
61	8006-64-2	turpentine oil	松节油
62	83-79-4	rotenone	鱼藤酮
63	85-44-9	phthalic anhydride	苯酐
64	88-12-0	*N*-vinyl-2-pyrrolidone	*N*-乙烯基吡咯烷酮
65	88-69-7	2-isopropylphenol	2-异丙基苯酚
66	88-89-1	2,4,6-trinitrophenol	2,4,6-三硝基苯酚
67	94-36-0	benzoyl peroxide	过氧化苯甲酰
68	95-48-7	*o*-cresol	邻甲酚
69	97-63-2	ethyl methacrylate	甲基丙烯酸乙酯
70	97-88-1	butyl methacrylate	甲基丙烯酸丁酯
71	98-54-4	*p*-tert-butylphenol	对叔丁基苯酚
72	99-89-8	*p*-isopropylphenol	对异丙基苯酚

7.1.2　加拿大对农药助剂的管理

加拿大以美国农药助剂管理制度为基础，建立了相似的农药助剂分类管理体系，并补充了在加拿大使用的特殊助剂和《蒙特利尔公约》中规定的助剂。在加拿大使用的特殊助剂有两种情况，一种情况是不在 USEPA 的列表内，另一种是需要对单个化合物进行鉴定或归类的特有助剂或混合物。但两国农药助剂分类基本是一致的，依据都是农药助剂对人类和环境的危害程度。

1993 年 10 月，加拿大颁布了 Dir93-5 管理指令以替代 1980 年 2 月颁布的贸易备忘录 T-1-225。Dir93-5 对助剂提出了明确的登记要求。依据 *The Pest Control Products Act* 规定，助剂产品包括“与农药原药混合或通过加工过程与原药混合能改善制剂的理化性质、提高药效、便于使用的物质”。因此，Dir93-5 包括制剂中的非活性组分或单独销售的桶混使用的助剂。

2005 年 1 月，加拿大卫生部有害生物管理局（PMRA）正式实施农药助剂管理法规。加拿大可用作或曾经用作农药助剂的化合物有 1200 多种，其中绝大多数是依据 USEPA 的分类方式，按照毒性、危害性和管理强度递减的顺序分成 1、2、3、4A、4B 五大类。

加拿大自 2002 年 12 月 31 日起限制销售含有 List 1 类助剂的农药产品，除非农药登记者能够提供使用该助剂依然安全的资料或数据，才允许销售，否则只能使用 List 1 类助剂的替代品。到 2004 年 12 月 31 日，所有含有 List 1 类助剂的产品均不允许继续销售。

7.1.3　英国对农药助剂的管理

英国农药助剂的立法管制仅限于与农药一起使用的助剂。与管制农药不同，对助剂的管制不涉及广告、销售、供应和贮存等，涉及以上内容的由 *Health and Safety at Work Act 1974*［《劳动健康安全法》（1974）］、*Control of Substances Hazardous to Health Regulations 1999*［《有害物质控制法规》（1999）］等法律法规监管。

在英国销售农药助剂必须首先申请将其列入“官方名单”（official list）中，官方名单提供了助剂产品的详细情况及助剂的使用条件。如果要将某一助剂列入官方名单或修改名单中已有的助剂，就必须提供能够证明其使用安全性的资料。符合条件的助剂方可列入名单。

7.2　我国农药助剂环境安全管理名单的建议

通过查阅国际癌症研究机构（International Agency for Research on Cancer, IARC）、美国国家毒理学项目致癌物质名单、《美国职业安全和健康法》中的具有职业风险的助剂名单，对2010～2012年申请登记的386种农药制剂中的101种助剂毒性进行了分级，发现其中4%以上的助剂具有中等毒性，75%的助剂毒性未知，其中玫瑰精、二甲苯、甲苯、环己酮、壬基酚等助剂或其代谢物具有致癌性、致畸性、致突变性（“三致”效应）、内分泌干扰作用、繁殖损伤、神经毒性等严重健康风险（表7-2）。值得注意的是，农药助剂中甚至含有农药活性成分（如三氮唑嘧啶酮），当其作为农药助剂添加到制剂产品中时，则不要提供毒理学和环境安全方面的资料，因此对人类健康和环境安全具有较高风险。

表7-2　101种农药助剂环境安全等级分类

名称	安全等级	名称	安全等级
玫瑰精	1	壬基酚聚氧乙烯醚（NP-10）	3
二甲苯	2	十二烷基苯磺酸钙（农乳500号）	3
环己酮	2	十二烷基磺酸钙	3
甲苯	2	十二烷基硫酸钙	3
丙三醇	3	烷基苯磺酸盐缩合物	3
乙二醇	3	烷基酚聚氧乙烯醚	3
焦亚硫酸钠	3	异构烷基磺酸钠、烷基酚聚氧乙烯、聚氧丙烯醚的混合物	3
（A）2-甲基-4-异噻唑啉-3-酮和（B）5-氯-2-甲基-4-异噻唑啉-3-酮	3	油酰基牛磺酸盐	3
三苯乙基苯酚聚氧丙烯聚氧乙烯嵌段聚合物	3	蓖麻油酸聚氧乙基二硫代磷酸酯	3
B-萘磺酸甲醛缩合物	3	十二烷基苯磺酸钠	3
苯基酚聚氧乙烯醚	3	烷基萘磺酸钠（拉开粉）	3
硅酸镁铝	3	月桂醇硫酸钠	3
聚氧乙烯醚	3	氮酮	3
聚乙二醇	3	脂肪醇聚氧乙烯醚	3
聚乙烯醇	3	有机硅	3
萘磺酸甲醛缩合物（钠盐）	3	木炭	3
萘磺酸硫酸盐	3	陶土	3
三苯乙烯苯酚聚氧乙烯醚磷酸酯	3	有机膨润土	3
三苯乙烯基酚聚氧乙烯醚（罗帝亚）	3	吡啶碱（2-甲基吡啶、3-甲基吡啶、4-甲基吡啶、2,3-二甲基吡啶）	3
烷基萘甲醛缩合物磺酸盐（NNO）	3	六亚甲基四胺（乌洛托品）	3
亚甲基双萘磺酸钠（N）	3	尿素	3
二丁基萘磺酸钠（LS）	3	三氮唑嘧啶酮	3
二甲基甲酰胺（DMF）	3	酸性蓝	3
环氧丙烷	3	硝酸铵	3
甲醇	3	亚甲脲	3

续表

名称	安全等级	名称	安全等级
甲基化大豆油	3	液氨	3
油酸甲酯	3	硬脂酸钙	3
失水山梨醇脂肪酸酯聚氧乙烯醚	3	高岭土	4A
苯酚聚氧乙烯醚	3	玉米油	4A
苯乙基苯酚基聚氧乙烯醚	3	黄原胶	4A
苯乙烯丙烯酸共聚物	3	醋酸钠	4A
苯乙烯基苯酚聚氧乙烯醚	3	硫酸铵	4A
蓖麻油环氧乙烷加成物	3	碳酸钙（轻钙）	4A
蓖麻油聚氧乙烯醚	3	丙二醇	4B
烷基聚氧乙烯醚	3	苯甲酸钠	4B
烷基聚氧乙烯醚甲醛聚合物	3	木质素	4B
烷基萘甲醛缩合物磺酸钠	3	木质素磺酸钠	4B
烷基糖苷	3	正丁醇	4B
辛基酚聚氧乙烯醚	3	乙醇	4B
乙烯基苯酚聚氧乙烯醚	3	二氧化硅（白炭黑）	4B
丙烯酸共聚物胺盐	3	硅藻土	4B
丁基萘磺酸钠	3	甲基羟乙基纤维素	4B
对甲氧基脂肪酰胺基苯磺酸钠	3	甲基纤维素	4B
聚氧乙烯聚丙烯嵌段共聚物	3	羧甲基纤维素	4B
聚氧乙烯醚	3	氯化钠	4B
聚氧乙烯氢化蓖麻油醚	3	柠檬酸	4B
聚氧乙烯山梨酸酐三油酸酯	3	碳酸钠	4B
聚氧乙烯烷芳基磷酸盐	3	碳酸氢钠	4B
聚氧乙烯烷基醚	3	乳化剂：JP-0730	
苯乙基酚聚氧乙烯醚（农乳 600 号）	3	分散剂：ME	
		分散剂：MF	

表 7-2 统计的 101 种助剂中未在美国农药助剂清单里列出的助剂为 77 种，本书根据其毒理学数据将其分别列入“3 未知毒性”和“4 毒性最小”中，但需要进一步验证。

以美国、加拿大农药助剂分级清单为基础，补充本书调查列出的具有详细化学名称的助剂 98 种，制定了农药助剂环境与健康风险关注名单（表 7-3）。该名单分为 List 1、List 2、List 3、List 4A、List 4B 五个等级，共包含 228 种化合物。

List 1 为毒性作用高的助剂，已有资料证实可引起癌症或肝肾损伤，具有生殖毒性、神经毒性，或具有高生物富集性的物质，如邻苯二甲酸二辛酯、甲醛、对苯二酚、异佛尔酮、壬基酚、苯酚、玫瑰精、苯胺、石棉纤维、四氯化碳、氯仿、二甲基亚砜 12 种化合物。

表 7-3 农药助剂环境与健康风险关注名单

等级	序号	CAS 登记号	英文名称	中文名称
List 1	1	117-84-0	dioctyl phthalate	邻苯二甲酸二辛酯
	2	50-00-0	formaldehyde	甲醛
	3	123-31-9	hydroquinone	对苯二酚
	4	78-59-1	isophorone	异佛尔酮
	5	25154-52-3	nonylphenol	壬基酚
	6	108-95-2	phenol	苯酚
	7	81-88-9	rhodamine	玫瑰精，罗丹明（红色染料）
	8	62-53-3	phenylamine	苯胺
	9	12001-28-4	asbestos	石棉纤维
	10	56-23-5	carbon tetrachloride	四氯化碳
	11	67-66-3	chloroform	氯仿
	12	67-68-5	dimethyl sulfoxide	二甲基亚砜
List 2	13	75-05-8	acetonitrile	乙腈
	14	85-68-7	butyl benzyl phthalate	邻苯二甲酸丁苄酯
	15	111-76-2	butyl cellosolve	丁基纤维素
	16	106-88-7	1,2-butylene oxide	1,2-环氧丁烷
	17	75-68-3	1-chloro-1,1-difluoroethane	1-氯-1,1-二氟乙烷
	18	75-00-3	chloroethane	氯乙烷
	19	95-48-7	*o*-cresol	邻甲酚
	20	106-44-5	*p*-cresol	对甲酚
	21	108-39-4	*m*-cresol	间甲酚
	22	1319-77-3	cresylic acid	甲苯酸
	23	110-82-7	cyclohexane	环己烷
	24	108-94-1	cyclohexanone	环己酮
	25	84-74-2	dibutyl phthalate	酞酸二丁酯
	26	27134-27-6	dichloroaniline	二氯苯胺
	27	75-71-8	dichlorodifluoromethane	二氯二氟甲烷
	28	111-42-2	diethanolamine	二乙醇胺
	29	84-66-2	diethyl phthalate	邻苯二甲酸二乙酯
	30	111-90-0	diethylene glycol monoethyl ether	二乙二醇单乙醚
	31	111-77-3	diethylene glycol monomethyl ether	二乙二醇单甲醚
	32	75-37-6	1,1-difluoroethane	1,1-二氟乙烷
	33	131-11-3	dimethyl phthalate	邻苯二甲酸二甲酯
	34	100-41-4	ethylbenzene	乙苯
	35	141-79-7	mesityl oxide	4-甲基-3-戊烯-2-酮

续表

等级	序号	CAS 登记号	英文名称	中文名称
List 2	36	108-10-1	methyl isobutyl ketone	甲基异丁基甲酮，异己酮，2-异己酮，甲基异戊酮
	37	80-62-6	methyl methacrylate	甲基丙烯酸甲酯
	38	75-45-6	chlorodifluoromethane	一氯二氟甲烷
	39	79-24-3	nitroethane	硝基乙烷
	40	75-52-5	nitromethane	硝基甲烷
	41	100-02-7	*p*-nitrophenol	对硝基苯酚
	42	108-88-3	toluene	甲苯
	43	76-13-1	1,1,2-trichloro-1,2,2-trifluoroethane	1,1,2-三氟-1,2,2-三氯乙烷
	44	71-55-6	1,1,1-trichloroethane	1,1,1-三氯乙烷
	45	75-69-4	trichlorofluoromethane	三氯氟甲烷
	46	1330-20-7	xylene	二甲苯
List 3	47	123-86-4	acetic acid, butyl ester	乙酸丁酯
	48	110-19-0	isobutyl actate	乙酸异丁酯
	49	141-97-9	acetoacetic acid, ethyl ester	乙酰乙酸乙酯
	50	67-64-1	acetone	丙酮
	51	74-86-2	acetylene	乙炔
	52	124-04-9	adipic acid	己二酸
	53	103-23-1	adipic acid, bis(2-ethylhexyl)ester	己二酸二（2-乙基己）酯
	54	107-18-6	allyl alcohol	烯丙醇
	55	7429-90-5	aluminum	铝
	56	111-41-1	2-(2-aminoethyl amino)ethanol	羟乙基乙二胺
	57	1111-78-0	ammonium carbamate	氨基甲酸铵
	58	16919-19-0	ammonium fluosilicate	氟硅酸铵
	59	1336-21-6	ammonium hydroxide	氢氧化铵
	60	1762-95-4	ammonium thiocyanate	硫氰酸铵
	61	628-63-7	amyl acetate	乙酸戊酯
	62	28300-74-5	potassium antimonyl tartrate sesquihydrate	酒石酸氧锑钾
	63	1309-64-4	antimony trioxide	三氧化二锑
	64	100-52-7	benzaldehyde	苯甲醛
	65	119-61-9	benzophenone	二苯甲酮
	66	100-51-6	benzyl alcohol	苯甲醇
	67	106-97-8	*n*-butane	正丁烷
	68	107-88-0	1,3-butanediol	1,3-丁二醇
	69	78-92-2	2-butanol	2-丁醇
	70	141-32-2	butyl acrylate	丙烯酸丁酯

续表

等级	序号	CAS 登记号	英文名称	中文名称
List 3	71	112-07-2	butyl cellosolve acetate	乙二醇丁醚醋酸酯
	72	107-92-6	butyric acid	丁酸
	73	7778-54-3	calcium hypochlorite	次氯酸钙
	74	9004-57-3	cellulose, ethyl ether	乙基纤维素
	75	10049-04-4	chlorine dioxide	二氧化氯
	76	106-43-4	4-chlorotoluene	4-氯甲苯
	77	142-71-2	copper acetate	乙酸铜
	78	3251-23-8	copper nitrate	硝酸铜
	79	7758-98-7	copper sulfate	硫酸铜
	80	98-82-8	cumene	枯烯，异丙基苯
	81	108-80-5	cyanuric acid	氰尿酸，三聚氰酸
	82	108-93-0	cyclohexanol	环己醇/六氢苯酚
	83	123-42-2	diacetone alcohol	双丙酮醇
	84	78-88-6	2,3-dichloro propene	2,3-二氯丙烯
	85	109-89-7	diethylamine	二乙胺
	86	111-46-6	diethylene glycol	二甘醇
	87	26761-40-0	diisodecyl phthalate	酞酸二异癸酯
	88	124-40-3	dimethylamine	二甲胺
	89	25265-71-8	dipropylene glycol	一缩二丙二醇
	90	27176-87-0	dodecylbenzenesulfonic acid	十二烷基苯磺酸
	91	26264-06-2	dodecylbenzenesulfonic acid, calcium salt	十二烷基苯磺酸钙
	92	25155-30-0	dodecylbenzenesulfonic acid, sodium salt	十二烷基苯磺酸钠
	93	27323-41-7	dodecylbenzenesulfonic acid, triethanolamine salt	十二烷基苯磺酸三乙醇胺
	94	27193-86-8	dodecylphenol	十二烷基酚
	95	74-84-0	ethane	乙烷
	96	107-21-1	1,2-ethanediol	乙二醇
	97	122-51-0	ethyl orthoformate	原甲酸三乙酯
	98	120-47-8	ethyl *p*-hydroxybenzoate	对羟基苯甲酸乙酯
	99	107-15-3	ethylenediamine	乙二胺
	100	60-00-4	ethylenediaminetetraacetic acid	乙二胺四乙酸
	101	10045-89-3	ferrous ammonium sulfate	硫酸亚铁铵
	102	64-18-6	formic acid	甲酸
	103	110-17-8	fumaric acid	反丁烯二酸

续表

等级	序号	CAS 登记号	英文名称	中文名称
List 3	104	107-22-2	glyoxal	乙二醛
	105	100-97-0	hexamethylenetetramine	乌洛托品
	106	7647-01-0	hydrogen chloride	盐酸
	107	75-28-5	isobutane	异丁烷
	108	78-83-1	isobutyl alcohol	异丁醇
	109	26952-21-6	isooctyl alcohol	异辛醇
	110	78-78-4	isopentane	异戊烷
	111	121-91-5	isophthalic acid	间苯二甲酸
	112	108-21-4	isopropyl acetate	醋酸异丙酯
	113	75-31-0	isopropylamine	异丙胺
	114	80-05-7	4,4′-isopropylidenediphenol	双酚 A
	115	110-16-7	maleic acid	顺丁烯二酸
	116	108-31-6	maleic anhydride	顺丁烯二酸酐
	117	6915-15-7	malic acid	DL-苹果酸
	118	79-41-4	methacrylic acid	甲基丙烯酸
	119	67-56-1	methyl alcohol	甲醇
	120	78-93-3	methyl ethyl ketone	甲基乙基酮
	121	123-92-2	3-methyl-1-butanol, acetate	乙酸异戊酯
	122	101-68-8	4,4′-methylene di (phenyl isocyanate)	4,4′-亚甲基双（异氰酸苯酯）
	123	79-11-8	monochloroacetic acid	氯乙酸
	124	110-91-8	morpholine	吗啉
	125	91-20-3	naphthalene	萘
	126	1338-24-5	naphthenic acid	环烷酸
	127	135-19-3	2-naphthol	2-萘酚
	128	504-60-9	1,3-pentadiene	1,3-戊二烯
	129	115-77-5	pentaerythritol	季戊四醇
	130	71-41-0	1-pentanol	1-戊醇
	131	7664-38-2	phosphoric acid	磷酸
	132	85-44-9	phthalic anhydride	苯酐
	133	85-41-6	phthalimide	邻苯二甲酰亚胺
	134	25791-96-2	poly(propylene glycol)	三羟基聚氧化丙烯醚
	135	9003-29-6	polybutylene	多聚丁烯
	136	7722-64-7	potassium permanganate	高锰酸钾
	137	74-98-6	propane	丙烷
	138	123-38-6	propionaldehyde	丙醛
	139	108-46-3	resorcinol	间苯二酚

续表

等级	序号	CAS 登记号	英文名称	中文名称
List 3	140	69-72-7	salicylic acid	水杨酸
	141	7631-90-5	sodium bisulfite	亚硫酸氢钠
	142	3926-62-3	sodium chloroacetate	氯乙酸钠
	143	7775-11-3	sodium chromate	铬酸钠
	144	7632-00-0	sodium nitrite	亚硝酸钠
	145	10102-18-8	sodium selenite	亚硒酸钠
	146	7664-93-9	sulfuric acid	硫酸
	147	1401-55-4	tannins	单宁酸
	148	79-34-5	1,1,2,2- tetrachloroethane	1,1,2,2-四氯乙烷
	149	27193-28-8	（1,1,3,3-tetramethylbutyl）phenol	辛基苯酚
	150	104-15-4	*p*-toluenesulfonic acid	对甲苯磺酸
	151	121-44-8	triethylamine	三乙胺
	152	112-27-6	triethylene glycol	三乙二醇
	153	25013-15-4	vinyl toluene	乙烯基甲基苯
	154	7646-85-7	zinc chloride	氯化锌
	155			三苯乙基苯酚聚氧丙烯聚氧乙烯嵌段聚合物
	156			*B*-萘磺酸甲醛缩合物
	157			苯基酚聚氧乙烯醚
	158	71205-22-6	magnesium aluminosilicate	硅酸镁铝
	159	9004-95-9	polyethylene glycol monocetyl ether	聚氧乙烯醚
	160	25322-68-3	polyethylene glycol	聚乙二醇
	161	9002-89-5	poly（vinyl alcohol）	聚乙烯醇
	162			萘磺酸甲醛缩合物（钠盐）
	163			萘磺酸硫酸盐
	164			三苯乙烯苯酚聚氧乙烯醚磷酸酯
	165			三苯乙烯基酚聚氧乙烯醚（罗帝亚）
	166			烷基萘甲醛缩合物磺酸盐（NNO）
	167	27277-00-5	three nitrogen thiazole pyrimidine ketone	三氮唑嘧啶酮
	168	6484-52-2	ammonium nitrate	硝酸铵
	169		methyleneurea	亚甲脲
	170	7664-41-7	ammonia	液氨
	171	1592-23-0	clacium stearate	硬脂酸钙
	172			聚氧乙烯氢化蓖麻油醚
	173			聚氧乙烯山梨酸酐三油酸酯
	174			聚氧乙烯烷芳基磷酸盐

续表

等级	序号	CAS 登记号	英文名称	中文名称
List 3	175		polyoxyethylene alkyl ether	聚氧乙烯烷基醚
	176		phenethyl phenol polyoxyethylene ether	苯乙基酚聚氧乙烯醚（农乳 600 号）
	177	8006-64-2	turpentine oil	松节油
List 4A	178	64-19-7	acetic acid	乙酸
	179	56-81-5	glycerol	甘油
	180	127-09-3	sodium acetate	无水醋酸钠
	181	7783-20-2	ammonium sulfate	硫酸铵
	182	8001-30-7	corn oil	玉米油
	183	11138-66-2	xanthan gum	黄原胶
	184	1332-58-7	kaolin	高岭土
	185	471-34-1	calcium carbonate	碳酸钙
List 4B	186	108-24-7	acetic anhydride	醋酸酐
	187	98-86-2	acetophenone	苯乙酮
	188	10043-01-3	aluminum sulfate	硫酸铝
	189	631-61-8	ammonium acetate	乙酸铵
	190	1066-33-7	ammonium bicarbonate	碳酸氢铵
	191	506-87-6	ammonium carbonate	碳酸铵
	192	12125-02-9	ammonium chloride	氯化铵
	193	3012-65-5	ammonium citrate, dibasic	柠檬酸氢二铵
	194	65-85-0	benzoic acid	苯甲酸
	195	71-36-3	1-butanol	正丁醇
	196	9004-32-4	cellulose carboxymethyl ether sodium salt	羧甲基纤维素钠
	197	36653-82-4	cetyl alcohol	十六醇
	198	112-30-1	1-decanol	1-癸醇
	199	115-10-6	dimethyl ether	二甲醚
	200	7558-79-4	dibasic sodium phosphate	磷酸氢二钠
	201	64-17-5	ethanol	乙醇
	202	141-78-6	ethyl acetate	乙酸乙酯
	203	7705-08-0	ferric chloride	三氯化铁
	204	10028-22-5	ferric sulfate	硫酸铁
	205	7720-78-7	ferrous sulfate	硫酸亚铁
	206	7782-63-0	ferrous sulfate heptahydrate	七水硫酸亚铁
	207	7439-89-6	iron（Fe）	铁粉
	208	25322-69-4	polypropylene glycol	聚丙二醇

续表

等级	序号	CAS 登记号	英文名称	中文名称
List 4B	209	1310-58-3	potassium hydroxide	氢氧化钾
	210	71-23-8	*n*-propanol	丙醇
	211	79-09-4	propionic acid	丙酸
	212	532-32-1	sodium benzoate	苯甲酸钠
	213	7681-49-4	sodium fluoride	氟化钠
	214	10124-56-8	sodium hexametaphosphate	六偏磷酸钠
	215	1310-73-2	sodium hydroxide	氢氧化钠
	216	7758-29-4	sodium tripolyphosphate	三聚磷酸钠
	217	110-44-1	sorbic acid	山梨酸
	218	7601-54-9	trisodium phosphate	磷酸钠
	219	3486-35-9	zinc carbonate	碳酸锌
	220	9032-42-2	methyl 2-hydroxyethyl cellulose	甲基羟乙基纤维素
	221	9004-67-5	methyl cellulose	甲基纤维素
	222	9000-11-7	carboxymethyl cellulose	羧甲基纤维素
	223	7647-14-5	sodium chloride	氯化钠
	224	77-92-9	citric acid	柠檬酸
	225	497-19-8	sodium carbonate	碳酸钠
	226	144-55-8	sodium bicarbonate	碳酸氢钠
	227	37203-80-8	lignin sodium salt	木质素钠盐
	228	8061-51-6	sodium lignosulfonate	木质素磺酸钠

List 2 属于一些在结构上与 List 1 类助剂结构类似，具有潜在毒性或是有资料表明具有毒性的物质，如甲苯、二甲苯、乙腈等共计 34 种化合物。

List 3 为未知毒性的助剂，对其毒理学和生态学资料需不断进行评估，如十二烷基苯酚、甲酸、丙酮、乙二醇、二乙胺、三乙胺、松节油、NNO 等 131 种化合物。

List 4 为毒性较小的助剂，又根据其风险性分为 List 4A、List 4B；4A 类助剂是低风险助剂，涉及 8 种化合物，包括惰性物质和食品添加剂类物质，如乙酸、植物油（玉米油、棉籽油等）、黄原胶、碳酸钙、高岭土等；4B 类助剂属于可能有一定毒性，但已有足够资料证实目前在农药中的使用方式不会对公众健康和环境安全造成不利影响的物质，包括 43 种化合物，如正丁醇、甲基纤维素、羧甲基纤维素、苯甲酸、柠檬酸、碳酸钠、碳酸氢钠、木质素磺酸钠等。

7.3　我国农药助剂环境安全管理策略的建议

综上所述，我国农药助剂使用存在品种混乱、用量不清、适配性不明、作用混乱等突出环境安全问题，建议从以下四个方面构筑农药助剂环境管理技术体系。

1. 建立农药助剂分类管理制度

根据各种化合物的毒性和危害性将农药助剂进行分类列表管理，目前按 4 类分级管理，申请人可根据所用助剂类别按要求提供相应的登记资料。但某一助剂在列表中的位置不是一成不变的，而是动态变化的。随着研究的不断深入，对资料数据库中的助剂随时进行分类调整；凡明确对人畜、环境有重大负面影响的助剂将从列表中删除。借鉴这种管理方式，不但可对助剂进行有效管理，同时也可充分利用已有的研究成果，避免资源浪费。

2. 建立农药助剂的试验方法和评价标准

分阶段、有重点地对相关助剂进行清理。在充分研究并掌握欧美等国家管理方式的基础上，经过调查研究，摸清我国农药助剂的使用情况并组织试验、研究，建立农药助剂的试验方法和评价标准，为助剂的评价建立平台，并在此基础上选择在我国使用量较大，而在国际上尚无可借鉴资料或在国际上有争议的助剂，分阶段、有步骤地对其安全性进行评价，制定安全合理使用规定，寻找替代产品，以促进我国的农药登记管理水平与国际先进水平全面接轨。

3. 建立农药助剂档案和数据库

我国大多数农药制剂加工企业的助剂来源于非农药生产的化工企业，很多助剂为混合物或专利产品。由于涉及技术机密，农药制剂加工企业对所用助剂的组成并不知情。为有效地对助剂进行管理，申请登记的制剂加工企业可以要求助剂生产商单独向农药登记机构提供助剂资料，进行备案，并以代号的形式对外告知。相关农药生产企业仅需提供已在农药登记机构备案的助剂代号及其来源证明。这样可同时兼顾保护助剂企业的商业机密和加强助剂管理的要求，逐步建立我国助剂档案和数据库。

4. 加强高风险助剂环境和健康跟踪管理

以烷基酚聚氧乙烯醚为例，其作为世界第二大类非离子表面活性剂，是农药产生中的主要助剂，但其主要品种如壬基酚类、辛基酚类具有较高的环境风险。鉴于此，建议开展烷基酚聚氧乙烯醚农药助剂使用状况、环境与生态危害的使用跟踪研究，为我国化学品安全管理工作填补空白，也为农药助剂使用环境污染控制与安全管理提供科技支持。

7.4　小　结

本章首先调查了美国、加拿大、英国等国家的农药助剂环境安全管理情况，然后对我国农药助剂使用及管理存在的问题进行了分析，在分析我国农药助剂使用情况的基础上，结合我国环境与健康管理需求，提出了农药助剂分级管理名录，为农药助剂环境管理提供参考建议。

参 考 文 献

邴欣, 汝少国, 周文礼, 等. 2008. 4-壬基酚的环境雌激素活性和生殖毒性评价. 武汉大学学报(理学版), 54(6): 745-750.

卜元卿, 王昝畅, 智勇, 等. 2014a. 368 种农药制剂中助剂使用状况调查研究. 成都: 中国环境科学学会学术年会会议论文集: 2963-2970.

卜元卿, 王昝畅, 智勇, 等. 2014b. 农药制剂中助剂使用状况调研及风险分析. 农药, 53(12): 932-936.

曹志方, 王银善. 1996. 甲胺磷农药的微生物降解. 环境科学进展, (6): 32-35.

巢静波, 刘景富, 温美娟, 等. 2002. 环境样品中壬基酚及相关化合物的分离富集与测定. 分析化学, 30(7): 875-879.

陈玲, 周海云, 刘岚, 等. 2007. 自动固相微萃取-气相色谱法检测水样中壬基酚. 中山大学学报(自然科学版), 46(5): 45-48.

陈清香, 吕军仪. 2010. 表面活性剂十二烷基苯磺酸钠(SDBS)和十二烷基磺酸钠(SDS)对安氏伪镖水溞的急性毒性研究. 生态毒理学报, 5(1): 76-82.

陈曦, 郝瑞霞, 姚宁. 2007. 反相高效液相色谱法测定污水中壬基酚聚氧乙烯醚总量. 大连: 持久性有机污染物论坛暨第二届持久性有机污染物全国学术研讨会论文集: 9-10.

程广东, 徐世文, 李术, 等. 2007. 4-壬基酚对鸽脑组织 GABAA 受体结合作用的影响. 中国兽医科学, 37(11): 974-977.

戴媛媛, 牛海凤. 2012. 壬基酚对水生生物的毒性研究进展. 环境与健康杂志, 29(10): 948-951.

邓琴, 翟丽芬. 2010. 高效液相色谱法检测土壤中的壬基酚. 环境科学与管理, 35(8): 82-84.

范奇元. 2001. 壬基酚对雄性生殖系统的潜在危害. 上海: 复旦大学.

范奇元, 金泰, 蒋学之, 等. 2002. 我国部分地区环境中壬基酚的检测. 中国公共卫生, 18(11): 1372-1373.

范亚维, 周启星. 2009. 水体甲苯、乙苯和二甲苯对斑马鱼的毒性效应. 生态毒理学报, 4(1): 136-141.

傅明珠, 李正炎, 石金辉, 等. 2005. 壬基酚的内分泌干扰作用和环境分布特征. 海洋湖沼通报, (4): 45-52.

傅明珠, 李正炎, 王波. 2008. 夏季长江口及其临近海域不同环境介质中壬基酚的分布特征. 海洋环境科学, 27(6): 561-565.

郝瑞霞, 梁鹏, 周玉文. 2007. 城市污水处理过程中壬基酚的迁移转化途径研究. 中国给水排水, 23(1): 105-108.

侯绍刚, 徐建, 汪磊, 等. 2005. 黄河(兰州段)水环境中壬基酚及壬基酚聚氧乙烯醚污染的初步研究. 环境化学, 24(3): 250-254.

李祥英, 杨法辉, 李秀环, 等. 2012. 两种季铵盐阳离子表面活性剂对水生生物的毒性效应. 农业环境科学学报, 31(4): 673-678.

李秀环. 2013. 常用农药助剂对大型溞的毒性研究. 泰安: 山东农业大学.

李秀环, 苗建强, 李华, 等. 2013. 有机硅助剂Breakthru S240对大型溞的毒性研究. 中国环境科学, 33(7): 1328-1334.

李正, 潘波, 林勇. 2013. 3 种农药助剂对野生食蚊鱼的急性毒性. 农药, 52(5): 354-356.

廖小平. 2013. 壬基酚在污灌区土壤中吸附行为及垂直分布特征研究. 武汉: 中国地质大学.

刘文萍, 石晓勇. 2009. 北黄海辽宁近岸水环境中壬基酚污染状况调查及生态风险评估. 海洋环境科学, 28(6): 664-668.

刘欣, 谷明生, 河合富佐子, 等. 2005. 正相高效液相色谱法分离检测壬基酚和短链壬基酚聚氧乙烯醚. 分析化学, 33(8): 1189-1191.

刘迎, 胡燕, 姜蕾, 等. 2014. 六种表面活性剂对斑马鱼胚胎发育的毒性效应. 生态毒理学报, 9(6): 1091-1096.

刘占山, 柏连阳, 王义成, 等. 2009. 农药制剂中助剂安全性探讨及管理建议. 农药科学与管理, 30(8): 21-25.

罗金辉, 吕岱竹, 林勇. 2011. 超高效液相色谱-串联质谱法测定香蕉中壬基酚聚氧乙烯醚及其降解产物. 农药学学报, 13(5): 514-518.

吕爱丽, 王晶磊, 冯国辉, 等. 2013. 纺织品中壬基酚聚氧乙烯醚检测方法的研究. 毛纺科技, 41(10): 53-55.

吕岱竹, 林勇, 李建国, 等. 2011. 壬基酚聚氧乙烯醚及其降解产物壬基酚在香蕉和土壤中的消解动态及风险评估. 农药学学报, 13(6): 627-631.

马立利, 吴厚斌, 刘丰茂. 2008. 农药助剂及其危害与管理. 农药, 47(9): 637-640.

马强, 白桦, 王超, 等. 2010. 液相色谱-串联质谱法同时测定纺织品和食品包装材料中的壬基酚、辛基酚和双酚 A. 分析化学, 38(2): 197-201.

乔玉霜. 2010. 壬基酚和短链壬基酚聚氧乙烯醚同时分析的方法建立. 中国环境监测, 26(5): 9-14.

邵兵, 韩灏, 李冬梅, 等. 2005. 加速溶剂萃取-液相色谱-质谱/质谱法分析动物组织中的壬基酚、辛基酚和双酚 A. 色谱, 23(4): 362-365.

宋伟华, 刘茜, 张燕. 2014. 农药助剂和实验室常用有机溶剂对大型溞的室内急性毒性研究. 农药科学与管理, 35(3): 33-35.

孙培艳, 李正炎, 王鑫平, 等. 2007. 黄河入海口壬基酚污染分布特征. 海岸工程, 26(3): 17-22.

王摆, 高士博, 董颖, 等. 2014. 6 种苯系物对球等鞭金藻和新月菱形藻的生长抑制. 生态毒理学报, 9(2): 233-238.

王宏, 沈英娃, 卢玲, 等. 2003. 几种典型有害化学品对水生生物的急性毒性. 应用与环境生物学报, 9(1): 49-52.

王世玉, 刘菲, 刘玉龙, 等. 2013. 气相色谱-质谱法检测地下水中 12 种对壬基酚同分异构体. 分析化学, 41(11): 1699-1703.

王世玉, 刘菲, 吴文勇, 等. 2014. 影响 12 种壬基酚同分异构体液液萃取效率的因素研究. 岩矿测试, 33(4): 570-577.

王艳平, 李正, 杨正礼, 等. 2012. 黑龙江农田土壤壬基酚及其短链聚氧乙烯醚残留调查. 土壤通报, (3): 706-710.

王艳平, 杨正礼, 李正, 等. 2011. 壬基酚在土壤中的降解和吸附特性. 农业环境科学学报, 30(8): 1561-1566.

吴伟, 瞿建宏, 陈家长, 等. 2003. 壬基酚聚氧乙烯醚及其降解产物对水生生物的毒理效应. 湛江海洋大学学报, 23(6): 39-44.

谢显传, 王冬生. 2005. 结合态农药残留及其环境毒理研究进展(综述). 上海农业学报, 21(1): 74-77.

许智芳, 杨林. 1991. 威廉环毛蚓[*Pheretima guillelmi* (Michaelsen)]前列腺显微及亚显微结构的研究. 南京大学学报: 自然科学版, (1) : 129-136.

杨丽峰, 张利萍. 2013. 高效液相色谱法测定空气清新剂中的壬基酚聚氧乙烯醚. 广州: 第九届中国日用化学工业论坛论文集: 300-304.

袁平夫, 廖柏寒, 卢明. 2004. 表面活性剂(LAS&NIS)的环境安全性评价. 安全与环境工程, (3): 31-34.

翟洪艳, 于泳, 孙红文. 2007. 壬基酚在海河沉积物中的耗氧和厌氧降解. 环境化学, 26(6): 725-729.

张彤, 金洪钧. 1998. 4种石油化工污染物对15 种水生动物急性毒性效应. 应用与环境生物学报, 4(1): 44-48.

张宗俭. 2009. 农药助剂的应用与研究进展. 山东农药信息, 30(3): 42-47.

赵铖铖, 王欣泽, 鲁佳铭, 等. 2009. 固相微萃取-气相色谱法测定生活污水中壬基酚. 环境监测管理与技术, 21(5): 39-41.

Ackermann G E, Schwaiger J, Negele R D, et al. 2002. Effects of long-term nonylphenol exposure on gonadal development and biomarkers of estrogenicity in juvenile rainbow trout *Oncorhynchus mykiss*. Aquatic Toxicology, 60(3-4): 203-221.

Adams C D, Spitzer S, Cowan R M. 1996. Biodegradation of nonionic surfactants and effects of oxidative pretreatment. Journal of Environmental Engineering, 122: 477-483.

Akinori I, Norihito N, Shin-ichiro S. 2003. The effect of endocrine disrupting chemicals on thyroid hormone binding to Japanese quail transthyretin and thyroid hormone receptor. General and Comparative Endocrinology, 134(1): 36-43.

Akzo Nobel. 1999a. Safety Data Sheet, Ethomeen C/12.

Akzo Nobel. 1999b. Safety Data Sheet, Berol 907.

Albright and Wilson. 1996. Safety Data Sheet, Empilan KTA 7.5.

Ang C C, Abdul A S. 1992. A laboratory study of the biodegradation of an alcohol ethoxylate surfactant by native soil microbes. Journal of Hydrology, 138(1-2): 191-209.

Anon. HERA Substance Team. 2009. Alcohol Ethoxylates, Version 2.0. Brussels, BEL: Human and Environmental.

Aronstein B N, Calvillo Y M, Alexander M. 1991. Effects of surfactants at low concentrations on the desorption and biodegradation of sorbed aromatic compounds in soil. Environmental Science and Technology, 25: 1728-1731.

Arukwe A, Celius T, Walther B T, et al. 1998. Plasma levels of vitellogenin and eggshell *zona radiata* proteins in 4-nonylphenol and *o, p'*-DDT treated juvenile Atlantic salmon (*Salmo salar*). Marine Environmental Research, 46(1-5): 133-136.

Arukwe A, Knudsen F R, Goksøyr A. 1997. Fish zona radiata (eggshell) protein: A sensitive biomarker for environmental estrogens. Environmental Health Perspectives, 105(4): 418-422.

Balson T, Felix M S B. 1995. Biodegradability of non-ionic surfactants//Karsa D R, Porter M R. Biodegradability of Surfactants. Glasgow, UK: Blackie Academic and Professional: 204-230.

Banks M L, Kennedy A C, Kremer R J, et al. 2014. Soil microbial community response to surfactants and herbicides in two soils. Applied Soil Ecology, 74(1): 12-20.

Bayer D E, Foy C L. 1982. Action and fate of adjuvants in soils//Hodgson R H, Maryland F. Adjuvants for Herbicides. Weed Science Society of America, Illinois, US: 84-92.

Binelli A, Ricciardi F, Riva C, et al. 2006. New evidences for old biomarkers: Effects of several xenobiotics on EROD and AChE activities in Zebra mussel (*Dreissena polymorpha*). Chemosphere, 62(4): 510-519.

Bogan R H, Sawyer C N, 1955. Biochemical degradation of synthetic detergents Ⅱ: Studies on the relation between chemical structure and biochemical oxidation. Sewage and Industrial Wastes, 27(8): 917-928.

Brand N, Mailhot G, Bolte M. 2000. The interaction "light, Fe(Ⅲ)" as a tool for pollutant removal in aqueous solution: Degradation of alcohol ethoxylates. Chemosphere, 40: 395-401.

Brown S, Devin-Clarke D, Doubrava M, et al. 2009. Fate of 4-nonylphenol in a biosolids amended soil. Chemosphere, 75(4): 549-554.

Brownawell B J, Chen H, Zhang W J, et al. 1997. Sorption of nonionic surfactants on sediment materials. Environmental Science and Technology, 31: 1735-1741.

Cano M L, Dorn P B. 1996a. Sorption of an alcohol ethoxylate surfactant to natural sediments. Environmental Toxicology Chemistry, 15: 684-690.

Cano M L, Dorn P B. 1996b. Sorption of two model alcohol ethoxylate surfactants to sediments. Chemosphere, 33: 981-994.

Chamel A, Gambonnet B. 1997. Sorption and diffusion of an ethoxylated stearic alcohol and an ethoxylated stearic amine into and through isolated plant cuticles. Chemosphere, 34: 1777-1786.

Cook K A. 1979. Degradation of the nonionic surfactant dobanol 45-7 by activated sludge. Water Research, 13: 259-266.

Cowgill U M, Milazzo D P. 1991. The sensitivity of *Ceriodaphnia dubia* and *Daphnia magna* to seven chemicals utilizing the three-brood test. Archives of Environmental Contamination and Toxicology, 20(2): 211-217.

Di Cesare D, Smith J A. 1994. Surfactant effects on desorption rate of nonionic organic compounds from soils to water. Reviews of Environmental Contamination and Toxicology, 134: 1-29.

Di Corcia A, Crescenzi C, Marcomini A, et al. 1998. Liquid chromatography electrospray mass spectrometry as a valuable tool for characterizing biodegradation intermediates of branched alcohol ethoxylate surfactants. Environmental Science and Technology, 32: 711-718.

Ejlertsson J, Nilsson M L, Kylin H, et al. 1999. Anaerobic degradation of nonylphenol mono- and diethoxylates in digestor sludge, landfilled municipal solid waste, and landfilled sludge. Environmental Science and Technology, 33(2): 301-305.

El Jay A. 1996. Effects of organic solvents and solvent-atrazine interactions on two algae, *Chlorella vulgaris* and *Selenastrum capricornutum*. Archives of Environmental Contamination and Toxicology, 31(1): 84-90.

Federle T W, Schwab B S. 1992. Mineralization of surfactants in anaerobic sediments of a laundromat wastewater pond. Water Research, 26: 123-127.

Federle T W, Ventullo R M. 1990. Mineralization of surfactants by the microbiota of submerged plant detritus. Applied and Environmental Microbiology, 56: 333-339.

Figueroa L A, Miller J, Dawson H E. 1997. Biodegradation of two polyethoxylated nonionic surfactants in sequencing batch reactors. Water Environment Research, 69: 1282-1289.

Foy C L. 1996. Adjuvants-current technology and trends//Foy C L, Pritchard D W. Pesticide Formulation and Adjuvant Technology. Boca Raton, FL: CRC Press: 323-352.

Gersich F M, Blanchard F A, Applegath S L, et al. 1986. The precision of daphnid (*Daphnia magna* Straus, 1820) static acute toxicity tests. Archives of Environmental Contamination and Toxicology, 15(6): 741-749.

Giesy J P, Pierens S L, Snyder E M, et al. 2000. Effects of 4-nonylphenol on fecundity and biomarkers of estrogenicity in fathead minnows (*Pimephales promelas*). Environmental Toxicology and Chemistry, 19(5): 1368-1377.

Giger W, Stephanou E, Schaffner C, 1981. Persistent organic-chemicals in sewage effluents: I. Identifications of nonylphenols and nonylphenolethoxylates by glass-capillary gas chromatography / mass spectrometry. Environmental Science and Technology, 33(2): 301-305.

Halm S, Pounds N, Maddix S, et al. 2002. Exposure to exogenous 17β-oestradiol disrupts P450aromB mRNA expression in the brain and gonad of adult fathead minnows (*Pimephales promelas*). Aquatic Toxicology, 60(3-4): 285-299.

Hajime O, Ozaki K, Yoshikawa H. 2005. Identification of cytochrome P450 and glutathione-*S*-transferase genes preferentially expressed in chemosensory organs of the swallowtail butterfly, *Papilio xuthus* L. Insect Biochemistry and Molecular Biology, 35(8): 837-846.

Hewin International. 2000. Surfactants and Other Additives in Agricultural Formulations.

Hochberg E G. 1996. The market for agricultural pesticide inert ingredients and adjuvants// Foy C L, Pritchard D W. Pesticide Formulation and Adjuvant Technology. Boca Raton, FL: CRC Press: 203-208.

Hoey M D, Gadberry J F. 1998. Polyoxyethylene alkylamines//van Os N M. Nonionic Surfactants: Organic Chemistry. New York: Marcel Dekker: 163-175.

Huggenberger F, Letey J, Farmer W J. 1973. Effect of two nonionic surfactants on adsorption and mobility of selected pesticides in a soil system. Soil Science Society of America Journal, 37: 215-219.

Ichikawa Y, Kitamoto Y, Hosoi N. 1978. Degradation of polyethylene glycol dodecyl ethers by a Pseudomonad isolated from activated sludge. Journal of Fermentation Technology, 56: 403-409.

ICI Surfactants. 1987. Safety data, Atlas G-3780 A.

Iglesias-Jiménez E, Sánchez-Martin M J, Sánchez-Camazano M. 1996. Pesticide adsorption in a soil-water system in the presence of surfactants. Chemosphere, 32: 1771-1782.

ISO. 2009. Water Quality-Determination of Individual Isomers of Nonylphenol-Method Using Solid Phase Extraction (SPE) and Gas Chromatography/Mass Spectrometry (GC/MS). ISO 24293-2009.

Jamieson B G M. 1988. On the phylogeny and higher classification of the Oligochaeta. Cladistics, 4(4): 367-401.

Jobling S, Nolan M, Tyler C R, et al. 1998. Widespread sexual disruption in wild fish. Environmental Science and Technology, 32(17): 2498-2506.

Jobling S, Sumpter J P, Sheahan D, et al. 1996. Inhibition of testicular growth in rainbow trout (*Oncorhynchus mykiss*) exposed to estrogenic alkylphenolic chemicals. Environmental Toxicology and Chemistry, 15(2): 194-202.

Kiewiet A T, de Beer K G M, Parsons J R, et al. 1996. Sorption of linear alcohol ethoxylates on suspended sediments. Chemosphere, 32(4): 675-680.

Kibbey T C G, Hayes K F. 1997. A multicomponent analysis of the sorption of polydisperse ethoxylated nonionic surfactants to aquifer materials, equilibrium sorption behaviour. Environmental Science and Technology, 31: 1171-1177.

Kiewiet A T, Parsons J R, Govers H A J. 1997. Prediction of the fate of alcohol ethoxylates in sewage treatment plants. Chemosphere, 34: 1795-1801.

Kiewiet A T, Weiland A R, Parsons J R. 1993. Sorption and biodegradation of nonionic surfactants by activated sludge. Science of Total Environment, 134(S1): 417-422.

King-Heiden T C, Wiecinski P N, Mangham A N, et al. 2009. Quantum dot nanotoxicity assessment using the zebrafish embryo. Environmental Science and Technology, 43: 1605-1611.

Kinney A, Furlong E T, Kolpin D W, et al. 2008. Bioaccumulation of pharmaceuticals and other anthropogenic waste indicators in earthworms from agricultural soil amended with biosolid or swine manure. Environmental Science and Technology, 42: 1863-1870.

Knaebel D B, Federle T W, McAvoy D C, et al. 1996. Microbial mineralization of organic compounds in an acidic agricultural soil: Effects of preadsorption to various soil constituents. Environment Toxicology and Chemistry, 15: 1865-1875.

Knaebel D B, Federle T W, Vestal J R. 1990. Mineralization of linear alkylbenzene sulfonate (LAS) and linear alcohol ethoxylate (LAE) in 11 contrasting soils. Environmental Toxicology and Chemistry, 9: 981-988.

Kortner T M, Arukwe A. 2007. The xenoestrogen, 4-nonylphenol, impaired steroidogenesis in previtellogenic oocyte culture of Atlantic cod (*Gadus morhua*) by targeting the StAR protein and P450scc expressions. General and Comparative Endocrinology, 150(3): 419-429.

Krogh K A, Schilder C, Vejrup K V. 2001. Determination of the CMC and pKa values of three ANEOs, unpublished work.

Kravetz L. 1990. Biodegradation pathways of nonionic ethoxylates. Influence of the hydrophobic structure//Glass J E, Swift G. Agricultural and Synthetic Polymers. Washington D. C. : American Chemical Society: 96-109.

Kravetz L, Salanitro J P, Dorn P B, et al. 1991. Influence of hydrophobe type and extent of branching on environmental response factors of nonionic surfactants. Journal of the American Oil Chemists Society, 68: 610-618.

Kuhnt G. 1993. Behaviour and fate of surfactants in soil. Environmental Toxicology and Chemistry, 12: 1813-1820.

Kwak H I, Bae M O, Lee M H, et al. 2001. Effects of nonylphenol, bisphenol A, and their mixture on the viviparous swordtail fish (*Xiphophorus helleri*). Environmental Toxicology and Chemistry/ SETAC, 20 (4): 787-795.

Laha S, Luthy R G. 1992. Effects of nonionic surfactants on the solubilization and mineralization of phenanthrene in soil-water systems. Biotechnology and Bioengineering, 40: 1367-1380.

Larson R J, Games L M. 1981. Biodegradation of linear alcohol ethoxylates in natural waters. Environmental Science and Technology, 15: 1488-1493.

Larson R J, Perry R L. 1981. Use of the electrolytic respirometer to measure biodegradation in natural waters. Water Research, 15: 697-702.

Law J P, Bloodworth M E, Runkles J R. 1966. Reactions of surfactants with montmorillonitic soils. Soil Science Society of America Journal, 30: 327-332.

LeBlanc G A, Surprenant D C. 1983. The acute and chronic toxicity of acetone, dimethyl formamide, and triethylene glycol to *Daphnia magna* (Straus). Archives of Environmental Contamination and Toxicology, 12(3): 305-310.

Lech J J, Lewis S K, Ren L. 1996. *In vivo* estrogenic activity of nonylphenol in rainbow trout. Fundamental and Applied Toxicology: Official Journal of the Society of Toxicology, 30(2): 229-232.

Lee D M, Guckert J B. Belanger S E, et al. 1997. Seasonal temperature declines do not decrease periphyticsurfactant biodegradation or increase alga species sensitivity. Chemosphere, 35: 1143-1160.

Lee H B, Peart T E, Chan J, et al. 2004. Occurrence of endocrine-disrupting chemicals in sewage and sludge samples in Toronto, Canada. Water Quality Research Journal of Canada, 39(1): 57-63.

Liu Z B, Edwards D A. Luthy R G. 1992. Sorption of nonionic surfactants onto soil. Water Research, 26: 1337-1345.

Løkke H. 2000. Detergenter er også tilsætningsstoffer til pesticider. DJF rapport, 23: 79-85(in

Danish).

Madsen T, Boyd H B, Nylén D, et al. 2001. Environmental and health assessment of substances in household detergents and cosmetic detergent products. Environmental Project, 615: 1-240.

Madsen T, Damborg A, Rasmussen H B, et al. 1994. Evaluation of methods for screening surfactants. Ultimate aerobic and anaerobic biodegradability. Arbejdsrapport fra MiljØs tyrelsen. MiljØstyrelsen, Copenhagen, Denmark, 38: 1-69.

Madsen T, Petersen G, Seierø C, et al. 1996. Biodegradability and aquatic toxicity of glycoside surfactants and a nonionic alcohol ethoxylate. Journal of the American Oil Chemists Society, 73: 929-933.

Madsen T, Rasmussen H B, Nilsson L. 1995. Anaerobic biodegradation potentials in digested sludge, a freshwater swamp and a marine sediment. Chemosphere, 31: 4243-4258.

Maes J, Verlooy L, Buenafe O E M, et al. 2012. Evaluation of 14organic solvents and carriers for screening applications in zebrafish embryos and larvae. PLoS One, 7(10): 438-450.

Maradonna F, Polzonetti V, Bandiera S M, et al. 2004. Modulation of the hepatic CYP1A1system in the marine fish Gobius niger, exposed to xenobiotic compounds. Environmental Science and Technology, 38(23): 6277-6282.

Marcomini A, Giger W. 1987. Simultaneous determination of linear alkylbenzenesulphonates, alkylphenol polyethoxylates, and nonylphenol by high performance liquid chromatography. Analytical Chemistry, 59: 1709-1715.

Mata-Sandoval J C, Karns J, Torrents A. 2001. Influence of rhamnolipids and Triton X-100on the biodegradation of three pesticides in aqueous phase and soil slurries. Journal of Agricultural and Food Chemistry, 49: 3296-3303.

McCall P J, Swann R L, Laskowski D A, et al. 1980. Estimation of chemical mobility in soil from liquid chromatographic retention times. Bulletin of Environmental Contamination and Toxicology, 24(1): 190-195.

Miller W W, Valoras N, Letey J. 1975. Movement of two nonionic surfactants in wettable and water-repellent soils. Soil Science Society of America Journal, 39: 11-16.

Muller M T, Zehnder A J B, Escher B I. 1999. Liposome-water and octanol-water partitioning of alcohol ethoxylates. Environmental Toxicology and Chemistry, 18: 2191-2198.

Naderi M, Zargham D, Asadi A, et al. 2013. Short-term responses of selected endocrine parameters in juvenile rainbow trout (*Oncorhynchus mykiss*) exposed to 4-nonylphenol. Toxicology and Industrial Health, 31 (12): 1218-1228.

Neufahrt A, LÖtzsch K, Gantz D. 1982. Biodegradability of ^{14}C-labelled ethoxylated fatty alcohols. Tenside Surfactants Detergents, 19: 264-268.

Nishijima K I, Esaka K, Ibuki H, et al. 2003. Simple assay method for endocrine disrupters by *in vitro* quail embryo culture: Nonylphenol acts as a weak estrogen in quail embryos. Journal of Bioscience and Bioengineering, 95(6): 612-617.

Nooi J R, Testa M C, Willemse S. 1970. Biodegradation mechanism of fatty alcohol non-ionics.

Experiments with some ^{14}C-labelled stearyl alcohol/ethylene oxide condensates. Tenside Surfactants Detergents, 7: 61-65.

OECD. 2008. Guidelines for the Testing of Chemicals Daphnia Magna Reproduction Test Introduction.

Ono H, Ozaki K, Yoshikawa H. 2005. Identification of Cytochrome P450 and Glutathione-*S*-Transferase Genes Preferentially Expressed in Chemosensory Organs of the Swallowtail Butterfly, *Papilio xuthus* L. Insect Biochemistry and Molecular Biology, 35(8): 837-846.

Oruc E O, Sevgiler Y, Uner N. 2004. Tissue-specific oxidative stress responses in fish exposed to 2,4-D and azinphosmethyl. Comparative Biochemistry and Physiology C: Pharmacology, Toxicology and Endocrinology, 137(1): 43-51.

Oshima A, Yamashita R, Nakamura K, et al. 2012. In ovo exposure to nonylphenol and bisphenol A resulted in dose-independent feminization of male gonads in Japanese quail (*Coturnix japonica*) embryos. Toxicological and Environmental Chemistry, 31 (5): 1091-1097.

Patterson S J, Scott C C, Tucker K B E. 1967. Nonionic detergent degradation. I: Thin layer chromatography and foaming properties of alcohol ethoxylates. Journal of the American Oil Chemists Society, 44: 407-412.

Patterson S J, Scott C C, Tucker K B E. 1970. Nonionic detergent degradation. III: Initial mechanism of the degradation. Journal of the American Oil Chemists Society, 47: 37-41.

Petersen L. 1994. Grundtrak af jordbundslaren. 4th edn. The Royal Veterinary and Agricultural University. Jordbrugsforlaget, Frederiksberg, Denmark (in Danish).

Petrovic M, Fernández-Alba A R, Borrull F, et al. 2002a. Occurrence and distribution of nonionic surfactants, their degradation products, and linear alkylbenzene sulfonates in coastal waters and sediments in Spain. Environmental Toxicology and Chemistry, 21(1): 37-46.

Petrovic M, Solé M, De Alda M J L, et al. 2002b. Endocrine disruptors in sewage treatment plants, receiving river waters, and sediments: Integration of chemical analysis and biological effects on feral carp. Environmental Toxicology and Chemistry, 21(10): 2146-2156.

Platikanov D, Weiss A, Lagaly G. 1977. Orientation of nonionic surfactants on solid surfaces, n-alkyl polyglycol ethers on montmorillonite. Colloid and Polymer Science, 255: 907-915.

Podoll R T, Irwin K C, Brendlinger S. 1987. Sorption of water-soluble oligomers on sediments. Environmental Science and Technology, 21: 562-568.

Razia S, Maegawa Y, Tamotsu S, et al. 2006. Histological changes in immune and endocrine organs of quail embryos: Exposure to estrogen and nonylphenol. Ecotoxicology and Environmental Safety, 65: 364-371.

Rice C P, Schmitz-Afonso I, Loyo-Rosales J E, et al. 2003. Alkylphenol and alkylphenol-ethoxylates in carp, water, and sediment from the Cuyahoga River, Ohio. Environmental Science and Technology, 37(17): 3747-3754.

Ricketts H J, Morgan A J, Spurgeon D J, et al. 2004. Measurement of annetocin gene expression: a new reproductive biomarker in earthworm ecotoxicology. Ecotoxicology and Environment

Safety, 57(1): 4-10.

Roberts D W. 1991. QSAR issues in aquatic toxicity of surfactants. Science of Total Environment, 109-110: 557-568.

Roig B, Cadiere A, Bressieux S, et al. 2014. Environmental concentration of nonylphenol alters the development of urogenital and visceral organs in avian model. Environment International, 62: 78-85.

Roy R. 2015. Risk Assessment in the European Union (EU). Springer International Publishing.

Sachs A B, Messenger R N A. 1993. Degradation in eukaryotes. Cell, 74(3): 413-421.

Salanitro J P, Diaz L A, 1995. Anaerobic biodegradability testing of surfactants. Chemosphere, 30: 813-830.

Sánchez-Camazano M, Arienzo M, Sánchez-Martín M J, et al. 1995. Effect of different surfactants on the mobility of selected non-ionic pesticides in soil. Chemosphere, 31: 3793-3801.

Schöberl P. 1982. Mikrobieller Abbau eines Kokosfettalkohol-Ethoxylates durch Acinetobacter Iwoffi, Stamm M L. Tenside Surfactants Detergents. 19: 329-339 (in German).

Schulze K. 1996. Der Westeuropäische Tensdmaerkt 1994/1995. Tenside Surfactants Detergents, 33: 94-95(in German).

Schwarzenbach R P, Gschwend P M, Imboden D M. 1993. Environmental Organic Chemistry. New York: John Wiley.

Shan J, Jiang B Q, Yu B, et al. 2011. Isomer-specific degradation of branched and linear 4-nonylphenol isomers in an oxic soil. Environmental Science and Technology, 45(19): 8283-8289.

Shan J, Wang T, Li C L, et al. 2010. Bioaccumulation and bound-residue formation of a branched 4-nonylphenol isomer in the geophagous earthworm *Metaphire guillelmi* in a rice paddy soil. Environmental Science and Technology, 44 (12): 4558-4563.

Sherrard K B, Marriott P J, Amiet R G, et al. 1995. Photocatalytic degradation of secondary alcohol ethoxylate, spectroscopic, chromatographic, and mass spectrometric studies. Environmental Science and Technology, 29: 2235-2242.

Sigma-Aldrich. 1999a. Brugsanvisning for triethylen glycol monododecyl ether.

Sigma-Aldrich. 1999b. Brugsanvisning for pentaethylen glycol monododecyl ether.

Steber J, Wierich P. 1983. The environmental fate of detergent range fatty alcohol ethoxylates-biodegradation studies with a ^{14}C-labelled model surfactant. Tenside Surfactants Detergents, 20: 183-187.

Steber J, Wierich P. 1985. Metabolites and biodegradation pathways of fatty alcohol ethoxylates in microbial biocenoses of sewage treatment plants. Applied and Environmental Microbiology, 49: 530-537.

Steber J, Wierich P. 1987. The anaerobic degradation of detergent range fatty alcohol ethoxylates. Studies with ^{14}C labelled model surfactants. Water Research, 21: 661-667.

Sturm R N. 1973. Biodegradability of nonionic surfactants: Screening test for predicting rate and ultimate biodegradation. Journal of the American Oil Chemists Society, 50: 159-167.

Sturve J, Hasselberg L, Fälth H, et al. 2006. Effects of North Sea oil and alkylphenols on biomarker responses in juvenile Atlantic cod (*Gadus morhua*). Aquatic Toxicology, 78 (S1): S73-S78.

Swisher R D. 1987. Metabolic pathways and ultimate biodegradation// Surfactant Biodegradation. New York: Mackel Dekker.

Talmage S S, Association S D. 1994. Environmental and Human Safety of Major Surfactants: Alcohol Ethoxylates and Alkylphenol Ethoxylates. New York: Lewis Publishers.

Thiele B, Heinke V, Kleist E, et al. 2004. Contribution to the structural elucidation of 10isomers of technical p-nonylphenol. Environmental Science & Technology, 38(12): 3405-3411.

Thorpe K I, Hutchinson T H, Hetheridge M J, et al. 2000. Development of an in vivo screening assay for estrogenic chemicals using juvenile rainbow trout (*Oncorhynchus mykiss*). Environmental Toxicology and Chemistry, 19(11): 2812-2820.

Tidswell E C, Russell N J, White G F. 1996. Ether-bond scission in the biodegradation of alcohol ethoxylate nonionic surfactants by *Pseudomonas* sp. strain SC25A. Microbiology, 142: 1123-1131.

Tobin R S, Onuska F I, Brownlee B G, et al. 1976. The application of an ether cleavage technique to a study of the alcohol ethoxylate nonionic surfactant. Water Research, 10: 529-535.

Urano K, Saito M, Murata C. 1984. Adsorption of surfactants on sediments. Chemosphere, 13: 293-300.

USEPA. 2011. Exposure Factors Handbook 2011 Edition (Final). Washington D. C.: U. S. Environmental Protection Agency, EPA/600/R-09/052F.

Valoras N, Letey J, Martin J P, et al. 1976a. Degradation of a nonionic surfactant in soils and peat. Soil Science Society of America Journal, 40: 60-63.

Valoras N, Letey J, Osborn J. 1969. Adsorption on nonionic surfactants by soil materials. Soil Science Society of America Journal, 33: 345-348.

Valoras N, Letey J, Osborn J. 1976b. Nonionic surfactant-soil interaction effects on barley growth. Agronomy Journal, 68: 591-595.

van den Belt K, Verheyen R, Witters H. 2003. Comparison of vitellogenin responses in zebrafish and rainbow trout following exposure to environmental estrogens. Ecotoxicology and Environmental Safety, 56(2): 271-281.

van der Oost R, Beyer J, Vermeulen N P E. 2003. Fish bioaccumulation and biomarkers in environmental risk assessment: A review. Environmental Toxicology and Pharmacology, 13(2): 57-149.

van Ginkel C G, Kroon A G M. 1993. Metabolic pathway for the biodegradation of octadecyl bis (2-hydroxyethyl) amine. Biodegradation, 3: 435-443.

van Ginkel C G, Stroo C A, Kroon A G M. 1993. Biodegradability of ethoxylated fatty amines and amides and the non-toxicity of their biodegradation products. Tenside Surfactants Detergents, 30: 213-216.

van Leeuwen C J, Hermens J L M. 1995. Risk Assessment of Chemicals: An Introduction. Dordrecht, the Netherlands: Kluwer Academic Publishers: 1-361.

Vashon R D, Schwab B S. 1982. Mineralization of linear alcohol ethoxylates and linear alcohol ethoxy sulfates at trace concentrations in estuarine water. Environment Science and Technology, 16: 433-436.

Vinken R, Schmidt B, Schaffer A. 2002. Synthesis of tertiary ^{14}C-labelled nonylphenol isomers. Journal of Labelled Compounds and Radiopharmaceuticals, 45: 1253-1263.

Vitali M, Ensabella F, Stella D, et al. 2004. Nonylphenols in freshwaters of the hydrologic system of an Italian district: Association with human activities and evaluation of human exposure. Chemosphere, 57(11): 1637-1647.

Wagener S, Schink B. 1987. Anaerobic degradation of nonionic and anionic surfactants in enrichment cultures and fixed-bed reactors. Water Research, 21: 615-622.

Wagener S, Schink B. 1988. Fermentative degradation of nonionic surfactants and polyethylene glycol by enrichment cultures and by pure cultures of homoacetogenic and propionate-forming bacteria. Applied and Environment Microbiology, 54: 561-565.

White G F. 1993. Bacterial biodegradation of ethoxylatedsurfactants. Pesticide Science, 37: 159-166.

Wickbold M. 1972. Zur Bestimmung nichtionischer Tenside in Fluss-und Abwasser. Tenside Surfactants Detergents, 9: 173-177 (in German).

Yadetie F, Arukwe A, Goksøyr A, et al. 1999. Induction of hepatic estrogen receptor in juvenile Atlantic salmon in vivo by the environmental estrogen, 4-nonylphenol. The Science of the Total Environment, 233(1-3): 201-210.

Yan X, Guoxing S, Yu D. 2002. Effect of *N, N*-dimethyl formamide used as organic solvent on two species of green algae *Chlorella*. Bulletin of Environmental Contamination and Toxicology, 68(4): 592-599.

Yao G H, Yang L S, Hu Y L, et al. 2006. Nonylphenol-induced thymocyte apoptosis involved caspase-3 activation and mitochondrial depolarization. Molecular Immunology, 43(7): 915-926.

Yoshimura Y, Chowdary V S, Fujita M, et al. 2002. Effects of nonylphenol injection into maternal Japanese quail (*Coturnix japonica*) on the female reproductive functions of F1generation. Journal of Poultry Science, 39: 266-273.

Yuan C, Jafvert C T. 1997. Sorption of linear alcohol ethoxylate surfactant homologs to soils. Journal of Contaminant Hydrology, 28: 311-325.

Zhang C L, Valsaraj K T, Constant W D, et al. 1998. Surfactant screening for soil washing: Comparison of foamability and biodegradability of a plant-based surfactant with commercial surfactants. Journal of Environmental Science and Health, Part A: Toxic/Hazardous Substances and Environmental Engineering, 33: 1249-1273.

Zhang L, Baer K N. 2000. The influence of feeding, photoperiod and selected solvents on the reproductive strategies of the water flea, *Daphnia magna*. Environmental Pollution, 110(3): 425-430.

Zheng R Q, Li C Y. 2009. Effect of lead on survival, locomotion and sperm morphology of Asian earthworm, *Pheretima guillelmi*. Journal of Environmental Sciences, 21(5): 691-695.